R大数据分析实用指南

Big Data Analytics with R

[英]西蒙·沃克威克（Simon Walkowiak） 著

顾星竹 刘见康 译

人民邮电出版社

北　京

图书在版编目（ＣＩＰ）数据

R大数据分析实用指南 ／（英）西蒙·沃克威克
(Simon Walkowiak) 著；顾星竹，刘见康译. —— 北京：
人民邮电出版社，2019.5
ISBN 978-7-115-50925-3

Ⅰ. ①R… Ⅱ. ①西… ②顾… ③刘… Ⅲ. ①程序语
言—程序设计②数据处理 Ⅳ. ①TP312②TP274

中国版本图书馆CIP数据核字(2019)第046342号

版 权 声 明

- ◆ 著　　　　[英]西蒙·沃克威克（Simon Walkowiak）
  译　　　　顾星竹　刘见康
  责任编辑　胡俊英
  责任印制　焦志炜
- ◆ 人民邮电出版社出版发行　　北京市丰台区成寿寺路 11 号
  邮编　100164　　电子邮件　315@ptpress.com.cn
  网址　http://www.ptpress.com.cn
  北京鑫正大印刷有限公司印刷
- ◆ 开本：800×1000　1/16
  印张：24.25
  字数：484 千字　　　　　　　　2019 年 5 月第 1 版
  印数：1 – 2 000 册　　　　　　2019 年 5 月北京第 1 次印刷
  著作权合同登记号　图字：01-2016-7605 号

定价：99.00 元
读者服务热线：**(010)81055410**　印装质量热线：**(010)81055316**
反盗版热线：**(010)81055315**
广告经营许可证：京东工商广登字 20170147 号

内容提要

R 是一个强大的、开源的、函数式编程语言，可以用于广泛的编程任务。一般来讲，R 语言的应用主要在数据统计与分析、机器学习、高性能计算等方面。R 语言已经在多个领域赢得了认可，同时也基于其开源、免费的特点不断地发展壮大。

本书通过 9 章内容，循序渐进地揭示了大数据的概念，介绍了如何使用 R 进行数据处理，如何创建 Hadoop 虚拟机，如何建立和部署 SQL 数据库，同时还介绍了 MongoDB、HBase、Spark、Hive 相关的内容，并在本书的最后介绍了 R 的潜在应用场景。

本书适合中级数据分析师、数据工程师、统计学家、研究人员和数据科学家阅读，需要读者具备数据分析、数据管理和大数据算法的基本知识。

作者简介

　　Simon Walkowiak 是 Mind Project 公司的认知神经系统科学家和总经理，Mind Project 公司是一家位于英国伦敦的大数据预测分析咨询公司。在此之前，Simon 是欧洲最大的社会经济数据库——英国科研数据服务（UKDS，位于埃塞克斯大学）的数据主管人。Simon 在处理和管理大规模数据集方面拥有丰富的经验，例如普查、传感器、智能电表数据、电信数据和众所周知的政治和社会调查。Simon 在公共机构和国际公司开设了大量的数据科学和 R 培训课程。他还在英国的几所主要的大学以及由分析与数据科学研究所（Institute of Analytics and Data Science，IADS）组织的著名大数据分析暑期班教授大数据方法课程。

致谢

本书的灵感主要是由许多 R 开发人员和用户激发的。我首先要感谢创建这个充满活力和高支持度社区的人们，是他们促进了开源数据分析和 R 语言的发展。然后，我还要感谢我的搭档 Ignacio，没有他无条件的支持就不会有这本书。他总是知道如何鼓励和激励我，尤其是在我脆弱和缺乏动力的时候。

我还要感谢我的家庭成员，尤其是我的父亲 Peter，尽管他对我的数据科学毫无兴趣，但是他总是耐心地倾听我讲述关于新兴大数据技术和各种案例的故事。

此外，我要将本书献给埃塞克斯大学的英国科研数据服务的朋友和前同事们，在那里我遇到了超棒的同事，体验到了非常好的健壮的数据管理和处理。

最后，我非常感激 Packt 出版社为本书的出版付出辛勤劳动、提供专业知识和反馈意见的工作人员。特别是我的内容编辑 Onkar Wani 以及出版商和评审，正是他们贡献了自己的专业知识，才促成了这本高质量、受欢迎的图书的诞生。

技术审稿人简介

Zacharias Voulgaris 博士出生于希腊雅典。他在克里特科技大学学习生产工程和管理学，在研究生阶段转入伦敦城市大学的信息系统和技术的计算机科学专业，在博士阶段转入伦敦大学的机器学习方向的数据科学专业。他曾在 Georgia Tech 担任研究员，在塞浦路斯的电子营销创业公司担任 SEO 经理，并担任 Elavon（GA）和 G2（WA）的数据科学家。他还担任过微软必应的数据分析流方向的项目经理。

Zacharias 撰写过两本关于机器学习的图书、几篇机器学习的文章和几篇有关 AI 的文章。他的第一本书《数据科学家修炼之道》（*Data Scientist——The Definitive Guide to Becoming Data Scientist*）（中文翻译版由人民邮电出版社出版）已经被翻译成了韩文和中文，他还有一本新的著作——*Julia for Data Science*。除此之外他还审阅了一些主要涉及 Python 和 R 语言的数据科学图书。他对新技术、文学和音乐充满热情。

感谢 Packt 出版社的朋友们邀请我来审阅这本书，也感谢他们的书促进了数据科学特别是 Julia 的发展。此外，也格外感谢所有默默无闻的作者们，保持知识共享需要更多人的不懈努力。

Dipanjan Sarkar 是 Intel 公司的一名数据科学家。Intel 是世界知名的公司，一直致力于使世界的联系更紧密、更高效。Dipanjan 主要从事分析、商业智能、应用开发和构建大型智能系统，他从班加罗尔信息技术国际研究所获得了信息技术硕士学位，他的专业领域包括软件工程、数据科学、机器学习和文本分析。

Dipanjan 的兴趣包括学习新技术、发现新领域、数据科学以及最近感兴趣的深度学习。业余时间他喜欢阅读、写作、游戏和观看流行的情景喜剧。他还撰写了一本关于机器学习的书，书名为 *R Machine Learning by Example*，由 Packt 出版社出版，他同时也是 Packt 出版社出版的几本关于机器学习和数据科学图书的技术评审。

前言

我们生活在一个物联网的时代，有着庞大的全球互联设备、传感器、应用、环境和网络。它们每天产生、交换并消耗大量的数据，利用这些数据可以为我们提供对物理与社会环境的新的理解。

各种开源和专用大数据技术的迅速发展使得深度探索大量的数据成为可能。然而它们中有许多技术在统计和数据分析功能方面的能力是有限的，其他一些技术实现和编程语言对于很多受传统教育的统计学家和数据分析师来说是陌生的，很难在现实场景中使用。

R 编程语言是一个开源的、免费的、极具通用统计环境的语言，可以为用户提供各种高度优化的数据处理方法、聚合方法、统计测试和机器学习算法，相对用户友好且易于定制的。

本书挑战了关于 R 这门编程语言不支持大数据流程和分析的偏见。在本书中，你将会了解到各种核心 R 功能和大量的第三方软件包，使得 R 用户能够从较新、较尖端的大数据技术和框架（如 Hadoop、Spark、H2O，传统基于 SQL 的数据库如 SQlite、MariaDB 和 PostgreSQL，还有更灵活的 NoSQL 数据库如 MongoDB 或者 HBase 等）中受益。通过学习本书，你将从数据导入和管理到高级分析和预测建模的大数据产品周期的所有阶段中亲身体验各种工具与 R 的整合。

内容简介

第 1 章简单地介绍大数据的概念，大规模分析工具日益增长的现状，以及 R 编程语言和统计环境的起源。

第 2 章阐述 R 中最基本的数据管理和数据处理方法。本章教你使用大量 R 的探索数据分析和假设检验方法，例如相关分析、差异检验、ANOVAs 和广义线性模型。

第 3 章探索使用 R 语言进行大规模分析以及处理单机中超出内存大小的数据集的可能性。本章展现一系列第三方包和核心 R 方法，用以解决 R 在大数据处理领域的传统局限性。

第 4 章说明如何创建一个云托管的 Hadoop 虚拟机，如何将 HDFS 和 MapReduce 框架与 R 编程语言相结合。在本章的第二部分，你将会使用 R 控制台对多节点的 Hadoop 集群和大规模的电力相关数据进行分析。

第 5 章指导你建立和部署传统 SQL 数据库，如 SQLite、PostgreSQL 和 MariaDB 或 MySQL，可以很容易地与基于 R 数据分析流程相结合。本章还介绍如何构建和使用高可扩展的 Amazon 关系型数据库服务实例，以及如何直接用 R 对其进行查询。

经过前几章的学习积累，你可以通过第 6 章很轻松地掌握如何连接两个流行的非关系型数据库，一个是快速且用户友好的运行在 Linux 虚拟机上的 MongoDB，另一个是在 Azure HDInsight 服务器的 Hadoop 集群上的 HBase 数据库。

第 7 章展示一个实例用以说明如何将 Apache Spark 与 R 相结合，用以更快地对大数据进行操作和分析。本章还介绍如何将 Hive 数据库用于多节点部署了 Spark 的 Hadoop 集群的数据源。

第 8 章带你领略尖端的 R 预测分析。首先，你会在多节点 Spark HDInsight 集群上使用 Spark MLlib 库进行快速而高度优化的广义线性模型。然后，你会使用一个开源大数据分布式机器学习平台 H2O 实现朴素贝叶斯和多层神经网络算法。

第 9 章讨论 R 语言开发所遇到的潜在场景，可以看出 R 语言能快速应对大量的数据做智能分析。R 是新兴的大数据领域工具。

硬件准备

书中出现的所有代码片段已经在配置为 2.3GHz Intel Core i5 处理器、1TB 的固态硬盘，16GB 内存的 Mac OS X (Yosemite) 上测试过。强烈建议各位读者将代码运行在至少 4GB 内存的 Mac OS X 或者 Windows 机器上。同时也建议各位读者安装新版本的 R 和 RStudio 以及至少一款浏览器如 Mozilla Firefox、Chrome、Safari 或 Internet Explorer，以确保可以获得最佳的学习体验。

目标读者

本书适合中级数据分析师、数据工程师、统计学家、研究人员和数据科学家，希望并计划将当前或未来的大数据分析流程与 R 编程语言相结合。

本书假定读者已有一些数据分析、数据管理和大数据算法的经验，有可能只是欠缺一些与 R 相关的开源大数据工具的使用技能。

格式约定

在本书中，你会发现各种不同的文本格式用于区分不同类别的信息。以下是一些示例以及相关含义详解。

代码文本、数据表名、文件夹名、文件名、文件扩展名、路径名、虚拟 URL、用户输入以及 Twitter handle 的显示方式如下。

"- getmerge 指令允许合并 HDFS 上指定某个目录的所有数据文件"。

任何命令行输入或输出显示如下。

```
$ sudo -u hdfs hadoop fs -ls /user
```

任何术语和重要单词显示为粗体。你在屏幕上看到的词语，例如在菜单或者下拉框中看到的显示如下。

"点击**继续**按钮以进入下一步"。

警告或者重要提示显示在如下的方框中。

小贴士与小技巧在这里。

资源与支持

本书由异步社区出品，社区（https://www.epubit.com/）为您提供相关资源和后续服务。

配套资源

本书提供配套代码，要获得该配套资源，请在异步社区本书页面中点击 配套资源 ，跳转到下载界面，按提示进行操作即可。注意：为保证购书读者的权益，该操作会给出相关提示，要求输入提取码进行验证。

如果您是教师，希望获得教学配套资源，请在社区本书页面中直接联系本书的责任编辑。

提交勘误

作者和编辑尽最大努力来确保书中内容的准确性，但难免会存在疏漏。欢迎您将发现的问题反馈给我们，帮助我们提升图书的质量。

当您发现错误时，请登录异步社区，按书名搜索，进入本书页面，点击"提交勘误"，输入勘误信息，点击"提交"按钮即可。本书的作者和编辑会对您提交的勘误进行审核，确认并接受后，您将获赠异步社区的 100 积分。积分可用于在异步社区兑换优惠券、样书或奖品。

扫码关注本书

扫描下方二维码，您将会在异步社区微信服务号中看到本书信息及相关的服务提示。

与我们联系

我们的联系邮箱是 contact@epubit.com.cn。

如果您对本书有任何疑问或建议，请您发邮件给我们，并请在邮件标题中注明本书书名，以便我们更高效地做出反馈。

如果您有兴趣出版图书、录制教学视频，或者参与图书翻译、技术审校等工作，可以发邮件给我们；有意出版图书的作者也可以到异步社区在线提交投稿（直接访问www.epubit.com/selfpublish/submission 即可）。

如果您是学校、培训机构或企业，想批量购买本书或异步社区出版的其他图书，也可以发邮件给我们。

如果您在网上发现有针对异步社区出品图书的各种形式的盗版行为，包括对图书全部或部分内容的非授权传播，请您将怀疑有侵权行为的链接发邮件给我们。您的这一举动是对作者权益的保护，也是我们持续为您提供有价值的内容的动力之源。

关于异步社区和异步图书

"异步社区"是人民邮电出版社旗下 IT 专业图书社区，致力于出版精品 IT 技术图书和相关学习产品，为作译者提供优质出版服务。异步社区创办于 2015 年 8 月，提供大量精品IT 技术图书和电子书，以及高品质技术文章和视频课程。更多详情请访问异步社区官网https://www.epubit.com。

"异步图书"是由异步社区编辑团队策划出版的精品 IT 专业图书的品牌，依托于人民邮电出版社近 30 年的计算机图书出版积累和专业编辑团队，相关图书在封面上印有异步图书的 LOGO。异步图书的出版领域包括软件开发、大数据、AI、测试、前端、网络技术等。

异步社区

微信服务号

目录

第 1 章
大数据时代

1.1　大数据——重新定义怪物

　　每当里奥·梅西在巴塞罗那诺坎普足球场得分的时候，总有十多万的巴萨球迷为他们这位进球最多的前锋欢呼喝彩。社交媒体，诸如推特、Instagram 和脸书会立刻被有关这位阿根廷球员的这个奇迹进球的评论、意见、看法、分析、照片和视频淹没。其中一个进球，发生在 2015 年 5 月对阵拜仁慕尼黑的比赛中，它帮助球队打进了欧洲冠军联赛的半决赛，单单在英国就创造了每分钟 25000 条推特微博的记录，成为了该国 2015 年度"最微博"体育时刻。这样一个进球不仅仅是足球迷和体育记者之间广为流传的兴奋时刻，而且还驱动着全球数量众多的运动服饰门店的市场营销部，这些市场营销部每天都在以高精度预测着店铺和网络销售的梅西衬衫和其他巴塞罗那俱乐部相关纪念品的数量。与此同时，各大电视台都在努力竞标即将到来的巴萨比赛，并且通过在半场休息播放广告吸金数百万。对于一些行业而言，这个进球的潜在价值超过了梅西 2000 万欧元的年薪。这个进球时刻创造了大量的信息，需要被收集、存储、转换、分析，以及以另一种形式重新传递，例如体育新闻对梅西这致命一射的慢动作回放，更多的衬衫被派送到运动服专卖店，一份销售电子表单，或者一份概述巴萨电视转播收入的营销简报。这样的类似于梅西进球击败拜仁慕尼黑的时刻，每天都在发生。事实上，当你正在看这本书的时候，它可能就正在发生。如果你想知道现在全世界都在关注什么，上推特网页，打开**时刻**标签页，看看现在最受欢迎的标签和话题就知道了。每一个事件，或者比这个更重要，或者不那么重要，但是它们都会产生大量的不同形式的数据，社交媒体、YouTube 视频和博客文章都只包含了其中一小部分。这些数据可以很容易地和该事件相关的其他信息联系在一起，建立一个复杂的非结构化的数据存储，从不同的角度、使用不同的分析方法来解释一个特定的问题。但是问题来了：互联网领域的数据挖掘是如此简单、方便，以至于我们很快就会把这些数据集塞满硬盘，或者用完处理能力或内存资源。如果你管理数据的时候遇到了这些问题，那你很有可能就是在处理大数据了。

　　大数据可能是受传统培训的分析人员和研究人员听到过的最可怕、最致命和最令人沮丧的词语了。第一个问题就在于大数据这个概念的定义。如果你随机抽选 10 个学生，问他们对大数据这个概念的理解，那么你很有可能得到 10 个完全不同的答案。通常，大部分人都会立刻总结出大数据这个概念和数据集的大小、和行数列数有关系。不同领域的人会给出相类似的论述。事实上，在某种意义上他们是对的。但是，如果我们要开始深究，什么情况下正常的数据会变成大数据，那可就打开了争论的大门。有些人（也许是心理学家？）会努力说服你说即使是 100MB 也大到吓人的程度了。也有些人（社会科学家？）很有可能会说 1GB 的数据就很让他们焦虑了。而见习精算师呢，则会说 5GB 以上就会成为令人头疼的大小了，因为这是 Excel 能够流畅处理数据的上限。事实上，在医药科学的许多领域（例如人类基因组的研究），文件大小很容易就会超过 100GB，而大多数行业的数据中心需要同时处理 2TB～10TB 的数据量。领头羊公司或者独角兽公司例如谷歌、脸书或 YouTube 每天管理着 PB 级的信息。那么到底什么是大数据和普通数据量的阈值呢？

　　答案并不简单、直接，定义大数据的确切数字也并非一成不变。为了给出大概的估计值，我们首先需要区分简单的数据存储和数据的处理分析。如果你的目标是在硬盘上存储 1000 个 YouTube 视频，那估计并不困难。现在数据存储已经很便宜了，而且新技术的快速出现使得价格愈加便宜。20 年前，300 美元只能购买 2GB 的个人电脑硬盘；10 年前，同样的钱可以购买 200 倍大小的存储装置。到了 2015 年 12 月，300 美元的预算可以很轻松地负担一个 1TB 的 SATA III 内置固态硬盘—— 一款快速且稳定的硬盘，个人用户所能用到的最好的硬盘之一。显然你可以选择更便宜、更传统的硬件来存储你的 1000 个 YouTube 视频；不管什么样的预算，都有很多种选择。但是，如果你需要处理这 1000 个视频，选择就不能那么随心所欲了，例如为每个视频制作一个短视频，或者增加字幕。如果你需要分析每个视频的实际画面并量化就更糟了。例如，每个视频中大小超过 20×20px 的红色物体出现的时间是多少秒。这些任务不仅仅需要考虑存储容量，最主要的是要考虑处理器的计算处理性能。你可能还需要处理和分析每一个视频，不过就算你使用最好的个人电脑，当要处理 1000 个视频文件时，性能也会不够用，你的耐心也一样会耗尽。为了加速处理这些任务，你可能需要赶快找到一些资金用于升级硬件设备，不过这并不能长久解决问题。目前，个人计算机的扩展程度十分有限。如果你的任务不涉及繁重的数据处理，并且仅限于使用文件存储，那么一台计算机就足够了。然而目前，我们的集群除了需要足够大的硬件存储之外，还需要确保足够的随机存取存储器（RAM），以及能够快速处理大量任务的处理器。因为不断推陈出新的技术，单台机器上的独立组件的升级，可能是昂贵且短效的，而且很难给复杂的数据处理任务带来真正的改变。严格说来，这至少不是大数据分析中最灵活有效的方法。前面我故意提到了集群，正因为我们很有可能在计算机集群中并行处理数据。先不讨论过多的细节，数据处理任务可能会需要我们的系统可以横向扩展，这意味着我们可以按照意愿很容易增加（或减少）集群中连接的设备数量。横向扩展而非纵向扩展的一个显著优点是任务需要多少节点，我们就可以用多少节点并行工作，并且不会被我们集群中的单台计算机的配置问题所干扰。

让我们暂时回到前面提到的学生们关于普通数据和大数据的临界点的回答。在众多的关于大数据的定义中，有一个特别一致且广泛适用的答案。"比容易处理的量多 1 字节"是大数据会议的人士们之间广为流传的短语，不可否认，它对大数据的定义非常精确。每一个人都有判断什么时候、怎样的数据可以被称为大数据的主观自由。事实上，我们所有的学生，无论他们说大数据是少则 100MB 或高达 10PB 的，他们的回答或多或少都是正确的。只要一个人（以及他的设备）并不能舒适地处理一定规模的数据，我们就可以认为对他们而言，这就是大数据了。然而，数据的规模并不是判断是否是大数据的唯一因素。虽然前文提及的大数据的简单定义中，明确指出来 1 字节的尺寸大小，但是我们还必须用几句话剖析定义的第二部分，以便更深入地理解大数据的真正含义。数据并不仅仅是出现并存入一个文件这么简单。如今，许多数据变化非常迅速。大数据的准实时分析，即使在国际大型金融机构或能源公司，依然是让数据科学部门头痛的事情。虽然股市数据或传感器数据都很不错，但是依然是毫秒时间间隔的高维数据存储分析中的非常极端的例子。在准实时信息系统中，数据分析那几秒的延迟，可能就会花费投资者显著的资金，并导致他们的投资损失，因此移动数据的处理速度绝对是当前很需要考虑的问题。此外，现在的数据比以往任何时候都更加复杂。网站会通过 API 服务产生大量碎片化信息，如非结构化文本、JSON 格式、HTML 文件等。Excel 电子表格和诸如逗号分隔值（CSV）或制表符分割文件等传统结构化数据文件格式已经不占多数了。认为数据仅仅是数值或文本格式的想法是非常局限的。现在有大量的可选格式用于存储诸如音频和视频信息、图形、传感器和信号、3D 渲染图像文件或使用专业的科学软件、分析软件包如 Stata 或社会科学统计包（SPSS）等收集和解析的数据。

数据的大小、数据的输入输出速度以及数据的不同格式和类型实际被称为 3V：流量（Volume）、流速（Velocity）和种类（Variety）。最早在由 Doug Laney 于 2001 年发表的《3D 数据管理：控制数据的流量、流速和种类》一文中提出。现已成为处理大数据的主要控制条件。Doug 的著名 3V 理论已经被其他数据科学家扩展了很多，以包含更具体、更定性的因素，例如数据的变化（variability）（数据流的周期性峰值数据）、复杂度（complexity）（相关数据的多个数据源）、准确性（veracity）（由 IBM 提出，表示数据一致性的置信度）。无论我们用多少个 V 或者 C 来形容大数据，它本质上依然取决于现有 IT 基础设施的局限性，处理大数据集的人们的技能以及收集、存储和处理这些数据的方法。正如我们先前的结论所说，不同组织（例如个人用户、学术部门、政府部门和大型金融企业或技术领导者）对大数据的定义不尽相同，我们依然可以将之前提到的定义重述为下面这句话：

> 大数据是指引起值得关注的处理、管理、分析和解释问题的任意数据。

另外，对本书而言，我们将会假设这样的数据大小通常是 4GB～8GB，也是 2014～2015 年个人电脑所配内存的标准容量。当我们在本章稍后位置阐述 R 语言的传统局限性，以及在本书之后的章节中讲述大数据内存内处理方法时，这个阈值会更有意义。

1.2　大数据工具箱——为大而生

就像医生不能统一使用扑热息痛和布洛芬治疗所有的医疗症状一样，数据科学家们需要使用更有效的方法来存储和管理大量的数据。我们已经知道了大数据的定义以及定义大数据所需要的条件，可以进一步了解一系列专为处理这些大数据集而生的工具了。虽然传统技术在某些情况下可能依然有用，但是大数据有其自身的包含可扩展框架和应用的生态系统，可以更便利的处理和管理超大或超快速的数据。在本章中，我们将会简要介绍几种最常见的大数据工具，详细的探索将在本书之后的章节中进行。

1.2.1　Hadoop——屋中之象

只要你在大数据行业呆过，哪怕一天，你肯定会听过一个不常见的词汇：Hadoop，在你和你的同事或同学进行茶歇座谈会的时候，一定三句话不离 Hadoop 这个词。Hadoop 原本是 Doug Cutting 的孩子最喜欢的玩具（一只黄色大象）的名字，现在已经面世快 11 年了。它起源于 2002 年前后 Doug Cutting 领导 Apache Nutch 项目（一个可扩展的开源搜索引擎）期间。项目进行了几个月后，Cutting 和他的同事 Mike Cafarella（彼时还是华盛顿大学的研究生）遇到了由于 Nutch 平台数据量的增长和处理需求引发的扩展性和健壮性问题。该解决方法来源于谷歌，更确切地说，是来自于 Ghemawat、Gobioff 和 Leung 在 19 届操作系统原理 ACM 研讨会（19th ACM Symposium on Operating Systems Principles）发表的名为《Google 文件系统》（*The Google File System*）的论文。文章重现了 Larry Page 和 Sergey Brin 发明的大文件（Big Files）的原始构思，并提出了使用廉价商用硬件组成集群将大量文件分割为 64MB 固定大小跨集群节点进行存储的革命性新方法。为防止故障，并改善这种设置的效率，文件系统创建出这些文件块的副本并将它们分布存储在一系列节点上，这些节点由主服务器连接和管理。几个月后，谷歌又发表了一篇名为 《Mapreduce：简化大集群上的数据存储》（*MapReduce: Simplified Data Processing on Large Clusters*）的论文，作者是 Dean 和 Ghemewat，发表在《操作系统设计与实施第六次会议论文集》（*6th Conference on Symposium on Operating Systems Design and Implementation*）中，又一次震惊了 Cutting 和 Cafarella。

MapReduce 框架成为了粘合剂，粘合了存储在文件系统的大量节点上的分布式数据与数据转换和任务处理的输出文件。

MapReduce 模型包含 3 个主要阶段。第一阶段是 Mapping 过程，按照 mapper（即进行 mapping 操作的脚本）指定的键值对将数据索引和排序到指定结构。第二阶段 Shuffle 负责将 mapper 输出在节点间重新分布，分布依据是键值；也就是说，同一个键值的输出会被存储到同一个节点上。第三阶段 Reduce 输出之前 map 和 shuffle 过的数据的某种汇总信息，例如每个键值所对应的连续测量值的算术平均值等诸如此类的描述性统计。在谷歌和分布式文件系统中使用 MapReduce 框架的一个简单数据处理工作流如图 1-1 所示。

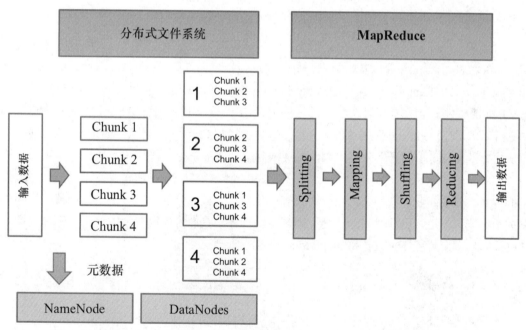

图 1-1　简化的分布式文件系统架构和 MapReduce 框架的各个阶段

谷歌文件系统模型和 MapReduce 模式的想法与 Cutting 和 Cafarella 的计划非常吻合，因此他们将两者都引入了自己的 Nutch 的研究。第一次，他们的网络爬虫算法可以在几台商用计算机上并行运行，并且只需要一位人类工程师的简单监督。

2006 年，Cutting 加入了雅虎。2008 年，Hadoop 成为了独立于 Nutch 的 Apache 项目。从那时起，它就走上了更可靠和可扩展的永无止境的旅程，通过逐渐增加节点数量有效实现更大、更快的数据工作负载。与此同时，Hadoop 也成为了诸如微软 Azure、亚马逊弹性计算云（EC2）以及谷歌云平台等云计算平台的附加服务的领头羊。这种新的、不受限制的、灵活的访问共享和负担得起的商用硬件的方式，使得大量公司以及个体数据科学家和开发人员大大减少了他们的生产花销，并且以更有效和健壮的方式处理着更大的数据。值得一提的是 Hadoop 创造了一些破纪录的里程碑。在 2007 年底的一个知名现实例子中，纽约时报使用在亚马逊 EC2 上构建的 100 个节点，在不到 24 小时的时间内，转换了超过 4TB 的图片，仅花费了不到 200 美元；这原本需要好几周的辛勤劳动和大量工作时长才能完成，而现在只需要在极短的时间内花费原始成本的一小部分就能实现了。在一年后的 2009 年，1TB 的数据可以在短短 209 秒内完成排序，而雅虎仅仅使用了 62 秒来排序同样大小的数据，创造了新纪录。在 2013 年，Hadoop 创造了 Gray Sort Benchmark 最快纪录并维持至今（译者注：有兴趣可以去 sortbenchmark 网站查看，该纪录已多次被打破）。来自雅虎的 Thomas Graves 在 4328 秒内排序了 102.5TB 的数据，大约每分钟 1.42TB。

近年来，Hadoop 和 MapReduce 框架已经被诸如脸书、谷歌、雅虎、大型金融和保险公司、研究机构、Academia 以及大数据爱好者广泛使用。很多提供 Hadoop 商业版的公司，例如 Cloudera（由 Tom Reilly 领导，Doug Cutting 担任首席架构师）和 Hortonworks（目前由 Rob Bearden 主管，他是前甲骨文公司的资深主管，多个成功开源项目如 SpringSource 和 JBose 的 CEO；之前由 Eric Baldeschwieler 主管，他是曾经和 Cutting 一起工作的雅虎前员工），它们从原本的 Hadoop 项目中分离出来，发展成独立的实体，提供额外的大数据专有工具，扩展了 Hadoop 生态圈的应用和可用性。虽然 MapReduce 和 Hadoop 彻底改变了我们处理大数据的方式，并在商业领域和个人用户中大规模传播其大数据分析方式，但是他们依然收到很多关于性能局限性、可靠性问题和编程困难度的批评。我们将在第 4 章中使用实例深度探索这些局限性以及解释 Hadoop 和 MapReduce 的其他特性。

1.2.2 数据库

不管是基于 SQL 的关系型数据库管理系统（RDBMS），还是更现代的非关系型数据库，或者说不仅仅是 SQL（NoSQL），都有大量很优秀的在线和离线资源及出版物供读者选择。本书不会详细介绍它们，不过会提供一些关于如何使用已知的、经过测试的 R 包在此类系统中存储大量数据，执行必要的数据处理，并将数据从数据库直接提取到 R 处理会话中的实例。

正如之前提到的，在第 5 章，我们将首先简单介绍标准的建立在由牛津教育英语计算机科学家，同时在 IBM 圣何塞实验室工作的 Edgar Codd 在 20 世纪 70 年代发明的关系型模型基础上的标准传统型数据库。如果你没有太多的数据库经验，也不用担心，此时，你只需要知道在 RDBMS 中，数据以带有字段和条目的表格形式存储。根据不同行业，字段可以理解为变量或者列，条目可以理解为观察值或数据行。也就是说，字段是信息的最小单元，条目是字段的集合。字段像变量一样具有一些分配的属性，例如它们只包含数据型、字符串型、双精度浮点型或长整型的值等。这些属性可以在输入数据到数据库中的时候设置。RDBMS 已被证明是非常受欢迎的，当今几乎所有企业都在使用某种关系型数据库收集和存储数据。结构化查询语言（SQL）可以轻松查询 RDBMS，SQL 是一种可访问的、相当自然的数据库管理编程语言，由来自 IBM 的 Donald Chamberlin 和 Raymond Boyce 首先发明，然后由甲骨文公司进行商业化和进一步开发。自从第一个 RDBMS 诞生以来，甲骨文、IBM 和微软控制了带有完整售后支持的商业化 RDBMS 产品将近 90% 的市场份额。在本书的 R 与 RDBMS 的连接实例（位于第 5 章）中，我们将会使用一系列最流行的关系型开源数据库，包括 MySQL、PostgreSQL、SQLite 以及 MariaDB。

然而，这不是我们游览令人兴奋的数据库以及大数据应用的终点。虽然 RDBMS 在繁重的事务负载情况下表现很好，并且具有可以处理相当复杂的 SQL 语句的巨大优势，但是它们对于（准）实时和流数据的处理并不擅长。同时它们通常也不支持非结构化和分层数据，也不容易水平扩展。为了响应这些需求，一种新型数据库发展了起来，或者更准确地说，它复活了。因为非关系型数据库与 RDBMS 在长达 40 年的时间里一直齐头并进，但是它们之前从未如此流行过。NoSQL 与非关系型数据库不同于基于 SQL 的 RDBMS，它没有预定义的格式，从而给予用户很大的灵活性，并且不用改变数据。它们通常有很好的横向拓展性，处理速度很快，是零售、营销和金融服务等行业理想的（近）实时分析存储方案。它们也有类似于 SQL 的查询语言。其中一些，例如 MongoDB NoSQL 语言，允许用户执行大多数数据转换操作以及复杂的数据聚合和 MapReduce 操作，非常具有表现力。交互式基于 Web 的服务、社交媒体和流数据产品的快速增长促进了大量特定目的的 NoSQL 数据库的诞生。在第 6 章中我们将会介绍一些使用 R 来进行大数据分析的例子，其中会介绍 3 种主流开源非关系型数据库，分别是一个流行的基于文档的 NoSQL、MongoDB 以及一个分布式 Apache Hadoop 式的 HBase 数据库。

1.2.3 Hadoop 的 Spark 化

在 1.2.1 节中，我们介绍了 Hadoop、Hadoop 分布式文件系统（HDFS）以及 MapReduce 的一些基础概念。尽管 Hadoop 在学术界和工业界已经被广泛使用，仍然有很多用户抱怨说 Hadoop 太缓慢了，有一些计算要求高的数据处理操作可能需要花费几个小时才能完成。Spark 利用并部署在现有的 HDFS 之上，专为快速迭代计算而生，比 Hadoop 的内存性能快 100 倍，并且运行在快 10 倍的磁盘上。

Spark 拥有着相对小型但是不断增长的生态系统，包含各种工具和应用程序，通过为 Spark 增加 SQL 脚本（通过 Spark SQL）的方式以支持大规模结构化数据的处理，对流数据（Spark Streaming）启用容错操作，允许用户执行复杂的机器学习模型（MLlib），并通过 GraphX 模块提供可以直接使用的并行集群检测算法，例如 PageRank、标签传播以及许多其他图形和集合算法。由于在 Apache 上开源并且经营社区，大量数据分析和机器学习者已经对 Spark 产生了极大的兴趣。截至 2016 年 7 月底，由独立 Spark 开发者开发的第三方软件包已经超过了 240 个，可以在 Spark 网站上找到这些包。其中大多数或多或少允许与市场上其他常见的大数据工具进一步集成。请随意访问该网站并查阅检索目录查看你所熟悉的工具或编程语言。

在第 7 章以及第 8 章中，我们将会讨论在使用 R 语言的大数据分析工作流中使用 Apache Spark 方法。不过在这之前，我们需要首先熟悉这本书最重要的部分——R 语言本身。

1.3　R 语言——大数据的无冕之王

到目前为止我们已经介绍了大数据的概念、特征和特性，以及使用最广泛的大数据分析工具和框架，例如 Hadoop、HDFS、MapReduce 框架、结构化和非结构化数据库和 Apache Spark 项目。在本书接下来的几章中会对它们进行更加深入的探讨，不过现在我们将要介绍本书的主角、真正的英雄——R 语言。R 语言从 20 世纪 90 年代中期作为一门独立的语言一直陪伴我们至今，它源于 20 世纪 70 年代中期从一门更古老的语言——由 John Chambers 发明的 S 语言。Chambers 在贝尔实验室的日子里，他们小组的目标之一就是设计一种用户友好的、可交互的、可快速部署的用于数据分析和可视化的接口。因为他们经常需要处理分析非结构化数据和不同的数据格式，所以一个拥有灵活接口的、可以充分利用以前使用的 Fortran 算法的工具成为了最高优先级的需求。此外，该项目还需要满足一些图形化输出的需求以便数值计算的可视化。它的第一版是在安装了 Honeywell 操作系统的机器上运行的，由于一系列的限制，这并不是一个理想的平台。

S 语言的持续开发工作进展得相当迅速，1981 年，Chambers 和他的同事们发布了 S 语言的 UNIX 实现环境以及题为《S：数据分析的语言和系统》的手册。事实上，S 是一个混合环境或者说接口，允许通过一系列的内置方法访问基于 Fortran 的分析算法，拥有可灵活自定义的语法对数据进行操作，以满足那些希望可以自定义统计方法和实现更复杂的计算的使用人员的愿望。这种混合了面向对象和面向方法的编程语言、统计计算工具，造成了一系列的歧义和困惑，就算对原先的开发人员而言也同样如此。众所周知，John Chambers、Richard Becker 以及其他开发 S 语言的贝尔实验室的工程师们不知道该将他们的软件定义为一个编程语言，还是一个系统或者是一个环节。然而更重要的是，S 开垦了学术界和统计研究领域的一片沃土，其用户极速增加，外部贡献越来越多，社区也在不停增长。S 的未来版本将允许用户存储数据、子集、计算输出，甚至单独的函数或图，以加强 S 环境的函数化和对象化的结构。同时，随着 1986 年 S 第三版的发布，S 环境的核心由 C 语言编写，而且与 Fortran 模块的接口可以通过模拟器从 S 方法中动态加载，而不是像早期版本那样需要通过预处理器和编译。当然，由 Chambers、Becker 以及后来的 Allan Wilks 一同编写的手册也随着全新的 S 环境一起发布了，其中解释了 S 语法的结构和经常使用的统计函数。20 世纪 90 年代，来自新西兰奥克兰大学的 Robert Gentleman 和 Ross Ihaka 以 S 环境为基础设计出了 R 编程语言。尽管 S 和 R 有一些差异，但是由 S 语言编写的代码在 R 环境中几乎不需要改变。事实上 R 以及 S+语言都是 S 语言的演进版本，官方也是这样建议大家的。可能 S 和 R 的最大差异在于 R 还混合了 Steele 和 Sussman 的 Scheme 编程语言中词法作用域的演进模型。R 中词法作用域的实现允许你分配自由变量，这取决于引用该变量的函数的环境，而在 S 中自由变量只能在全局中定义。在 R 中使用评估模型意味着与 S 相比，函数更具有表达型、以更自然的方式编写，通过在自己的环境的特定函数中定义变量，给予开发人员或分析人员更大的灵活性和能力。前面提供的链接列出了两种语言之间的微小而微妙的差异，除非在运行 R 代码中发现明确的错误信息指示，否则很多差异非常不明显。

目前，R 有各种变体和形式，因为有好几种开源和商业实现方式。最流行的是本书所采用的免费 R GUI，可以从 R 项目 CRAN 网页下载，同样免费的 **RStudio IDE** 可以从 RStudio 网站下载。由于它们的流行和多功能性，都值得好好介绍一番。

最通用的 R 实现是免费的、开源的，由位于奥地利维也纳的统计和数学研究所的统计计算 R 基金会管理。这是一个非营利组织，由 R 开发核心小组的成员创建设立，成员包括一些著名的统计研究学者、R 专家和在过去几年最多产的 R 社区贡献者。其中依然有 S 和 R 语言的原始作者诸如 John Chambers、Robert Gentleman 和 Ross Ihaka，以及最有影响力的 R 开发人员：Dirk Eddelbuettel、Peter Dalgaard、Bettina Grun 和 Hadley Wickham 等。该团队负责 R 核心源代码的监督和管理、批准对源代码的更改以及社区贡献的实施。R 开发核心团队通过 R 全面档案网（CRAN）发布由独立 R 开发人员和 R 社区成员开发的最新的基于 R 的安装和第三方部署包。他们还定期发布面向研究的开放式的 R 期刊，并组织极其受欢迎的年度 userR 会议，每年都有上百位激情满满的 R 用户从世界各地聚集在一起。

通过 RStudio 开发，由马萨诸塞州波士顿运营，由首席科学家同时也是很多 R 的数据分析和可视化包（诸如 ggplot2、rggobi、plyr、reshape 等）的开发者 Hadley Wickham 博士领导的企业级开源和商业许可证产品的基础正是 R 的核心。其 IDE 可能是 R 用户当前可用的用户友好度较高的 R 接口，如果你还没安装的话，我们建议你尽快在你的个人电脑里装上它。RStudio IDE 包括一个易于浏览的工作区视图、一个控制台窗口和一个编辑器，包含代码高亮显示和直接代码执行区，除此之外还有额外的视图可以方便用户控制图和可视化、管理工作目录内外的文件、核心和第三方包、使用过的函数和表达式纪录、R 对象的管理、代码调试功能以及直接的帮助访问和支持文件。

由于 R 核心是一个多平台工具，所以 RStudio 也可以在 Windows、Mac 或者 Linux 操作系统上使用。我们将在本书中广泛使用 RStudio 桌面版本以及 RStudio Server 的开源版本，因此请确保你下载并安装了免费桌面版，以便执行一些第 2 章和第 3 章的一些例子。

图 1-2 是从 CRAN 下载的 Mac OS X 上的 R 的图形用户接口（GUI）的安装。图 1-3 是桌面 RStudio IDE。Windows 用户看到的可能会和这两张图有些许差别，不过大多数功能都是一样的。RStudio Server 和桌面版的 GUI 是一样的，只是在选项和设置上有细微差别。

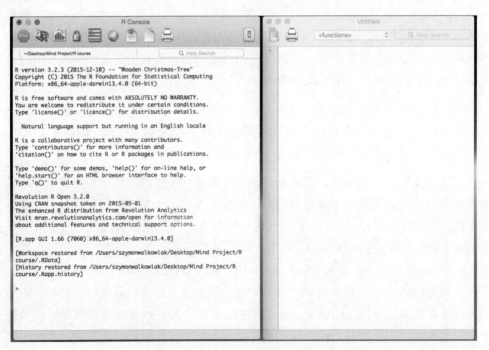

图 1-2　Mac OS X 上的 R 核心 GUI，带控制台组件（左侧）和代码编辑（右侧）

代码编辑器

环境浏览器
和历史面板

控制台——代码运行及输出

文件浏览器、包管理器、
视图和帮助

图 1-3 Mac OS X 上的 RStudio IDE，带执行命令台、代码编辑区以及其他默认视窗，
本例中使用的主题皮肤是 Cobalt

多年来，R 一直只在学术界和研究中流行，近年来才得到商业客户和金融用户越来越多的关注。因为 R 的高灵活性和使用简单，像谷歌和微软这样的公司已经转向使用 R。在2015 年 7 月微软完成了对 Revolution Analytics（一个大数据预测分析公司）的收购，该公司凭借使用 R 内置支持大数据的处理和分析赢得了声誉。

> 根据 2014 年和 2015 年 TIOBE 编程社区索引所述，R 语言的人气爆棚使其成为了 20 种最常用的编程语言之一。此外，**KDnuggets** 这个数据挖掘和分析的行业领头博客将 R 与 Python 和 SQL 并列为数据科学职业必备的技能之一。

R 的成长并不令人惊讶，由于社区内的热心用户充满活力并才华横溢，R 已经是目前最广泛使用的统计编程语言之一。R 拥有近 8400 个（截至 2016 年 6 月）可以在 CRAN 下载的第三方包，以及更多的放在 BioConductor、forge.net 和其他地方的库，更别提上百个 GitHub 商的开发包，以及个人博客和个人开发者和组织的网站上才能下载的软件包。

R 语言除了一些显而易见的优点，诸如它的开源许可证、没有任何安装费用、有无限多的可以集成的现成统计方法，以及高度活跃的社区用户，其数据可视化能力和多数据格式兼容能力也备受好评。很多受欢迎且有影响力的报纸和杂志，例如《华盛顿邮报》《卫报》《经济学人》及《纽约时报》，每天使用 R 生成高信息量的图标和信息图片，用于阐述复杂的政治事件、社会或经济现象。通过强大的诸如 ggplot2 或者 lattice 此类的软件包生成静态图片已经无法满足他们的胃口，使用 shinny 或 ggobi 框架开发的可交互可视化，一些支持 JavaScript 库空间分析的外部包（例如 Ramnath Vaidyanathan 开发和维护的 rCharts），例如 leaflet.js 或者使用 morris.js、D3.js 等的交互式数据驱动文档正在涌现。更进一步的是，R 用户现在可以使用 Google 可视化 API 图标，例如著名的由 Markus Gesmann、Diego de Castillo 和 Joe Cheng 开发的 googleVis 制作的动图。图 1-4 显示了使用 googleVis 包的操作图。

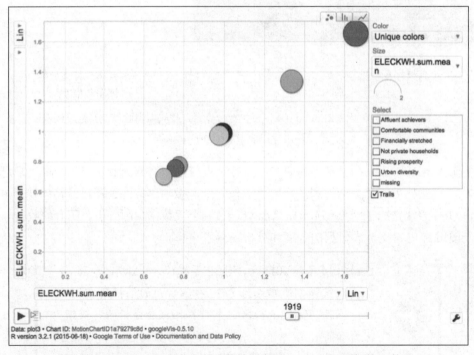

图 1-4　由 Google 可视化包创建的动图事例——Google 图标的 R 接口

如前所述，R 可以处理不同来源，不同格式的数据，不只局限于物理文件格式，比如传统逗号分隔或者制表符分割的格式，还包括不常见的文件比如 JSON（在网页程序和现代

NoSQL 数据库中广泛使用,我们将在第 6 章深入探讨)或图片,以及其他统计包和专有格式,比如 Excel 工作簿、Stata、SAS、SPSS 和 Minitab 文件、网络碎片数据,或者直接连接 SQL 或 NoSQL 数据库,还有其他大数据容器(比如 Amazon S3),或者 HDFS 存储的文件等。我们将在本书的一些例子中探索 R 的大多数数据导入功能,不过如果你现在就想知道 R 的数据导入方法,请访问 CRAN 网站,其中列出了主要的 R 数据导入、导出的方法。

R 语言编写的代码可以很容易被诸如 Python 或 Julia 的编程平台调用。更棒的是,R 自身可以调用 C 家族、Java、SQL、Python 和其他编程语言的方法和语句。使得 R 语言更好地为数据科学工作流服务。本书中将会探索许多诸如此类的例子。

1.4 小结

第 1 章我们主要介绍了大数据的定义,强调了它的一些主要特性。同时还介绍了大量的大数据源,并且提到即使是一场单一的事件,例如梅西的一脚射门,也可能雪崩般地立刻迸发出一大堆数据。

然后我们介绍了最常用的大数据工具,也是本书会使用到的,例如 Hadoop 的分布式文件系统以及并行计算框架 MapReduce,传统 SQL 和 NoSQL 数据库,比 Hadoop 数据处理更快(大多数情况下也更简单)的 Apache Spark 项目。

本章末尾,我们介绍了 R 语言的起源,它的逐渐被广泛应用的统计计算环境以及它在大数据分析工具中的位置。

在第 2 章中,你将有机会真正学习使用和修改 R 的一些在数据管理、转换和分析中最常用的方法。

第 2 章
R 编程语言与统计环境的介绍

在第 1 章中你已经熟悉了一些最常用的大数据术语，还有一系列针对庞大且复杂的数据的工具集。同时你还基本了解了 R 的发展历史，以及 R 是如何成为备受科技巨头和世界著名大学亲睐的领先的统计计算环境和编程语言的。这一章你会学到一些最重要的 R 语言函数，它们来自基础安装包和第三方的安装包，主要作用于数据处理、转换和分析，具体内容如下。

- 概览一下 R 语言的数据结构。

- 通过一系列操作的指引，学会导入标准的、特有格式的数据。

- 完成基本数据清洗和处理操作，比如取子集、聚合和创建列联表等。

- 通过执行一系列探索性的数据分析技术来审查数据，如描述性统计。

- 应用基本统计方法来估计（皮尔森系数）两个或多个变量之间（多重回归）的相关参数，或者找到变量和均值之间的差值，两组变量叫 t 检验或多组方差分析（ANOVA，方差分析）。

- 引入更先进的数据建模任务如逻辑和泊松回归。

2.1 学习 R

本书假设你之前接触过 R 编程语言。本章更多的是对最基本操作的回顾和概述，而不是一个非常完整的 R 语言手册。本书的目的是给你介绍具体的与大数据相关的 R 语言应用程序，还有如何把 R 与你现有的大数据分析流程结合的方法，而不是教你 R 语言基本的数据处理。市面上有很多很好的 R 语言入门的书，你可以在 IT 专营书店或者直接在像 Packt

这样的出版社网站和亚马逊商店上购买。下面是一些推荐的书籍。

- *R in Action: Data Analysis and Graphics* 第二版，作者 Robert Kabacoff，出版社 Manning Publications，2015 年出版（译者注，中文版《R 语言实战（第 2 版）》 由人民邮电出版社于 2016 年 5 月出版）。

- *R Cookbook*，作者 Paul Teetor，出版社 O'Reilly，2011 年出版（译者注，中文版《R 语言经典实例》由机械工业出版社于 2013 年 5 月出版）。

- *Discovering Statistics Using R*，作者 Andy Field、Jeremy Miles 和 Zoe Field，出版社 SAGE Publications，2012 年出版。

- *R for Data Science*，作者 Dan Toomey，出版社 Packt Publishing，2014 年出版。

另一个获取良好的 R 语言实用技能的途径就是大量线上的资源，或者更传统的导师教学的课堂培训教程。第一个选项给你提供几乎无限的选择：网站、博客和线上教学指南。之前提到的 Comprehensive R Archive Network 就是很好的起点和主要的站点，它不仅包括了 R 语言的主要软件和许多维护良好的说明文档，还有由 **Task Views** 社区管理着的统计或数据管理问题相关的 R 语言程序包的索引。另外，R-bloggers 会以博客的形式发布关于 R 的例行资讯或者 R 语言爱好者和数据科学家准备的教程。

然而，在完成一些初始的阅读和经过几个月 R 的使用后，你就会经常访问 StackOverflow 网站和 StackExchange 网站，上面可以找到很多 R 语言相关的深度问题和特殊函数的复杂用例。StackExchage 实际上是一个由支持和问答社区网站组成的网络，主要解决一些统计、数据、生物，还有一些其他方法和概念相关问题。而 StackOverflow 现在是 StackExchange 旗下的一个子网站，主要关注一些实用的编程问题，还会给用户提供一些编程提示，和大部分（即使不是全部）开发者熟知的编程语言的解决方法。两个网站在 R 语言用户中广受欢迎，2015 年 12 月下旬，在 StackOverflow 上 R 语言标签的提问就有差不多 12 万个了。StackOverflow 网站还包含了大量的链接和对自由互动的 R 学习资源的进一步引用，还有一些在线图书和手册等许多其他的资源。

从用户体验良好的在线培训课程开始你的 R 语言之旅也是一个不错的选择，典型的在线学习提供商包括 Coursera、DataCamp、edX 或者 CodeSchool。当然由于这些课程对 R 语言技术的用户接受度的判断多少有些主观，但不可否认的是，最近几年这类课程越来越受欢迎，受到了雇主和招聘者的正面肯定。在线课程可能适合一部分人，特别是那些由于各种原因无法参加传统大学 R 语言教育的人，或者只是想在闲暇时间或工作之余学习 R 的人。

在我们开始实践部分之前，无论你用什么方法和策略学习 R，都不要因为开始的困难而丧气。R 语言和其他编程语言一样，或者我应该说像其他任何语言一样（包括外语）需要时间、耐心和长时间的实践，还有大量的练习，让你探索各个方面和语法的复杂度以及丰富的函数库。即使你仍然在与 R 语言技术做斗争，我也可以肯定在下一章你就会把它们甩在身后。

2.2 R 语言基础回顾

在接下来的章节我们会对最实用和经常使用的 R 函数和语句声明。我们会从一个 R 和 Rstudio 的快速安装指南开始，然后继续完成 R 数据结构的创建、数据操作和数据转换，还有**探索性数据分析**（Exploratory Data Analysis，EDA）中所使用的基本方法。尽管书中列出的 R 代码已经认真地测试过，但仍需要确认你的设备环境没有错误，并且需要对运行的代码风险负责。

2.2.1 准备 R 和 RStudio

根据操作系统（Mac OS X、Windows 或者 Linux），你可以从 R 官网下载安装相应的 R 语言基础包。即使你喜欢使用 RStudio IDE，也需要先从 CRAN 网站上下载安装 R 语言核心包，然后从 RStudio 网站下载运行相应平台的最新版本的 RStudio IDE 安装程序。

我个人很喜欢使用 RStudio，因为它有很实用的附加组件，比如代码高亮和更加用户友好的图形界面（GUI）。当然如果你坚持只使用简单的 R 语言核心安装程序，也没有什么特别的理由禁止这样做。话虽如此，本书中的大多数例子都是使用的 RStudio。

本书所有的代码片段都被执行过，是运行在一个 Macbook Pro 的笔记本上，Mac OS X（Yosimite）操作系统[①]，2.3GHz Intel i5 内核处理器，1TB 的固态硬盘，16GB 内存，但如果你的电脑配置比这个低也是可以的。本章不会使用大的数据集，即使在本书剩下的章节中使用的每个数据集也是限制在 100MB～130MB。当然也会尽可能地提供全量大数据的链接和参考。

如果你想学习本书的实践部分，建议你从 Packt 出版社的网站为本书创建的网页下载并解压每章的 R 代码和数据。如果你使用的是本书的 PDF 格式，并不建议你拷贝书上的代码并将其直接粘贴到 R 控制台。因为在出版的时候，一些字符（比如引号" "）的编码会和 R 语言里的不同，这些 R 的命令在 R 控制台（console）里执行可能会导致错误。

　　一旦 R 语言的核心包和 RStudio 安装下载好之后，跟着屏幕上安装程序的指示进行操作就好了。当你完成安装后，就可以打开 RStudio 软件。RStudio 初始化完成后，你会看到它的图形界面里有很多窗口分布在屏幕上。其中最大的窗口就是控制台（console）窗口，在这里你可以一行一行地输入代码并执行。你也可以单击 RStudio 左上角的空白文件图标或者浏览"**文件 | 新建文件 | R 脚本**"。如果你从 Packt 网站的本书网页上下载了 R 代码，也可以只单击"**打开已有文件**"（或按 **Ctrl + O** 组合键）（一个黄色的打开文件夹的图标），然后在你的计算机硬盘上查找下载的 R 代码（或者浏览 "**文件 | 打开文件**"）。

　　现在你的 RStudio 会话已经打开，可以调整一些最基本的设置。首先，你需要设置当前的工作目录为硬盘上数据文件所在的目录。如果你知道准确的位置，可以只输入 setwd() 命令和数据文件的完整精确的目录，如下所示。

```
> setwd("/Users/simonwalkowiak/Desktop/data")
```

---

① 译者注，Mac OSX 可以用包管理神器 brew 安装更方便、快捷，Yosimite 更高的版本用以下的命令安装。
brew install cask
brew cask install xquartz
brew tap homebrew/science
brew install r

当然，你的实际目录可能会和上面显示的目录不一样，但请记住，如果你是从 Windows Explorer 地址栏上拷贝目录，就需要把反斜杠 "\" 变成正斜杠 "/"（或者两个反斜杠）。同样，目录要放在引号之间。或者你也可以通过浏览**会话|设置工作目录|选择目录**来人工设置要保存会话数据的文件夹。

除了上面描述的方法外，还有其他方法设置正确的工作目录。事实上，大多数操作，甚至更复杂的数据分析和处理活动，在 R 语言中都有很多种实现方式。很明显，我们不会列举所有的方法，但会主要关注那些经常使用的方法和在特殊或者困难情况下的有用的技巧和提示。

你可以用下面的命令行来检查你的工作目录是否已经正确设置。

```
> getwd()
[1] "/Users/simonwalkowiak/Desktop/data"
```

如你所见，gewd()函数对我们之前定义的工作目录返回了正确的目标路径。

设置 R 仓库的 URL

检查你的 R 仓库是否设置正确是一个很好的习惯。R 仓库是位于世界上很多机构和组织的服务器，上面保存着第三方 R 程序包的更新和新版本。建议你把默认仓库设置为 CRAN 服务器并选择一个离你最近的镜像。你可以使用下面的命令来设置仓库。

```
> setRepositories(addURLs = c(CRAN = "https://cran.r-project.org/"))
```

你可以用下面的函数检查现在或者默认的仓库的 URLs。

```
> getOption("repos")
```

确认输出是不是你选择的 URL。

```
                    CRAN
"https://cran.r-project.org/"
```

这样就能在你第一次安装一个新的程序包时选择特定的镜像，或者可以浏览"工具|全局选项...|包"。在窗口的包管理部门，你可以更改默认的 CRAN 的镜像位置；单击"**更改...**"

按钮来调整。如图 2-1 所示。

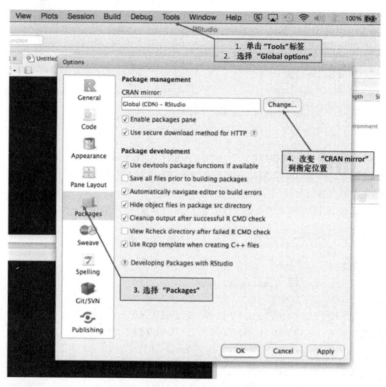

图 2-1 CRAN 镜像更改视图

当仓库 URL 和工作目录设置好后，你就可以继续去创建 R 语言特有的数据结构。

2.2.2 R 语言数据结构

各种编程语言中，数据结构的概念都是非常重要和不容忽视的。同样，在 R 语言中，合适的数据结构可以让你保存任意类型的数据并且把它们用于以后的数据处理和分析中。你选择的数据结构类型会约束你：怎么获取和处理保存在该结构中的数据，可以使用哪种操作技术。本节会简要介绍 R 语言中基本的数据结构。

2.2.2.1 向量

每当我教授统计技术课程的时候，总是先把向量介绍给 R 语言学习者，以此作为他们需要熟悉的第一个数据结构。向量是一维的数据结构，可以保存任意类型的数据，比如数字类型、字符类型、逻辑类型。简而言之，向量就是由一些值组成的指定长度的有序序列（比如数字类型、字符类型、逻辑类型和其他类型）。你需要记住的最重要的事情是一个原子向量只能包含一种数据类型。

让我们用标准正态分布随机生成的 10 个数字创建一个向量,把原有的元素保存在一个叫 vector1 的对象中。在 RStudio 控制台(或者编辑器)中输入下面命令。

```
> vector1 <- rnorm(10)
```

现在看一下我们刚创建的 vetor1 里的内容。

```
> vector1
[1] -0.37758383 -2.30857701 2.97803059 -0.03848892 1.38250714
[6] 0.13337065 -0.51647388 -0.81756661 0.75457226 -0.01954176
```

因为我们引用的是随机生成的值,生成的向量包含的元素和上面的例子很可能不一样。让我们确认新的向量 vector2 和你的一样。我们需要设置一个种子让生成的数字一样。

```
> set.seed(123)
> vector2 <- rnorm(10, mean=3, sd=2)
> vector2
[1] 1.8790487 2.5396450 6.1174166 3.1410168 3.2585755 6.4301300
[7] 3.9218324 0.4698775 1.6262943 2.1086761
```

在上面的代码中,为了能让你能重复 vector2 里元素的值,我们把种子设置成随意的一个数字(123),同时我们还使用了两个 rnorm() 函数的参数来指定数据的两个特性:算术平均值(设为 3)和标准差(设为 2)。如果你想查看 rnorm() 函数的所有可用参数、默认设置以及在实践中如何使用它,输入?rnorm 可以查看该函数的帮助信息。

然而,c() 函数(c 代表连接)很可能会是你以后最常用的创建数据向量的方法之一,然后显式地传入向量每一个元素的值。

```
> vector3 <- c(6, 8, 7, 1, 2, 3, 9, 6, 7, 6)
> vector3
[1] 6 8 7 1 2 3 9 6 7 6
```

上面的例子中,我们用 10 个数字类型的元素创建了向量 vector3。你可以对任意数据结构使用 length() 函数来审查元素的数量。

```
> length(vector3)
[1] 10
```

class() 函数和 mode() 函数可以让你分别判断如何处理 vector3 的元素和如何保存

vector3 的数据。

```
> class(vector3)
[1] "numeric"
> mode(vector3)
[1] "numeric"
```

两个函数存在一些细微的差别。如果我们用字符类型的值创建一个拥有不同级别的类别型变量（R 里叫因子（factor）），会更清晰些。

```
> vector4 <- c("poor", "good", "good", "average", "average", "good",
"poor", "good", "average", "good")
> vector4
[1] "poor"    "good"    "good"    "average" "average" "good"    "poor"
[8] "good"    "average" "good"
> class(vector4)
[1] "character"
> mode(vector4)
[1] "character"
> levels(vector4)
NULL
```

在上面的示例中，class()和 mode()函数对字符型向量的输出都一样，因为我们还没有设置让它被当作一个类别型变量，我们也没定义它的级别（levels()函数的内容是空——NULL）。下面的代码中我们会显式地设置这个向量以便被识别成 3 个级别的类别。

```
> vector4 <- factor(vector4, levels = c("poor", "average", "good"))
> vector4
[1] poor    good    good    average average good    poor    good
[8] average good
Levels: poor average good
```

levels 的序列并不意味着我们的向量是有序的。我们可以使用 ordered()命令对 R 中因子的 levels 排序。比如可以让 vector4 的 levels 从"good"开始按倒序排列。

```
> vector4.ord <- ordered(vector4, levels = c("good", "average", "poor"))
> vector4.ord
[1] poor    good    good    average average good    poor    good
[8] average good
Levels: good < average < poor
```

你可以看到 R 的输出按照我们定义的 levels 顺序组织了。现在我们可以把 class() 和 mode() 函数作用于 vector4.ord 对象。

```
> class(vector4.ord)
[1] "ordered" "factor"
> mode(vector4.ord)
[1] "numeric"
```

你也许很疑惑为什么 mode() 函数返回的是 "numeric" 类型而不是 "character"。答案很简单。在设置因子的 levels 时，R 已经对 "good" "average" 和 "poor" 相应赋值为 1、2和 3，和我们在 ordered 函数里面对它们定义的顺序是一致的。你可使用 levels() 和 str() 函数来检查。

```
> levels(vector4.ord)
[1] "good"    "average" "poor"
> str(vector4.ord)
 Ord.factor w/ 3 levels "good"<"average"<..: 3 1 1 2 2 1 3 1 2 1
```

为了完成向量的主题，让我们创建一个只包含 TRUE 和 FALSE 的逻辑向量。

```
> vector5 <- c (TRUE, FALSE, TRUE, FALSE, FALSE, FALSE, TRUE, FALSE, FALSE,
FALSE)
> vector5
 [1]  TRUE FALSE  TRUE FALSE FALSE FALSE  TRUE FALSE FALSE FALSE
```

同样，对于现在已经创建的向量，你可以使用本节的方法来检查它们的结构、类型、模式和长度。这些命令的输出会是什么呢？

2.2.2.2 标量

我总是从向量开始介绍的原因是因为标量放在向量后面介绍就显得微不足道了。为了让事情更简单化，可以把标量认为是只是有一个元素的向量，通常用来保存一些常量值，例如：

```
> a1 <- 5
> a1
[1] 5
```

当然，你可以在运算中使用标量，也可以把任意数学或者统计操作的一元输出赋值给另一个任意命名的标量，例如：

```
> a2 <- 4
> a3 <- a1 + a2
```

```
> a3
[1] 9
```

为了完成这个简短的标量子章节，创建两个单独的标量，分别是字符类型和逻辑类型。

2.2.2.3 矩阵

矩阵是一种二维的 R 数据结构，其中每个元素必须是相同类型，即数字，字符或逻辑。由于矩阵由行和列组成，其形状（shape）类似于表。实际上，在创建矩阵时，可以根据你的需要指定的行和列值是如何分布的，例如：

```
> y <- matrix(1:20, nrow = 5, ncol = 4)
> y
     [,1] [,2] [,3] [,4]
[1,]    1    6   11   16
[2,]    2    7   12   17
[3,]    3    8   13   18
[4,]    4    9   14   19
[5,]    5   10   15   20
```

在前面的示例中，我们已经将 20 个值（1～20）的序列分配为 5 行和 4 列，默认情况下它们按列分配。我们现在可以创建另一个矩阵，在 matrix()函数中让值按行分布，并使用 dimnames 参数（dimnames 表示维度的名称）给行和列命名。

```
> rows <- c("R1", "R2", "R3", "R4", "R5")
> columns <- c("C1", "C2", "C3", "C4")
> z <- matrix(1:20, nrow = 5, ncol = 4, byrow = TRUE, dimnames = list(ro
ws, columns))
> z
   C1 C2 C3 C4
R1  1  2  3  4
R2  5  6  7  8
R3  9 10 11 12
R4 13 14 15 16
R5 17 18 19 20
```

我们在谈论矩阵时，不得不提到如何提取存储在矩阵中的指定元素。实践表明，当我们获取实际数据子集时，这个技巧非常有用。先来看矩阵 y，我们没有定义行和列的名称，请注意 R 如何表示它们。行号以格式[r,]表示，其中 r 是行的编号，而列号由[, c]表示，其中 c 是列的编号。如果你想获取存储在矩阵 y 的第 4 行第 2 列的值，你可以使用下面的代码：

```
> y[4, 2]
[1] 9
```

如果你想从矩阵 *y* 中提取第 3 列整列，可以输入以下内容。

```
> y[, 3]
[1] 11 12 13 14 15
```

正如你所看到的，我们甚至不需要在逗号之前留个空格就可以让这个简短的脚本工作。现在假设你提取矩阵 *z* 第 1 列的第 2、3 和第 5 行的值以及相应行列名称。在这种情况下，虽然你可能仍想使用先前显示的符号，但不需要显式地使用矩阵 *z* 的维度名称。另外，请注意，对于要提取的几个值我们需要将相应的行坐标定义成一个向量；因此我们将它们的行坐标放在以前用来创建向量的 c() 函数内。

```
> z[c(2, 3, 5), 1]
R2 R3 R5
 5  9 17
```

类似的提取数据的规则同样可以应用于 R 中的其他数据结构，例如数组、列表和数据框（data frames），我们会在后面介绍。

2.2.2.4　数组

数组与矩阵非常相似，只不过数组可以包含更多维度。但是和矩阵或向量一样，它们只能保存一种类型的数据。在 R 语言中，数组是使用 array() 函数创建的。

```
> array1 <- array(1:20, dim=c(2,2,5))
> array1
, , 1
     [,1] [,2]
[1,]    1    3
[2,]    2    4
, , 2
     [,1] [,2]
[1,]    5    7
[2,]    6    8
, , 3
     [,1] [,2]
[1,]    9   11
[2,]   10   12
, , 4
```

```
      [,1] [,2]
[1,]   13   15
[2,]   14   16
, , 5
      [,1] [,2]
[1,]   17   19
[2,]   18   20
```

在 array()函数中使用的 dim 参数用来指定可以跨多少个维度分配数据。因为我们有 20 个值（1～20），必须确保数组可以容纳所有 20 个元素；因此我们决定将它们分为 2 行、2 列和 5 维（2×2×5 = 20）。你可以使用 dim()命令检查多维 R 对象的维度。

```
> dim(array1)
[1] 2 2 5
```

和矩阵一样，你可以使用标准规则从数组中提取指定元素。唯一的区别是，现在你需要指定额外的维度。假设你想提取位于 array1 的第 4 维中第 2 行第 1 列的值。

```
> array1[2, 1, 4]
[1] 14
```

此外，如果你需要在数组中找到特定值的位置（例如 11），则可以直接输入以下行。

```
> which(array1==11, arr.ind = TRUE)
     dim1 dim2 dim3
[1,]    1    2    3
```

这里，which()函数返回数组中值等于 11（因此==）的索引（arr.ind = TRUE）。因为在数组中只有一个值为 11 的实例，所以只有一行指定它在输出中的位置。如果我们有更多的实例 11，则会返回额外的行表示每个元素等于 11 的索引。

2.2.2.5 数据框

以下两个小节会涉及两个可能广泛使用的 R 数据结构。数据框与矩阵非常相似，但它可以包含不同类型的数据。这里你可能会突然想到一个典型的矩形数据集，包括行和列（观察值）和变量，事实上你是正确的。大多数数据集确实以数据框格式导入 R。你也可以使用 data.frame()函数手动创建一个简单的数据框，但是由于数据框架中的每一列都可能是不同的类型，因此需要首先创建一个向量来保存特定列的数据。

```
> subjectID <- c(1:10)
> age <- c(37,23,42,25,22,25,48,19,22,38)
```

```
> gender <- c("male", "male", "male", "male", "male", "female",
"female", "female", "female", "female")
> lifesat <- c(9,7,8,10,4,10,8,7,8,9)
> health <- c("good", "average", "average", "good", "poor", "average",
"good", "poor", "average", "good")
> paid <- c(T, F, F, T, T, T, F, F, F, T)
> dataset <- data.frame(subjectID, age, gender, lifesat, health, paid)
> dataset
   subjectID age gender lifesat  health   paid
1          1  37   male       9    good   TRUE
2          2  23   male       7 average  FALSE
3          3  42   male       8 average  FALSE
4          4  25   male      10    good   TRUE
5          5  22   male       4    poor   TRUE
6          6  25 female      10 average   TRUE
7          7  48 female       8    good  FALSE
8          8  19 female       7    poor  FALSE
9          9  22 female       8 average  FALSE
10        10  38 female       9    good   TRUE
```

前面的例子创建了一个简单的数据框，其中包含一些虚拟数据，可能是来自基础心理学实验的样本，包括衡量受试者的生活满意度（lifesat）和健康状况（health），以及其他社会人口信息，例如年龄（age）和性别（gender），以及区分参与者是有偿服务人员还是志愿者。当处理各种类型的数据时，每个列的元素必须使用 data.frame()命令合并到数据框的单个结构中，并指定存储所有值的对象的名称（向量）。你可以使用前面提到的 str()函数检查这个数据框的结构。

```
> str(dataset)
'data.frame':    10 obs. of  6 variables:
 $ subjectID: int  1 2 3 4 5 6 7 8 9 10
 $ age      : num  37 23 42 25 22 25 48 19 22 38
 $ gender   : Factor w/ 2 levels "female","male": 2 2 2 2 2 1 1 1 1 1
 $ lifesat  : num  9 7 8 10 4 10 8 7 8 9
 $ health   : Factor w/ 3 levels "average","good",..: 2 1 1 2 3 1 2 3 1 2
 $ paid     : logi  TRUE FALSE FALSE TRUE TRUE TRUE ...
```

str()函数的输出可以帮助你了解 dataset 对象中数据的形状和格式，例如观察值和变量的数量、变量的名称、数据的类型，以及每个变量值的示例。

在讨论数据框时，我们介绍另一种很有用的创建子集的方法。前面说过，你可以将标准提取规则应用于感兴趣的子集数据。假如只打印数据框中的年龄、性别和生活满意度信息那些列，你可以使用以下两个选项（为了节省空间没有显示输出，但随时可以运行它）。

```
> dataset[,2:4] #or
> dataset[, c("age", "gender", "lifesat")]
```

这两行代码产生的结果完全相同。然而，subset()函数提供了定义条件判断语句的额外功能，这些条件判断语句会基于逻辑运算符的输出来过滤数据。你可以使用 subset()以下面的方式获得与之前一样的输出。

```
> subset(dataset[c("age", "gender", "lifesat")])
```

假设你现在想要创建一个子集，其中所有受试者的年龄超过 30 岁，并且在生活满意度量表（lifesat）上的得分大于或等于 8。此时，使用 subset()函数会非常方便。

```
> subset(dataset, age > 30 & lifesat >= 8)
   subjectID age gender lifesat  health   paid
1          1  37   male       9    good   TRUE
3          3  42   male       8 average  FALSE
7          7  48 female       8    good  FALSE
10        10  38 female       9    good   TRUE
```

或者，你只想输出年龄和性别两个社会人口变量的数据，并且这些数据只与有偿参与此实验的受试者相关。

```
> subset(dataset, paid==TRUE, select=c("age", "gender"))
   age gender
1   37   male
4   25   male
5   22   male
6   25 female
10  38 female
```

在本章的另一部分，我们将对实际数据框进行更彻底和复杂的数据转换操作。

2.2.2.6　列表

R 语言中的列表是一种数据结构，它是其他对象的集合。例如，在列表中，你可以存储向量、标量、矩阵、数组、数据框，甚至其他列表。事实上，R 语言中的列表是向量，但它们不同于我们前面介绍的原子向量，因为列表可以容纳许多不同类型的数据。在下面的示例中，我们将使用 list()函数构造一个简单的列表，它会包含其他各种数据结构。

```
> simple.vector1 <- c(1, 29, 21, 3, 4, 55)
> simple.matrix <- matrix(1:24, nrow=4, ncol=6, byrow=TRUE)
```

```
> simple.scalar1 <- 5
> simple.scalar2 <- "The List"
> simple.vector2 <- c("easy", "moderate", "difficult")
> simple.list <- list(name=simple.scalar2, matrix=simple.matrix,
vector=simple.vector1, scalar=simple.scalar1, difficulty=simple.vector2)
> simple.list
$name
[1] "The List"
$matrix
     [,1] [,2] [,3] [,4] [,5] [,6]
[1,]    1    2    3    4    5    6
[2,]    7    8    9   10   11   12
[3,]   13   14   15   16   17   18
[4,]   19   20   21   22   23   24
$vector
[1]  1 29 21  3  4 55
$scalar
[1] 5
$difficulty
[1] "easy"     "moderate"  "difficult"
> str(simple.list)
List of 5
 $ name      : chr "The List"
 $ matrix    : int [1:4, 1:6] 1 7 13 19 2 8 14 20 3 9 ...
 $ vector    : num [1:6] 1 29 21 3 4 55
 $ scalar    : num 5
 $ difficulty: chr [1:3] "easy" "moderate" "difficult"
```

观察前面的输出，可以看到我们为列表中的每个组件分配了名称，而 str()函数就像是操作标准矩形数据集的变量一样打印它们。

为了从列表中提取特定元素，首先需要使用双方括号符号[[x]]来标识列表中的组件 x。例如，假设打印存储在第 2 个组件的第 1 行和第 3 列的元素，可以使用 R 中的以下行。

```
> simple.list[[2]][1,3]
[1] 3
```

由于列表的灵活性，列表通常被用作统计函数输出中的首选数据结构。因此，重要的是要知道如何处理列表，以及可以使用哪些方法来提取和处理存储在其中的数据。

当你熟悉了 R 语言中可用的数据结构的基本特性时，可以访问 Hadley Wickham 的在线图书，其中解释了很多 R 语言原生数据结构相关的更高级的概念，以及根据存储方式对数据进行子集化的不同技巧。

2.2.3　导出 R 数据对象

在上一节中，我们创建了许多对象，你可以在 RStudio 的 **Environment** 选项卡窗口中检查，也可以使用 ls() 函数列出存储在全局环境中的所有对象。

```
> ls()
```

如果你已经完成了本章的学习，并且逐行运行过本书的脚本，ls() 函数的输出应该返回 27 个对象。

```
 [1] "a1"              "a2"               "a3"
 [4] "age"             "array1"           "columns"
 [7] "dataset"         "gender"           "health"
[10] "lifesat"         "paid"             "rows"
[13] "simple.list"     "simple.martix"    "simple. Scalar1"
[16] "simple.scalar2"  "simple.vector1"   "simple.vector2"
[19] "subjectID"       "vector1"          "vector2"
[22] "vector3"         "vector4"          "vector4.ord"
[25] "vector5"         "y"                "z"
```

在本节中，我们介绍如何将创建的对象保存到本地，并将内容导出为大多数最常用的文件格式的各种方法。

有时，由于各种原因，你可能会需要关闭项目，退出 RStudio 或关闭电脑。如果你不保存所创建的对象，当你关闭 RStudio 的时候就会丢失所有的对象。记住，R 将创建的数据对象保存在机器的 RAM 中，并且当这些对象不再使用时，R 会从内存中释放它们，这意味着它们会被删除。这样做的代价可能会是相当昂贵的，特别是如果你没有保存原始 R 脚本，如果你在 R 中启动一个新的会话，保存的原始 R 脚本可以让你复制数据处理活动的所有步骤。为了防止删除对象，你可以将所有或选定的对象保存为硬盘上的.RData 文件。在第一种情况下，你可以使用 save.image() 函数，将所有对象保存到当前工作目录中。

```
> save.image(file = "workspace.RData")
```

如果处理大对象，首先确保你的驱动器上有足够的可用存储空间（这通常不是问题），或者你可以使用一种可用的压缩方法减小保存对象的大小。例如上面的 workspace.RData 没有压缩时，文件大小是 3751Byte，但是当使用 xz 压缩时，生成的文件的大小减少到 3568Byte。

```
> save.image(file = "workspace2.RData", compress = "xz")
```

当然，在给出的示例中，压缩前后的尺寸差异是微乎其微的，这是因为我们处理的是非常小的对象；对于更大的数据结构尺寸，差异会变得更加显著。使用的压缩方法是权衡 R 保存和加载.RData 文件时间的折衷。

如果你只想保存选择的对象（例如 dataset 数据框和 simple.list 列表），可以使用 save() 函数来实现。

```
> save(dataset, simple.list, file = "two_objects.RData")
```

现在你可以检验上述方法是否工作，先清除所有对象的全局环境，然后加载其中一个创建的文件，例如：

```
> rm(list=ls())
> load("workspace2.RData")
```

作为一个额外的练习，你可随意尝试其他以文本形式保存 R 对象的函数，例如 dump() 或 dput()。更具体地说，运行以下命令并比较返回的输出。

```
> dump(ls(), file = "dump.R", append = FALSE)
> dput(dataset, file = "dput.txt")
```

save.image()和 save()函数在硬盘驱动器上只创建工作区或选定对象的映像文件。如果要将某些对象导出为指定格式的数据文件，例如逗号分隔、制表符分隔或专有格式（如 Microsoft Excel、SPSS 或 Stata），使用的方法就不同了。

将 R 对象导出为通用文件格式（如 CSV、TXT 或 TAB）的最简单方法是通过 cat()函数，但它只适用于原子向量。

```
> cat(age, file="age.txt", sep=",", fill=TRUE, labels=NULL, append=TRUE)
> cat(age, file="age.csv", sep=",", fill=TRUE, labels=NULL, append=TRUE)
```

上面的代码创建两个文件，一个是文本格式，另一个是逗号分隔格式，它们都包含我们之前给 dataset 数据框创建的 age 向量的值。sep 参数是元素之间的分隔符，fill 选项是控制输出是否自动分行的逻辑参数（如果设置为 TRUE），labels 参数允许添加一个字符向量给文件中每个打印的数据行打上标签，以及 append 逻辑参数能够将输出附加到已存在的相同名称的文件。

为了将向量和矩阵导出为 TXT、CSV 或 TAB 格式，可以使用 write()函数，该函数可以将矩阵或向量中指定数量的列写出，例如：

```
> write(age, file="agedata.csv", ncolumns=2, append=TRUE, sep=",")
> write(y, file="matrix_y.tab", ncolumns=2, append=FALSE, sep="\t")
```

导出矩阵的另一种方法是通过 MASS 包提供的 write.matrix()命令，请确保使用 install.packages（"MASS"）函数安装它。

```
> library(MASS)
> write.matrix(y, file="ymatrix.txt", sep=",")
```

对于大矩阵，write.matrix()函数允许用户通过 blocksize 参数指定要写入的数据块大小。

导出到不同文件格式的最常见的 R 数据结构可能就是数据框。通用的 write.table()函数允许将处理后的数据框对象保存为标准数据格式，例如 TAB、TXT 或 CSV。

```
> write.table(dataset, file="dataset1.txt", append=TRUE, sep=",", na="NA",
col.names=TRUE, row.names=FALSE, dec=".")
```

append 和 sep 参数应该已经清楚了，因为已经在前面解释过了。在 na 选项中，可以指定任意字符串用于填补数据中的缺失值。逻辑参数 col.names 允许用户将列的名称附加到输出文件，而 dec 参数用于设置表示小数点的单个字符。在示例中，我们把 row.names 设置为 FALSE，因为数据中的行的名称与 subjectID 列的值相同。但是，在其他数据集中，ID 变量很有可能与行的名称（或数字）不同，因此你可能需要根据数据的特性进行控制。

两个类似的函数 write.csv()和 write.csv2()只是为了方便地保存 CSV 文件的包装器，它们与通用的 write.table()函数不同之处只是设置了一些默认参数，例如 sep 和 dec。你可以随时探索这些微妙的差异。

要完成本章的这一节，我们还需要介绍如何将 R 数据框导出为第三方格式。在几种常用的方法中，至少有 4 种是值得一提的。首先，如果你想把数据框导出成一个专有的 Microsoft Excel 格式，如 XLS 或 XLSX，你应该使用 WriteXLS 包中的 WriteXLS()函数。如果你还没有用过 WriteXLS，请使用 install.packages（"WriteXLS"）安装。

```
> library(WriteXLS)
> WriteXLS("dataset", "dataset1.xlsx", SheetNames=NULL, row.names=FALSE,
col.names=TRUE, AdjWidth=TRUE, envir=parent.frame())
```

WriteXLS()命令为用户提供了一些有趣的选项。例如，你可以设置工作表的名称（SheetNames 参数），根据最长值（AdjWidth）的字符数调整列的宽度，甚至像在 Excel 中一样冻结行和列（FreezeRow 和 FreezeCol 参数）。

> 请注意，为了让 WriteXLS 包可以工作，你需要在机器上安装 Perl。该软件包使用名为 WriteXLS.pl[用于 Excel 2003（XLS）的 Perl 脚本与用于 Excel 2007 和更高版本（XLSX）的 WriteXLSX.pl 文件]创建 Excel 文件。如果你的系统上没有 Perl，请务必从官网下载并安装。在安装 Perl 之后，你可能需要重新启动 R 会话，并再次加载 WriteXLS 包以应用更改。有关常见 Perl 问题的解决方案，请访问 Perl 官网或搜索 StackOverflow 和相关网站的 R 和 Perl 相关的具体问题。

通过 openxlsx 包中的 write.xlsx()函数将 R 对象写入 XLSX 格式是另一个非常有用的方式，除了数据框之外，还可以很容易地将列表写入 Excel 电子表格。请注意，Windows 用户可能需要安装 Rtools 软件包才能使用 openxlsx 功能。write.xlsx()函数为你提供了大量可选项，包括应用于列名称的自定义样式（通过 headerStyle 参数）、单元格边框的颜色（borderColour）甚至线型样式（borderStyle）。下面的示例仅使用了将列表写入 XLSX 文件所需的最常见和最少的参数，但鼓励你探索更多灵活的其他功能选项。

```
> write.xlsx(simple.list, file = "simple_list.xlsx")
```

一个叫 foreign 的第三方包可以将数据框写入知名统计工具（如 SPSS、Stata 或 SAS）使用的其他格式。在创建文件时，write.foreign()函数要求用户指定数据和代码文件的名称。数据文件保存原始数据，而代码文件包含用专有语法编写的数据结构和元数据（值、变量标签和变量格式等）的脚本。下面示例代码将数据集数据框写入 SPSS 格式。

```
> library(foreign)
> write.foreign(dataset, "datafile.txt", "codefile.txt", package="SPSS")
```

最后，另一个叫 rio 的包只包含 3 个函数，允许用户在大量文件格式（例如 TSV、CSV、RDS、RData、JSON、DTA、SAV 等）之间快速 import()、export()、Convert()。该包实际上依赖于许多其他 R 库，其中一些是在本章中提到的，例如 foreign 和 openxlsx。除了底层导出函数的缺省参数特性之外，rio 包不引入任何新功能，因此如果你需要更高级的导出功能，仍然需要熟悉原始函数及其参数。但是，如果你只是寻找一个简化的能用导出函数，rio 包绝对是一个好的捷径。

```
> export(dataset, format = "stata")
> export(dataset, "dataset1.csv", col.names = TRUE, na = "NA")
```

在这一部分中，我们为你提供了很多理论，还有很多对 R 用户可用的数据结构的实例。你创建了多个不同类型的对象，并且已熟悉各种数据和文件格式。然后，我们还向你展示了如何将 R 工作区中 R 对象保存到硬盘驱动器上的外部文件，或将它们导出为各种标准和专有的文件格式。

在本章的第二部分，我们将尝试过一遍数据管理、处理、转换和分析的所有重要阶段，从数据输入到统计测试形式的数据输出，以及简单的可视化技术来展示。从现在开始，我们还将使用真实数据集来强调最常见的数据科学问题及其解决方案。

2.3 应用数据科学与 R

应用数据科学涵盖了数据分析人员通常必须采取的所有活动和过程，以提供他们分析的循证结果。这包括数据收集、数据预处理（可能包含一些基本但通常比较费时的数据转换）、操作、描述被调查数据的 EDA、研究方法，以及适用于数据与研究问题相关的统计模型，还有数据可视化和洞察报告。数据科学是一个巨大的领域，涵盖了大量的具体学科、技术和工具。有很多非常好的书籍和在线资源用于解释每个方法或应用的细节。

在本节中，我们仅关注使用 R 语言的一小部分数据科学中的主题。从现在开始，我们还将使用来自社会经济领域的真实数据集。然而，这些数据集不会很大，至少不足以将它们称为大数据。由于本书这一部分的目的是回顾 R 语言和数据分析的一些介绍性概念，现在还不需要大数据集。

 正如我们在上一节中看到的，如果你希望在 RStudio 中动手实现所有的实践步骤，请从 Packt 网站下载数据和 R 脚本 zip 包。

2.3.1　导入不同格式的数据

和导出 R 对象到硬盘驱动器上的外部文件一样，你也可以很容易地从几乎所有可用的文件格式导入数据到 R。但是这不是 R 数据导入的全部功能。R 还能连接传统的 SQL 和 NoSQL 数据库，其他统计工具（如 SPSS、SAS、Minitab、Stata、Systat 等），在线数据存储库和分布式文件系统（如 HDFS）。此外，它能让你进行网络抓取或导入并过滤文本数据。总而言之，R 是一个伟大的数据挖掘工具，我们将在接下来的几章中花费一些时间介绍用 R 连接 SQL 和 NoSQL 数据库或 HDFS 访问和处理数据的不同方法。

CRAN 网站提供了一个很好的 R 数据导入手册，还有大量其他在线资源可供参考。

有关数据导入的更多详细信息可以在一般的 R 图书中找到，或者在上一节中导出 R 对象时使用的包的帮助文件中找到。确保熟悉一些最常用的导入数据的函数。

我们在本节探讨的第一组数据来自贝尔法斯特（北爱尔兰）的皇后大学，基于 2012 年北爱尔兰生命和时间调查（Northern Ireland Life and Times Survey，NILT）。出于教学目的，我们将使用开放式访问的 NILT 2012 教学数据集，除了标准的社会人口学 NILT 变量之外，还包含了几个关于"良好关系（Good relations）"主题的附加变量，其中涉及生活在北爱尔兰的人们对少数民族、移民和文化多样性的社会态度。数据（SPSS * .sav 文件）以及想着的文档可从 Access Research Knowledge（ARK）北爱尔兰网站下载。制表符分隔和 Stata 版本的相同数据可从英国数据服务获得。

把数据下载到当前工作目录后，就可以将其导入到 R 会话中。由于数据集采用的是 SPSS 格式，我们需要使用 foreign 包将其传到工作空间。

```
> library(foreign)
> grel <- read.spss("NILT2012GR.sav", to.data.frame=TRUE)
```

我们来快速检查新创建的 grel 数据框架的结构，列出数据集的顶行及其结构（请注意，我们已将输出限制为几行，以便节省本书的篇幅）。

```
> head(grel, n=5)
  serial househld rage spage   rsex nadult nkids nelderly nfamily
1      1        1    4    44     52   Male      3     1        0       4
2      2        2    2    86     81   Male      2     0        2       2
3      3        3    3    26     26 Female      2     1        0       3
4      4        4    1    72     NA Female      1     0        1       1
5      5        5    2    40     38   Male      2     0        0       2
...
```

```
> str(grel)
'data.frame':    1204 obs. of  133 variables:
 $ serial    : num  1 2 3 4 5 6 7 8 9 10 ...
 $ househld  : num  4 2 3 1 2 2 1 1 2 1 ...
 $ rage      : atomic  44 86 26 72 40 44 76 23 89 56 ...
  ..- attr(*, "value.labels")= Named num
  .. ..- attr(*, "names")= chr
...
```

从输出可见，我们正在处理 133 个变量中的 1204 个观察值。然而在分析过程中并不是所有的变量都有用，为了方便起见，我们可以简单地创建一个较小的子集，并将其存储在一个单独的对象中。

```
> grel.data <- subset(grel[, c(1:3, 5, 7:8, 10, 12, 16:19, 38:39, 41, 47,
52, 55, 60, 64, 66, 76:77, 80:83, 105:112)])
> str(grel.data)
'data.frame':    1204 obs. of  35 variables:
 $ serial  : num  1 2 3 4 5 6 7 8 9 10 ...
...
```

多个 R 对象与 R 内存限制

通常，比较好的处理方式是将数据转换的连续阶段的输出存储为单独的对象，这样可以避免对结果不满意或需要回退到早期步骤时的数据丢失。有时，特别是在处理大数据集时，不建议使用这种方法。你可能还记得，R 将所有对象存储在其内存中，这大大限制了自由处理资源的数量。在本书的后面，我们将向你展示如何在 R 之外执行数据操作（例如像数据库或 HDFS 这样的数据存储系统），以及如何只导入 R 这些操作或其他计算小输出，以进行最终处理、分析和可视化。

2.3.2 探索性数据分析

准备好数据后就可以进行探索性数据分析（Exploratory Data Analysis，EDA）。EDA 包括各种统计技术，允许分析师和研究人员探索和了解给定数据集的主要特征，并制定研究假设以进一步测试。探索性数据分析是由 John W Tukey 开创的，他是一名在贝尔实验室和普林斯顿大学工作的美国数学家，并且因为他的快速傅里叶变换（Fast Fourier Transform，FFT）算法而闻名。但是 Tukey 也因为他强烈的统计兴趣而闻名。1977 年，他编写了一本

名为 *Exploratory Data Analysis* 的书，其中介绍了箱线图-经典五分位数概要的图形化可视化，显示中位数，第一四分位数，第三四分位数，最小和最大值的测量值。目前，EDA 的图形方法还包括直方图、散点图、条形图、q-q 图等。

在 R 中，有许多获得关于数据的描述性统计的方法。psych 包是其中之一。

```
> library(psych)
> describe(grel.data)
            vars    n    mean      sd  median  trimmed     mad min
serial        1 1204  602.50  347.71   602.5   602.50  446.26   1
househld      2 1204    2.36    1.34     2.0     2.19    1.48   1
rage          3 1201   49.62   18.53    48.0    49.03   22.24  18
...
              max range  skew kurtosis      se
serial       1204  1203  0.00    -1.20   10.02
househld       10     9  1.11     1.32    0.04
rage           97    79  0.23    -0.87    0.53
...
```

根据特定需求，你可能希望仅针对所选变量（例如算术平均值、中值和模式）或离差（例如方差、标准偏差和范围）获得单个度量，比如受访者的年龄（rage）。

```
> mean(grel.data$rage, na.rm=TRUE)
[1] 49.61532
> median(grel.data$rage, na.rm=TRUE)
[1] 48
```

R 中的模式（一种统计量）使用 modeest 包和其中有最频繁值（mfv）为参数的 mlv() 函数计算。

```
> library(modeest)
> mlv(grel.data$rage, method="mfv", na.rm=TRUE)
Mode (most likely value): 42
Bickel's modal skewness: 0.2389675
...
```

对于 rage 变量的离差或变异性的基本度量，你可以使用以下调用。

```
> var(grel.data$rage, na.rm=TRUE) #variance
[1] 343.3486
> sd(grel.data$rage, na.rm=TRUE) #standard deviation
[1] 18.52967
> range(grel.data$rage, na.rm=TRUE) #range
[1] 18 97
```

每次计算单个度量时，你不必迭代数据对象的名称和所选变量。你可能想要将所有选定的统计信息放入一个函数，如下面的清单所示。

```
> cent.tend <- function(data) {
+    library(modeest)
+    data <- as.numeric(data)
+    m <- mean(data, na.rm=TRUE)
+    me <- median(data, na.rm=TRUE)
+    mo <- mlv(data, method="mfv", na.rm=TRUE)[1]
+    stats <- data.frame(c(m, me, mo), row.names="Totals:")
+    names(stats)[1:3] <- c("Mean", "Median", "Mode")
+ return(stats)
+}
> cent.tend(grel.data$rage)
          Mean Median Mode
Totals: 49.61532     48    42
```

summary()函数可以为一个或多个变量打印一些基本的描述性统计信息（包括缺失值的计数），例如：

```
> summary(grel.data[c("rage", "persinc2")])
      rage           persinc2
 Min.   :18.00   Min.   :  260
 1st Qu.:35.00   1st Qu.: 6760
 Median :48.00   Median :11960
 Mean   :49.62   Mean   :16395
 3rd Qu.:64.00   3rd Qu.:22100
 Max.   :97.00   Max.   :75000
 NA's   :3       NA's   :307
```

当然，我们的示例不可能包括 R 语言中所有不同的可用的描述性统计信息，还有更多鼓励你研究和测试自己感兴趣的信息。

EDA 可视化的主题应该是单独的专题，而且用于图形化 EDA 的实际方法在很大程度上取决于数据的类型和想要可视化的具体信息。本章的最后一部分提供了一个为静态和交互式数据可视化设计的 R 程序包列表，包括箱线图、直方图、散点图、线图、密度图、条形图等。

2.3.3　数据聚合和列联表

数据分析过程不太可能通过计算简单的描述性统计数据就满足。数据聚合和列联表对数据的分布提供了更深入的视角，并可能告知你变量之间的可能模式。

在数据聚合中，你可以在分类变量的所有级别之间以交叉表形式计算某个统计量。例如，假设要计算因子 rsex（受访者的性别）的两个级别（男性和女性）的年龄（愤怒）、个人收入（persinc2）和家庭（househld）人数的平均值。

```
> aggregate(grel.data[c("rage", "persinc2", "househld")],
by=list(rsex=grel.data$rsex), FUN=mean, na.rm=TRUE)
    rsex       rage persinc2 househld
1   Male 50.70467 19154.56 2.210428
2 Female 48.74024 14203.16 2.485757
```

然而，aggregate()函数只能对每个调用执行一个统计量（FUN 参数）的计算。在这种情况下，你可以创建自定义函数（在下面的列表中命名为 stats），它可以估计多个统计信息的值，然后将它们传递给 doBy 包中的 summaryBy()函数。

```
> stats <- function(x, na.omit=TRUE) {
+   if(na.omit)
+     x <- x[!is.na(x)]
+   n <- length(x)
+   m <- mean(x)
+   s <- sd(x)
+   r <- range(x)
+   return(c(n=n, mean=m, stdev=s, range=r))
+ }
> library(doBy)
> summaryBy(rage+persinc2+househld~rsex, data=grel.data, FUN=stats)
    rsex rage.n rage.mean rage.stdev rage.range1 rage.range2
1   Male    535  50.70467   18.30921          18          94
2 Female    666  48.74024   18.67257          18          97
  persinc2.n persinc2.mean persinc2.stdev persinc2.range1
1        397      19154.56       14792.73             260
2        500      14203.16       11877.14             260
  persinc2.range2 househld.n househld.mean househld.stdev
1           75000        537       2.210428       1.245306
2           75000        667       2.485757       1.402815
  househld.range1 househld.range2
1               1               7
2               1              10
```

之前提到的 psych 包还可以通过其 describeBy()函数按照因子的级别聚合汇总统计信息。作为一个附加练习，运行下面列出的两行代码并检查其输出。它们如何不同？ mat 参数是什么？使用 describeBy()可以获得什么估计值？

```
> library(psych)
> describeBy(grel.data[c("rage", "persinc2", "househld")], grel.data$rsex)
> describeBy(grel.data[c("rage", "persinc2", "househld")], grel.data$rsex,
mat=TRUE)
```

列联表可让我们检查数值变量中特定值的频率（发生次数或计数），或分类变量的每个级别的多个记录。为单个变量打印列联表的最简单的方法是通过 base R 安装中提供的 table() 函数。

```
> table(grel.data$househld)
  1   2   3   4   5   6   7   8  10
369 406 188 144  72  16   6   2   1
> table(grel.data$uprejmeg)
Very prejudiced    A little prejudiced  Not prejudiced at all
            31                    300                    845
Other (please specify)
             7
```

在前面的例子中，我们获得了一个连续变量（househld，即家庭中的人数）和一个因素（uprejmeg，即对少数民族社区自我报告的偏见情况）的频率，标记了 4 个级别。

你还可以使用 Hmisc 软件包中的 describe() 函数，一次性获取数据的所有变量的频率表。你可能已经注意到，我们已经引入了一个名为 describe() 的函数（在 psych 包中），所以如果你现在想使用 Hmisc 实现，就需要明确强制 R 执行 Hmisc 包的 describe 版本。

```
> library(Hmisc)
> Hmisc::describe(grel.data)
... #output truncated
househld
        n    missing    unique     Info     Mean
     1204          0         9     0.93     2.363
              1     2     3     4     5   6   7 8 10
Frequency   369   406   188   144    72  16   6 2  1
%            31    34    16    12     6   1   0 0  0
... #output truncated
```

Hmisc 不仅提供了一个简单的频率表，而且还提供了几个基本的描述性统计，如计数的相对百分比。

然而，计算两个或多个分类变量之间的特定值的出现次数最能体现列联表用处的应用场景。一般函数 table() 和 xtabs() 可以支持这样的多维频率表。

```
> attach(grel.data)
> table(uprejmeg, househld)
                      househld
uprejmeg                 1   2   3   4   5   6   7   8  10
  Very prejudiced       14   8   4   3   1   0   1   0   0
  A little prejudiced   96 102  53  28  13   5   1   2   0
  Not prejudiced at all 248 288 125 112  56  11   4   0   1
  Other (please specify)  2   1   2   1   1   0   0   0   0
> detach(grel.data)
> xtabs(~uprejmeg+househld+rsex, data=grel.data)
, , rsex = Male


                      househld
uprejmeg                 1   2   3   4   5   6   7   8  10
  Very prejudiced        9   1   2   2   0   0   0   0   0
  A little prejudiced   52  46  22   8   7   2   1   0   0
  Not prejudiced at all 118 135  49  45  20   4   0   0   0
  Other (please specify)  1   0   0   0   1   0   0   0   0
, , rsex = Female


                      househld
uprejmeg                 1   2   3   4   5   6   7   8  10
  Very prejudiced        5   7   2   1   1   0   1   0   0
  A little prejudiced   44  56  31  20   6   3   0   2   0
  Not prejudiced at all 130 153  76  67  36   7   4   0   1
  Other (please specify)  1   1   2   1   0   0   0   0   0
```

如果你觉得 xtabs()函数输出的排列在视觉上不是很美观，可以将它分配给另一个 R 对象，并应用 ftable()以实现更加用户友好的交叉表（实际输出不会显示在下面的列表中）。

```
> xTab <- xtabs(~uprejmeg+househld+rsex, data=grel.data)
> ftable(xTab)
```

数据聚合和列联表只是众多你可能会在 R 中执行数据转换和管理操作中看到的两个。有很多非常有用的数据清理包，如果你想变成真正的 R 专家，就应该熟悉它们。

- dplyr：Hadley Wickham 的著名的数据操作包。

- tidyr：R 天才 Hadley Wickham 的另一个产品，适用于数据整理（分割、连接变量等），它支持 dplyr 包的数据管道。

- reshape2：同样是 Hadley Wickham 的产品，它使数据聚合和重组操作非常容易。

- data.table：由 Matt Dowle 领导的团队的产品，支持大数据集的快速聚合和转换，我们将在第 3 章进行讲解。

数据操作通常包括对字符变量、字符串和文本或日期和时间信息的操作。一些软件包专门处理这种转换。

- stringi 和 stringr 两个包，它们支持字符串操作，包括模式搜索、字符串生成、日期和时间格式化、解析等。

- lubridate：一个团队创作的包，可以帮助 R 用户处理日期和时间戳的提取和高级操作。

目前介绍了一些基本的数据管理问题，我们可以探索数据分析统计测试的本质了。

2.3.4 假设检验和统计推断

如果你不知道想获得什么样的结果，是无法进行任何数据分析的。虽然我的很多数据咨询客户没有统计技能，但他们通常对数据有一个很好的认识，通常能够确定某些模式并具有令人印象深刻的准确性。前面章节中介绍的 EDA 让我们了解了数据的特征，但它只是假设测试和推论统计，实际上还需要判断我们对数据中的关系和模式的期望是否正确。

 与前面的章节一样,本章的这一部分只是简单地介绍一些可能适用于数据的最流行的统计测试方法。由于这不是一本纯粹的统计或研究方法书,我们也不再赘述任何对特定统计计算的解释。根据你的专业领域以及个人的数学和/或统计知识水平,我们确信你可以找到合适的印刷或在线资源,用于学习新概念或更新现有的技能。在本章的开头,我们提供了一个网站和书籍列表,可以提高你对统计学的理解和使用 R 语言的实践。但你也可以随意研究其他可能更相关的来源。

2.3.4.1 差异测试

在 R 中，t.test()是最通用的函数之一，可用于执行各种 t 检验估计。根据 t 检验的类型（单样本、匹配样本或者独立双样本），用户可以指定函数的公式参数（用于独立 t 检验）或将配对参数设置为 TRUE（对于配对/匹配样品 t 检验）。默认情况下，该函数运行标准单样本测试。

1. 独立 t 检验示例（功效和效应大小估计）

假设你想调查男性和女性受访者在他们感知的幸福得分中是否存在统计差异，可用 ruhappy 变量衡量（其中 1 是非常快乐，4 是一点都不快乐）。

首先，建议将 ruhappy 因子转换为数字变量，检查分数的频率，将 Likert 量表 1～4 之外的所有分数设置为不适用（NA）（根据文档文件），然后计算男女受访者的幸福的平均值。

```
> grel.data$ruhappy <- as.numeric(grel.data$ruhappy)
> table(grel.data$ruhappy)
  1   2   3   4   5
404 656  95  12  28
> library(car)
> grel.data$ruhappy <- recode(grel.data$ruhappy, "5=NA")
> table(grel.data$ruhappy)
  1   2   3   4
404 656  95  12
> aggregate(grel.data$ruhappy, by=list(rsex=grel.data$rsex), FUN=mean,
na.rm=TRUE)
      rsex        x
  1   Male 1.799235
  2 Female 1.720497
```

从输出中，我们可以推断，男性受访者认为自己一般不如女性快乐（记住，ruhappy 的值是反向编码的）；然而，我们仍然不知道这种差异是否显著。让我们运行一个 t 检验，以找出其中差异。

```
> t.test(ruhappy ~ rsex, data=grel.data, alternative="two.sided")
    Welch Two Sample t-test
data:  ruhappy by rsex
t = 2.0728, df = 1066.9, p-value = 0.03843
alternative hypothesis: true difference in means is not equal to 0
95 percent confidence interval:
  0.004201224 0.153275350
sample estimates:
  mean in group Male  mean in group Female
            1.799235              1.720497
```

t.test()函数计算我们样本中两组的 t 统计量、95%置信区间和幸福度的平均值。p 值低于常规阈值 0.05，这支持了两个平均值显著不同的替代假设。

在这个阶段，你可能希望运行一些特殊测试，如功率分析或效应大小估计。由于这两个计算都使用了几个描述性统计，我们可以预先计算它们，然后将它们应用于功效和效应大小测试。

```
> library(doBy)
> stats <- function(x, na.omit=TRUE){
  if(na.omit)
    x <- x[!is.na(x)]
  m <- mean(x)
  n <- length(x)
  s <- sd(x)
  return(c(n=n, mean=m, stdev=s))
}
> sum.By <- summaryBy(ruhappy~rsex, data=grel.data, FUN=stats)
> sum.By
    rsex ruhappy.n ruhappy.mean ruhappy.stdev
1   Male       523     1.799235      0.6722748
2 Female       644     1.720497      0.6105468
```

由于两个组的大小不相等，我们需要基于 n 的调和平均值计算有效样本大小。我们将从总和中取值。对象：

```
> attach(sum.By)
> n.harm <- (2*ruhappy.n[1]*ruhappy.n[2])/(ruhappy.n[1]+ruhappy.n[2])
> detach(sum.By)
> n.harm
[1] 577.2271
```

我们还必须估计合并的标准差。因此，我们将使用所有 ruhappy 分数，而不考虑受访者的性别。

```
> pooledsd.ruhappy <- sd(grel.data$ruhappy, na.rm=TRUE)
> pooledsd.ruhappy
[1] 0.6398692
```

从 sum.By 对象已知两个组的平均值，因此我们现在可以将所有的统计值放在一起计算功率。

```
> power.t.test(n=round(n.harm, 0), delta=sum.By$ruhappy.mean[1]-
sum.By$ruhappy.mean[2], sd=pooledsd.ruhappy, sig.level=.03843,
type="two.sample", alternative="two.sided")
Two-sample t test power calculation
          n = 577
```

```
       delta = 0.07873829
          sd = 0.6398692
   sig.level = 0.03843
       power = 0.5071487
 alternative = two.sided
NOTE: n is number in *each* group
```

基于得到的 p 值和数据的特征，可知功率是中等的，但它应该更好。按照惯例，研究人员应该力求达到 0.6，将其作为可接受的功率水平。

最后，我们会通过将平均差除以合并标准偏差来估计效应量大小。

```
> d <- (sum.By$ruhappy.mean[1]-sum.By$ruhappy.mean[2])/pooledsd.ruhappy
>d
[1] 0.1230537
```

由输出可见效应量较小。

在下一部分中，我们将进行**方差分析（ANOVA）**，实现多组之间差异的检验。

2．方差分析（ANOVA）示例

在 ANOVA 示例中，我们将调查基于受访者的生活场所（placeliv）的幸福平均得分（ruhappy 变量）之间是否存在任何显著差异，其中包含以下 5 个类别。

```
> levels(grel.data$placeliv)
[1] "...a big city"
[2] "the suburbs or outskirts of a big city"
[3] "a small city or town"
[4] "a country village"
[5] "a farm or home in the country"
```

我们不会涵盖评估数据是否满足方差分析的主要假设的任何深度细节，如正态分布和同方差性（方差齐性）。但是，这里你可能希望从汽车库和通用 bartlett.test()运行 qqPlot()来测试这两个假设。值得一提的是，两个测试都返回满意的输出，因此我们可以继续估计每个生活地点的幸福得分的平均值。

```
> ruhappy.means <- aggregate(grel.data$ruhappy,
by=list(grel.data$placeliv), FUN=mean, na.rm=TRUE)
> ruhappy.means
                                 Group.1        x
1                          ...a big city 1.951515
2 the suburbs or outskirts of a big city 1.807018
```

```
3                          a small city or town 1.718954
4                          a country village 1.627219
5               a farm or home in the country 1.722222
```

很容易注意到,在某些情况下,平均分数之间的差异相当大。让我们运行实际的 ANOVA 来检查平均值之间的差异实际上是否具有显著统计意义,以及我们是否可以声称生活在某些地方的人往往感觉自己比生活在其他地方的人更快乐。

```
> fit <- aov(ruhappy~placeliv, data=grel.data)
> summary(fit)
            Df Sum Sq Mean Sq F value    Pr(>F)
placeliv     4   10.5   2.624   6.529 0.0000339 ***
Residuals 1160  466.3   0.402
---
Signif. codes:  0 '***' 0.001 '**' 0.01 '*' 0.05 '.' 0.1 ' ' 1
39 observations deleted due to missingness
```

基于 F 统计量和 p 值,尤其是在我们的数据中,可知差异在统计学上是显著的,但是方差分析不能精确地揭示哪些平均值彼此显著不同。你可以使用 plotmeans()函数从 gplots 包中可视化所有平均分数,图形结果如图 2-2 所示。

```
> library(gplots)
> plotmeans(grel.data$ruhappy~grel.data$placeliv, xlab="Place of living",
ylab="Happiness", main="Means Plot with 95% CI")
```

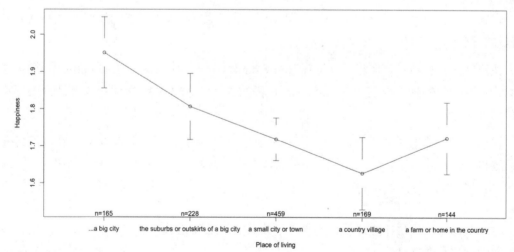

图 2-2 幸福度的均值图

我们还将应用来自核心 R 安装的 TukeyHSD()函数来比较平均值对。

```
> TukeyHSD(fit)
```

由于输出相当长，我们不会在这里显示。在快速检查 p adj 部分时，你可能会注意到有许多不同的方法。你可以使用应用于 TukeyHSD（fit）表达式的基本 plot()来显示这些差异，但是因为 placeliv 变量的值标签很长，请确保调整边距大小以适合其标签。最后的图形应该看起来如图 2-3 所示。

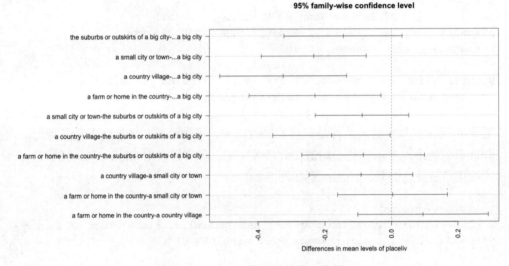

图 2-3　placeliv 变量的均值比较图

在图 2-2 中，你可以很容易地识别统计上显著的平均差异（连同它们的 95%置信区间），不包括穿过 x 轴上的 0.0 点的垂直线。

按照 ANOVA 结果，你还可以执行 Bonferonni 测试来通过 car 包中的 outlierTest()函数检测异常值，或者通过 lsr 包中的 etaSquared()函数来评估 ANOVA。你可以自行选择使用哪种检测方法。

我们已经简单地回顾了差异的两个主要测试，可以将其应用于数据集。现在我们将介绍通过相关性及其扩展来估计变量之间关系，即多重回归。

2.3.4.2　相关测试

这一节回顾用于估计协方差和皮尔逊相关系的常用 R 函数，然后我们将探索应用于多重回归的方法和数据可视化。

1. 皮尔逊相关系数的一个例子

由于我们在数据中没有太多的连续变量，我们将使用一个序数变量 miecono 与感知的幸福水平（ruhappy）相关联。miecono 变量值域为 0～10，表示受访者就外国移民对北爱尔兰经济有好处这一说法的认可程度。得分为 0 表示对经济非常不利，得分为 10 表示对经济非常有利。由于数字分数从 1～11 编码，我们需要调整变量，使标签与实际数据一致。

```
> grel.data$miecono <- as.numeric(grel.data$miecono)
> library(car)
> grel.data$miecono <- recode(grel.data$miecono,
"1=0;2=1;3=2;4=3;5=4;6=5;7=6;8=7;9=8;10=9;11=10")
> table(grel.data$miecono)

  0   1   2   3   4   5   6   7   8   9  10
 50  64  92  97  81 296  95 173 128  36  43
```

通常，使用 qqnorm()和绘制密度图 plot(density())显示两个变量的 q-q 图来测试正态假设的数据是个好办法。我们将跳过本节中的步骤，因为这里只对适用于测量变量之间关系的 R 方法感兴趣，而不是在数据中发现鲁棒效应。我们现在可以计算 ruhappy 和 miecono 变量之间的协方差。

```
> cov(grel.data$ruhappy, grel.data$miecono, method="pearson", use =
"complete.obs")
[1] -0.2338568
```

由于缺失几个值，我们设置 use 参数只包括完整的观察。所获得的负协方差简单地意味着一个变量值的增加与另一个变量的值的减少相关联（注意，变量被反向编码——低分表示更高的幸福水平）。因此，基于我们的示例，受访者越快乐，他们就越赞同外来移民对北爱尔兰经济有利的说法。此外，你可能还记得以前在初级统计课程中说过——相关性并不意味着因果关系。最后，我们必须强调，从协方差的价值判断，并不能知道关联的程度是小还是大，因为协方差的度量取决于标准差的值。因此，估计一个偏差较小的皮尔逊相关系数。实现它的最简单的方法是使用通用的 cor()函数，然而它不返回显著性检验。比较推荐的方法是 cor.test()函数。

```
> cor.test(grel.data$ruhappy, grel.data$miecono, alternative="two.sided",
method="pearson")
Pearson's product-moment correlation
data:  grel.data$ruhappy and grel.data$miecono
t = -5.0001, df = 1118, p-value = 0.0000006649
```

```
alternative hypothesis: true correlation is not equal to 0
95 percent confidence interval:
 -0.2046978 -0.0900985
sample estimates:
      cor
-0.1478945
```

该函数不仅返回皮尔逊相关系数值（−0.1479），而且返回 t 统计量、95%置信区间和 *p* 值，可以发现这里的 *p* 值远低于常规阈值 0.05。我们可以得出结论：皮尔逊相关系数值（−0.1479）是统计学显著的。

此时，你还可以计算调整**相关系数**（**Radj**），这是对群体相关性的无偏估计。为了这样做，我们首先需要提取两个变量的完整观测值和 *r* 相关系数的值。

```
> N.compl <- sum(complete.cases(grel.data$ruhappy, grel.data$miecono))
#number of complete cases
> N.compl
[1] 1120
> cor.grel <- cor(grel.data$ruhappy, grel.data$miecono, method="pearson",
use = "complete.obs") #correlation coefficient
> cor.grel
[1] -0.1478945
```

计算调整后的 *r* 如下。

```
> adjusted.cor <- sqrt(1 - (((1 - (cor.grel^2))*(N.compl - 1))/(N.compl -2)))
> adjusted.cor
[1] 0.1449065
```

由于样本量相当大，我们调整的 *r* 与以前估计的皮尔逊相关系数的 *r* 没有太大的区别。你可能还需要使用 pwr 软件包中的 pwr.r.test()执行事后功率分析。

```
> library(pwr)
> pwr.cor <- pwr.r.test(n=N.compl, r=cor.grel, sig.level=0.0000006649,
alternative="two.sided")
> pwr.cor
     approximate correlation power calculation (arctangh transformation)
             n = 1120
             r = 0.1478945
     sig.level = 0.0000006649
         power = 0.5008763
    alternative = two.sided
```

基于皮尔逊相关系数，发现它的 p 值和样本中的有效观察的数量，功率是中等的。

现在让我们向前迈进一步，继续进行多重回归的例子。

2. 多元回归示例

多元回归实际上是相关性的扩展——也称为简单回归。然而，在线性回归模型和双变量法线模型之间存在微妙的理论差异。回归涉及固定变量（即由实验者确定的变量，例如，在一个试验中的多个试验或多个对象等）之间的关系，而一般的相关性用于研究随机变量之间的关系（即超出实验者控制的变量）。尽管有这么小的细微差别，两种方法的实际实现还是非常相似的。

在我们的例子中，基于 NILT 数据集，我们将尝试根据 4 个变量预测受访者的幸福水平（ruhappy）：受访者的年龄（愤怒）、个人收入（persinc2）、家庭人数（househld），以及被访者定期接触的族群数量（contegrp）。我们认为这些变量可能对受访者自我报告的幸福有一些影响，但它只是一个外行人的假设，没有任何已有的研究支持。然而，我们将假设我们有理由包括所有 4 个预测变量。

我们可以从原始的 NILT 数据创建一个子集，包括所有 5 个感兴趣的变量。

```
> reg.data <- subset(grel.data, select = c(ruhappy, rage, persinc2,
househld, contegrp))
> str(reg.data)
'data.frame':   1204 obs. of  5 variables:
 $ ruhappy : num  2 2 1 NA 1 2 3 3 1 3 ...
 $ rage    : num  44 86 26 72 40 44 76 23 89 56 ...
 $ persinc2: num  22100 6760 9880 NA 27300 ...
 $ househld: num  4 2 3 1 2 2 1 1 2 1 ...
 $ contegrp: num  3 0 3 2 2 2 0 2 0 3 ...
```

由于变量是数字，我们可以首先探索所有变量之间的成对皮尔逊相关系数。要实现这一点，你可以使用一些方法。首先，你可以使用 psych 软件包及其 corr.test()函数应用于我们子集中的所有变量。

```
> library(psych)
> corr.test(reg.data[1:5], reg.data[1:5], use="complete", method="pearson",
alpha=.05)
Call:corr.test(x = reg.data[1:5], y = reg.data[1:5], use = "complete",
    method = "pearson", alpha = 0.05)
Correlation matrix
        ruhappy  rage persinc2 househld contegrp
```

```
ruhappy       1.00 -0.06      -0.08      -0.07       0.01
rage         -0.06  1.00      -0.04      -0.40      -0.28
persinc2     -0.08 -0.04       1.00       0.14       0.20
household    -0.07 -0.40       0.14       1.00       0.19
contegrp      0.01 -0.28       0.20       0.19       1.00
Sample Size
[1] 876
Probability values  adjusted for multiple tests.
          ruhappy rage persinc2 househld contegrp
ruhappy      0.00  0.6     0.21     0.25        1
rage         0.60  0.0     1.00     0.00        0
persinc2     0.21  1.0     0.00     0.00        0
househld     0.25  0.0     0.00     0.00        0
contegrp     1.00  0.0     0.00     0.00        0
```

如果你愿意，可以用 car 包中 scatterplotMatrix()函数直观地显示相关性，如图 2-4 所示。

```
> library(car)
> scatterplotMatrix(reg.data[1:5], spread=FALSE, lty.smooth=2,
main="Scatterplot Matrix")
```

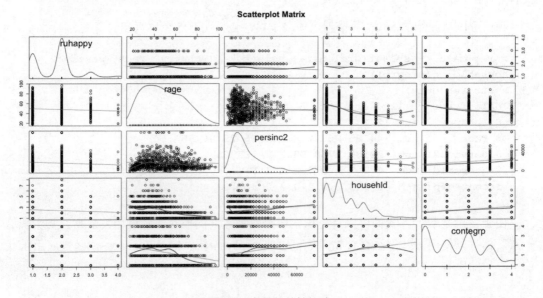

图 2-4   变量相关性矩阵

或者通过 corrgram 库中的 corrgram()创建的相关图，如图 2-5 所示。

```
> library(corrgram)
> corrgram(reg.data[1:5], order=TRUE, lower.panel=panel.shade,
upper.panel=panel.pie, text.panel=panel.txt)
```

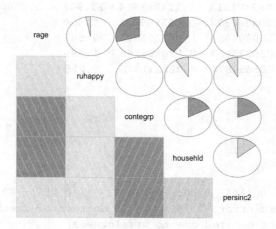

图 2-5　相关图

　　从目前我们已经看到的为止，ruhappy 变量不与任何预测变量相关联，但这并不意味着我们无法根据其他 4 个变量预测其价值。我们现在可以尝试使用 lm() 函数将所有变量放入回归模型中。

```
> attach(reg.data)
> regress1 <- lm(ruhappy~rage+persinc2+househld+contegrp)
> detach(reg.data)
> regress1
Call:
lm(formula = ruhappy ~ rage + persinc2 + househld + contegrp)
Coefficients:
 (Intercept)          rage        persinc2       househld        contegrp
 2.169521313   -0.004366977   -0.000004858   -0.036273587    0.005658574
```

　　lm() 函数的基本输出为我们提供了每个预测变量的回归系数的值，以及当所有预测变量都等于 0 时的基准截距值（幸福水平）。例如，你可以观察到，家庭成员数量的增加通常对幸福水平有积极影响；注意，减号有点让人迷惑，因为正如我们之前指出的，ruhappy 变量是反向编码的。应用于存储线性模型的 R 对象的名称的 summary() 函数可以更详细地了解回归。

```
> summary(regress1)
Call:
lm(formula = ruhappy ~ rage + persinc2 + househld + contegrp)
Residuals:
    Min      1Q  Median      3Q     Max
-1.0256 -0.7280  0.1423  0.2553  3.3459
Coefficients:
                Estimate   Std. Error  t value              Pr(>|t|)
```

```
    (Intercept)  2.169521313  0.114745914  18.907 < 0.0000000000000002
    rage        -0.004366977  0.001559900  -2.800            0.00523
    persinc2    -0.000004858  0.000001907  -2.547            0.01104
    househld    -0.036273587  0.020164265  -1.799            0.07237
    contegrp     0.005658574  0.022231326   0.255            0.79914

    (Intercept) ***
    rage        **
    persinc2    *
    househld    .
    contegrp
    ---
    Signif. codes:  0 '***' 0.001 '**' 0.01 '*' 0.05 '.' 0.1 ' ' 1
    Residual standard error: 0.7454 on 885 degrees of freedom
    (314 observations deleted due to missingness)
    Multiple R-squared:  0.01855, Adjusted R-squared:  0.01412
    F-statistic: 4.182 on 4 and 885 DF,  p-value: 0.00232
```

输出结果清楚地表明，模型确实具有统计学意义，总体 p 值远低于 0.05，并且有受访者年龄（rage）和个人收入（persinc2）两个统计学显著的自变量。一个变量 "家庭人数（househld）" 刚好处于显著的边缘。但是，我们不得不承认，模型不是一个非常强的模型，因为预测变量只解释了幸福水平（ruhappy）1.4%的变化。用户也可随意从数据中选择不同的变量，并将其用作幸福的预测因子。

当然，在 R 中有许多其他适用于回归分析的方法。例如，你可以在不考虑任何明确假设的情况下处理数据，在这种情况下，你可以尝试使用 MASS 包中的 stepAIC()函数逐步回归，以应用于多个变量，并发现潜在的显著预测变量。当然，还存在回归的特殊情况，例如逻辑回归或泊松回归，其尝试分别从连续或分类预测结果预测二元依赖变量或计数变量。两个模型都可以通过标准的 glm()函数获得，然而，为了执行它，在逻辑回归的情况下，family参数必须设置为 binomial（二项式），而对于泊松回归，我们要求将其设置为 poisson（泊松）。

2.3.5　数据可视化包

图形数据可视化最近逐渐变成了一个单独的领域，成为涵盖了统计学、平面设计、用户体验、认知心理学、计算机科学等诸多学科的大量方法和工具。对于如何将数据可视化，R 提供了几乎无限的可能性。在本章的前几节中，我们提供了一些适用于非常具体的测试和分析的数据可视化示例，但是它们并不足以显示 R 语言庞大的图形化功能。在本节中，我们将只列出一些 R 提供给用户的很棒的数据可视化软件包，你可以根据自己的兴趣和特定的应用程序探索它们。

- **ggplot2**：一个行业标准的静态可视化包，它有自己的图形语法，作者是 Hadley Wickham。

- **ggvis**：ggplot2 语法的交互式实现，作者是 Winston Chang 和 Hadley Wickham。

- **shiny**：让用户可以使用 R 创建响应式的 Web 应用程序，由 RStudio 开发和维护。

- **lattice**：静态 Trellis 图形的 R 实现，适用于多变量可视化，由 Deepayan Sarkar 创建。

- **rCharts**：让你能够基于流行的 JavaScript 库创建和自定义强大的交互式可视化对象，例如 highcharts、morris 等，由 Ramnath Vaidyanathan 开发。

- **googleVis**：Google Charts API 的 R 接口，让用户能创建交互式的可视化，例如著名的运动图表，由 Markus Gesmann、Diego de Castillo 和 Joe Cheng 共同开发。

- **plotly**：提供了一种将静态 ggplot2 图表转换为基于 Web 的可视化交互的方法，由一个团队开发的产品，维护者是 Carson Sievert。

- **htmlwidgets**：一种用于构建基于 JavaScript 库的交互式 HTML 可视化的框架，例如 leaflet 和 dygraphs。由多个贡献者创作，并由 JJ Allaire 维护。

除了前面列出的功能强大的包，核心 R 安装包中还有非常强大的静态可视化功能。Paul Murrell 的 *R Graphics (2nd edition)* 是所有想成为 R 专家的读者必备的图书，这本书从零开始讲解了 R 绘图基础的课程。

2.4 小结

在本章中，我们使用 R 编程语言和统计环境重新探讨了与数据管理、数据处理、转换和数据分析相关的许多概念。我们的目标是让你熟悉主要函数和 R 包，便于数据操作和假设检验。最后，我们提到了关于静态和交互式数据可视化及其近乎无限的应用的话题。

本章不可能包括所有可用的方法和技术，我们只是略去了 R 中可能出现的问题，但我们也相信本章提供的信息能够使你更新现有的 R 技能，或找出潜在的差异。

在接下来的章节中，我们将基于这些技能，继续深入学习大数据。在第 3 章中，你将接触到更多的软件包，让 R 用户在单机上转换和处理大量数据。

第 3 章
由内而外释放 R 的力量

第 1 章介绍了大数据相关的一些常用术语和概念。第 2 章介绍了使用 R 语言及其统计环境常用的几种数据管理、处理和分析方法。在本章中，我们将合并这两个主题，尝试解释如何在大型数据集中使用数学和数据建模方面的强大的软件包，并且不需要分布式计算。读完本章后你将能做到以下几点。

1. 了解 R 在大数据分析方面的传统局限性以及如何解决它们。
2. 使用 R 包（例如 ff、ffbase、ffbase2 和 bigmemory）提高内存不足的性能问题。
3. 使用 biglm 和 ffbase 包将统计方法用于大型 R 对象。
4. 使用支持并行计算的 R 包提升数据处理的速度。
5. 使用 data.table 包中的更快的数据处理方法。

只要有可能，本章介绍的方法都会带有真实的数据实例。例子中使用的数据集样本可以从 Packt 出版社的网站下载。当然，这些样本不足以被称为大数据。我们也提供了网址和在线服务用于下载完整的大数据集，你也可以自己挖掘并控制其大小。

3.1　R 的传统局限性

情景通常很简单。你已经挖掘或者收集了大量的数据作为个人工作或大学研究的一部分，你很欣赏 R 语言的灵活性以及它不断增长的丰富并有用的开源库。那然后呢？用不了多久你就会发现 R 的两个传统局限。

1. 数据必须装载到内存。
2. R 通常比其他语言运行得慢。

3.1.1 内存外的数据

使用 R 处理大数据首先要声明的是，想要处理的整个数据集必须比你能使用的内存小。目前，大多数商用、现售的个人电脑配备的内存大小为 4GB～16GB，这就是你使用 R 分析的数据大小的上限。

当然，在这上限之中还需要扣除其他进程运行所需要的内存空间，并且为那些在 R 环境中运行的分析算法和计算提供额外的内存空间。实际上，你的数据大小不应超过可用内存的 50%～60%，否则计算机就会变得迟缓、没有响应，甚至有潜在的数据丢失风险。

此时，一切看起来似乎都很严峻，如果你突然变得不那么热衷于使用 R 开展你当前的大数据分析工作流程，我也不会怪你。不过，在不使用云计算平台（例如微软 Azure、亚马逊 EC2 或谷歌云平台）的情况下，已经有一些可供 R 用户使用的处理大量数据的解决方法和方案了。

这些现成的解决方案通常以 R 软件包的形式出现，你可以简单地下载和安装在 R 环境中，在 3.2 节中将会介绍这些库以及它们的一些最有用的功能，并指出它们的一些特定的局限性。

3.1.2 处理速度

R 的另一个饱受诟病的问题是它的处理速度。尽管在一些小规模计算中 R 的速度尚可接受，但是它通常比 Python 要慢，更是远远地慢于 C 语言家族。关于 R 为何比不上其他语言的速度，原因有如下几个。

首先，R 被认为是一种解释语言，因此它从定义开始就比较慢。有趣的是，尽管 R 核心的很大一部分（几乎 39%）是由 C 语言编写的，很多 R 方法也是用 C 或者 Fortran 语言编写的，却仍然比原本的语言代码慢很多。这可能是由于 R 的内存管理很差（例如很多时间花在了垃圾收集、重复和定向分配时间上）。

其次，R 核心是单线程的，这意味着每一个函数或计算都是逐行处理的，使用单个 CPU 一次处理一个。不过有一些方法，包括一些第三方包是允许多线程的。我们将在本章之后的小节中更详细的介绍。

然后，R 代码的低性能可能源于 R 语言没有被正式定义过，其处理速度取决于 R 实现的设计，而不是 R 语言本身。目前尚有很多工作需要完成，诸如创建新的、更快的替代实现方案，最近发布的微软 R 开放分配就是一例充满前景的性能更优的 R 实现。

另外请记住，R 是一个开源的、社区化运行的项目，只有少数 R 核心开发团队成员有权限对 R 内部进行任何修改，这极大影响了 R 代码中不良部分的替换速度。我们不能忘记一件很重要的事情，它是 R 语言整体发展的基础，即它不是为了打破计算速度的纪录而创建的，而是为了给统计学家和研究人员（通常没有编程或相关的 IT 技能）提供丰富多样的、强大的、可定制的数据分析和可视化技术。

如果你对 R 语言的细节定义和它的源代码设计的细节感兴趣，那么由 Hadley Wickham 编写的 *Advanced R* 一书会非常适合你。

在下一节中，我们将会介绍几种技术，更大程度地使用 R 在单计算机上处理和分析大数据集。

3.2 超越内存限制

我们将首先介绍 3 个非常有用的多功能包用于解决内存不足的数据处理问题，分别是 ff、ffbase 和 ffbase2。

3.2.1 使用 ff 和 ffbase 软件包进行数据转换和聚合

虽然由 Adler、Glaser、Nenadic、Ochlschlagel 和 Zucchini 开发的 ff 包是几年前的事了，但它依然被证明是使用 R 处理大数据的流行解决方案。包的名字——大数据在内存上的有效内存存储和快速访问方法——很好地解释了该包的功能。它将数据集分块，存放在磁盘上，同时 ff 数据结构（或者 ffdf 数据格式）和其他 R 数据结构一样被存放在内存中，映射那些分块的数据集。原始数据块是本地编码的二进制文件，而 ff 对象保留元数据，这些元数据描述并映射到创建的二进制文件。从原始数据创建 ff 结构和二进制文件不会以任何方式改变原始数据集，因此不会有数据损坏或丢失的风险。ff 包包括多个通用数据处理函数，可以将大数据集导入 R，进行诸如重编码每一层的元素和样本之类的通用数据变换，在行或列上应用其他方法，设置 ff 对象的变量等。生成的数据结构可以轻松导出为 TXT 或者 CSV 文件。

ffbase 包由 Edwin de Jonge、Jan Wijffels 和 Jan van der Laan 开发完成，通过允许用户使用许多统计和数据运算扩展了原始 ff 包的功能，包括基本描述性统计和其他有用的数据转换、操作和聚合，例如创建子集、执行交叉列表、合并 ff 对象、变换 ffdf 数据格式、将数值型 ff 向量转换为元素、发现重复行和缺失值等。此外，非常灵活的 ffdfapply 方法使用户可以对二进制文件使用任何方法，例如，简单计算任意利率统计等。ffbase 包还可以直接对 ff 对象执行选定的统计模型，例如分类、回归、最小角度回归、随即森林分类和聚类。正因为 ffbase 包和其他第三方包的连接，才使得这些技术可用，才有 biglm、biglars、bigrf 和流等支持大数据分析的方法。

在下一节中，我们将介绍几个使用最广泛的 ff 和 ffbase 函数，可能对你目前的大数据处理和分析的工作流有所帮助。

我们将使用 flights_sep_oct15.txt 数据集，其中包含了 2015 年 9 月到 10 月所有美国机场的所有航班。由交通局统计，我们选择其中 28 个变量描述每个航班，例如年、月、日、星期几、航班日期、航空公司 id、航班起飞和到达机场的名称、起飞和到达时间即延迟情况、航班的路径长度和航班时间等。

你可以随意使用多个月、多年的或者你喜欢的各种变量，但要注意包含和本例相同的 28 个变量的一年的数据大小接近 1GB。本节所使用的数据集（即从 Packt 出版社网站下载的）只有两个月的数据（951111 行数据），它大致为 156MB（压缩后大约为 19MB）。

这已经足够指导读者使用 ff、ffbase 和 ffbase2 包中的有趣和相关的方法了。除了主要数据集之外，我们还提供了一个小的 CSV 文件，其中包含了航班名称和它们 ID 地址的对应关系，和飞行数据中的 AIRLINE_ID 变量相关联。同时，在本教程中，我们将介绍示例数据每次调用的耗时和内存使用相关的统计信息，以及包含从 2013 年 1 月～2014 年 12 月所有美国机场的航班信息的大约 2GB 大小的数据集所需的耗时和内存等信息。这些指标将会和使用核心 R 方法与其他相关第三方包的程序相比较。

在使用 ff 相关包处理数据之前，首先需要指定一个文件路径用于存储所需的二进制文件（即原始数据集的分块文件），在当前工作目录（即保存着数据的目录）直接从 R 控制台创建一个新的文件夹，如下所示。

```
> system("mkdir ffdf")
```

如果你是 Windows 用户，你应该使用和 system() 方法功能一样的 shell() 方法来执行上述命令。

然后，将该文件夹设置为你的路径，用于存储 ff 数据块，如下所示。

```
> options(fftempdir = "/your_working_directory/ffdf")
```

完成之后我们需要将数据上传为 ff 对象。根据数据文件的不同格式，你可以选择使用 read.table.ffdf() 函数或 read.csv.ffdf() 函数来读取 CSV 文件。除此之外，由 Jan Wijffels（ffbase 包原始共同作者之一）创建和维护的 ETLUtils 包扩展了 ff 包的导入功能，使其支持 Oracle、MYSQL、PostgreSQL 和 Hive 等 SQL 数据库，使用 DBI、RODBC 和 RJDBC 等方式连接（第 5 章将会详细介绍）。让我们使用标准的 read.table.ffdf() 函数将数据导入 R。

```
> flights.ff <- read.table.ffdf(file="flights_sep_oct15.txt",
                                 sep=",", VERBOSE=TRUE,
                                 header=TRUE, next.rows=100000,
                                 colClasses=NA)
read.table.ffdf 1..100000 (100000)  csv-read=3.365sec ffdf-write=1.54sec
read.table.ffdf 100001..200000 (100000)  csv-read=3.596sec ffdf-
write=0.595sec
read.table.ffdf 200001..300000 (100000)  csv-read=3.636sec ffdf-
write=0.526sec
...
... #output truncated
...
read.table.ffdf 900001..951111 (51111)  csv-read=1.845sec ffdf-
write=0.466sec
csv-read=34.24sec  ffdf-write=6.303sec  TOTAL=40.543sec
```

next.rows 参数用于设置每个数据块包含的数据行数。从前面的输出可以看到，该数据被分成了 9 块，最后一部分包含原数据的 51111 行。该输出还提供了读取数据文件和将其 ffdf 拷贝写入硬盘所花费的大概时间。总而言之，上传这个相对较小的数据集并在之前指定的文件夹里创建 ff 文件共需要 40 多秒。

整个导入数据过程结束会在 R 的工作空间创建一个很小的 ffdf 对象（426.4KB），在硬盘上创建 28 个大小相同（每个 3.8MB）的 ff 文件。值得一提的是，导入数据所需的内存成本很小。我们现在可以将 read.table.ffdf() 方法和标准 read.table() 方法进行比较。

```
> flights.table <- read.table("flights_sep_oct15.txt",
                              sep=",", header=TRUE)
```

这个更方便的方法只需运行 32 秒，而且可以在 R 的工作空间里生成更大（101.9MB）的 dara.frame 对象，使用更少的内存。不过我们的数据集大小只有 156MB，内存使用情况的差异可以忽略不计。让我们比较一下使用大于 2GB 的数据文件（包含 2013 年～2014 年两年的航班数据）时两种方法的差异吧。

read.table.ffdf()方法导入数据需要花费 456 秒，分成 23 块，最终输出一个大小为 516.5KB 的 ffdf R 对象和 28 个 ff 数据文件（每个大小为 48.8MB，总计约 1.37GB）。令人印象深刻的是，整个过程只使用了约 380MB 大小的内存空间，仅仅比使用基本的 RStudio 所占空间多一点而已。read.table()导入时间更短，仅 441 秒，不过要记住该方法不包含任何磁盘读写，所以这样的速度是理所当然的。基础 read.table()方法使用大量内存创建了一个大的（1.3GB）data.frame 对象，存储使用量大约在 2GB～3.6GB 振荡，最高时刻达到了 4.85GB。方法结束之后，依然有 4.13GB 的内存被占用，在指定调用垃圾回收方法 gc()之后内存使用量降低到了 1.47GB，依然比使用 read.table.ffdf()的内存使用量高了 4 倍。

此时，可以很明显看出使用 ff 包来上传数据到 R 工作空间裨益良多。不过问题仍然有，即使用 ff 或者 ffdf 对象上传到 R 之后又能做什么呢？

你可以从检查 ffdf 数据结构开始，就像在 R 中使用标准数据架构（data frames）一样。

```
> class(flights.ff)
[1] "ffdf"
> dim(flights.ff)
[1] 951111      28
> dimnames.ffdf(flights.ff)
[[1]]
NULL
[[2]]
 [1] "YEAR"                "MONTH"
 [3] "DAY_OF_MONTH"        "DAY_OF_WEEK"
 [5] "FL_DATE"             "UNIQUE_CARRIER"
 [7] "AIRLINE_ID"          "TAIL_NUM"
 [9] "FL_NUM"              "ORIGIN_AIRPORT_ID"
[11] "ORIGIN"              "ORIGIN_CITY_NAME"
[13] "ORIGIN_STATE_NM"     "ORIGIN_WAC"
[15] "DEST_AIRPORT_ID"     "DEST"
[17] "DEST_CITY_NAME"      "DEST_STATE_NM"
[19] "DEST_WAC"            "DEP_TIME"
[21] "DEP_DELAY"           "ARR_TIME"
[23] "ARR_DELAY"           "CANCELLED"
[25] "CANCELLATION_CODE"   "DIVERTED"
[27] "AIR_TIME"            "DISTANCE"
```

```
> str(flights.ff)
... #output truncated
```

最后一条命令的输出将会帮助你理解 ff 文件在磁盘上是如何映射的。ffdf 对象实际上是由 3 部分串联而成，分别存储了虚拟和物理属性以及行名（在本例中 row.names 为空）。这些属性组成了描述每个属性并指向一个特定的二进制文件的元数据。

现在可以使用 read.csv.ffdf() 方法上传航班的全称等补充信息。

```
> airlines.ff <- read.csv.ffdf(file="airline_id.csv",
                                VERBOSE=TRUE, header=TRUE,
                                next.rows=100000,
                                colClasses=NA)
read.table.ffdf 1..1607 (1607)  csv-read=0.02sec ffdf-write=0.016sec
 csv-read=0.02sec  ffdf-write=0.016sec  TOTAL=0.036sec
```

我们现在在 R 中有两个数据集，可以通过 AIRLINE_ID 变量合并它们。由于变量名的不同，首先需要将 airlines.ff 对象中的 Code 变量名重命名为 AIRLINE_ID，将 Description 变量名重命名为 AIRLINE_NM。

```
> names(airlines.ff) <- c("AIRLINE_ID", "AIRLINE_NM")
```

让我们使用 merge.ffdf() 方法合并两个对象。

```
> flights.data.ff <- merge.ffdf(flights.ff, airlines.ff, by="AIRLINE_ID")
```

合并完的 flights.data.ff 数据文件只有 551.2KB，合并过程没有增加内存消耗。如果使用相同功能的来自 ffbase 包的 merge.ffdf() 方法来合并约 2GB 大小的数据集，仅需要 26 秒，并消耗最少的内存生成大小为 641.3KB 的 ffdf 数据结构。之前使用 read.table() 方法上传到 R 会话中的大数据集，现在使用基本的 merge() 方法和包含航班名称的小文件合并，需要运行超过 73 秒，内存占用空间从 1.37GB 增长到 1.41GB。更明显的是，在数据合并过程中，内存使用峰值有几次达到了 6.4GB。可以很明显看出 ff 方法更适合大数据处理和操作。传统的核心 R 方法，比如 read.table() 或 merge()，在 4GB 内存的机器上处理 2GB 的数据集时会报内存溢出的错误，在 8GB 内存的机器上报错的几率也相当大。ff 包和 ffbase 包提供了在处理大数据的初始阶段避免内存相关问题的解决方法。

使用 ff 和 ffdf 对象可以使你直接使用许多基本的 R 方法，而不需要将它们转换为原始的诸如 data.frame 或 vector 之类的数据结构。之前我们在 ffdf 数据上使用 names() 方法用于修改变量名的时候就可以看出来了。类似的，你可以使用 unique() 方法提取我们数据集中所有离开航班的状态名。

```
> origin_st <- unique(flights.data.ff$ORIGIN_STATE_NM)
```

或者可以使用 ffbase 包提供的 unique.ff() 方法作用于 ff 向量上。用同样的方法，我们可以使用 table.ff() 方法生成一个交叉列表，例如每个不同的航班初始状态所对应的航班数量。

```
> orig_state_tab <- table.ff(flights.data.ff$ORIGIN_STATE_NM, exclude = NA)
```

在 ffdf 结构和标准 data.frame 对象上运行 table.ff() 和 table() 方法时，你将会很明显看到两种方法的不同表现。再提一次，在处理大数据集时差异更明显，例如 2GB 的数据集。ff 方法最多使用 350MB～360MB 的内存，但是需要大约 12 秒来完成操作。标准 table() 方法比 data.frame 对象要快得多，仅需要 1 秒多，但是其需要的内存空间多达 700MB，如果考虑到包含了整个 data.frame 需要使用 R 存储在内存的大小以及之前运行的程序大小，内存使用空间达到了 2.8GB。比使用 ff 和 ffbase 包所占用的内存空间多了一个数量级。

在交叉列表之后，你可以轻松使用 ff 和 ffdf 对象中的其他基础方法来获取你的数据的一些描述性统计信息，例如 mean()、quantile() 和 range() 等。如果你已经阅读了第 2 章，就该已经知道如何执行这些简单的操作。ff 和 ffdf 结构和诸如来自 Hmisc 包的 describe() 方法等来自第三方包的方法也可以很好地合作。不过在这种情况下，我们需要使用来自 ff 包的 as.data.frame.ffdf() 方法明确地告知 R 将我们的 ffdf 对象当作一个标准的 data.frame。

```
> library(Hmisc)
> describe(as.data.frame.ffdf(flights.data.ff$DISTANCE))
      n missing   unique    Info     Mean     .05     .10     .25
 951111       0     1241       1    816.2     168     224     370
    .50     .75      .90     .95
    641    1050     1721    2239
lowest :   31   36   67   68   69
highest: 4243 4502 4817 4962 4983
```

又及，如果你对超过 12000000 行的大数据 ffdf 对象使用 as.data.frame.ffdf() 将之转换为 data.frame 之后，再执行 describe() 方法或者核心 R 的 summary() 方法，则内存消耗相对较小。describe() 的峰值是 920MB，而如果直接在标准的大 data.frame 上执行 describe() 方法，内存峰值可以达到 5.2GB。而处理速度几乎没有任何差别。

ff 方法允许其他数据操作方法。例如可以使用 cut.ff() 方法将一个数值 ff 向量转换为一个 ff 因子。在本例中我们会将 DAY_OF_WEEK 数值变量转换为一个新的叫作 WEEKDAY

的因子变量。

```
> flights.data.ff$WEEKDAY <- cut.ff(flights.data.ff$DAY_OF_WEEK,
+                         breaks = 7,
+                         labels = c("Monday", "Tuesday",
+                                     "Wednesday", "Thursday",
+                                     "Friday", "Saturday",
+                                     "Sunday"))
```

以上代码只占用极少量的机器资源。即使运行一个大数据集也只需要使用 357MB 的内存。使用标准 data.frame 对象的类似的代码大约需要使用 4.4GB 的内存。

ff 和 ffbase 包更棒的一点在于它们有着复杂的数据聚合功能。ffdfdply()方法值得你花费几分钟的时间来了解一下。它使得我们可以在 ffdf 对象上实施化零为整（split-apply-combine）的操作。在操作进行 apply 部分时，你可以使用任意一种方法（FUN 参数）来聚合数据并存储在专门的 ffdf 对象中。在航班例子中我们将会在 FUN 参数中使用 doBy 包的 summaryBy() 方法来计算每个出发城市的平均航班延误值。

```
> DepDelayByOrigCity <- ffdfdply(flights.data.ff,
+                         split = flights.data.ff$ORIGIN_CITY_NAME,
+                         FUN=function(x) {
+                             summaryBy(DEP_DELAY~ORIGIN_CITY_NAME,
+                             data=x, FUN=mean, na.rm=TRUE)}
+                             )
... #output truncated
```

输出提供了如何创建分割的详细解释，并向我们展示了方法执行过程中的详细信息（由于篇幅原因，已在上述列表中删除）。根据原始数据的大小，输出将包含更多或更少的拆分，需要更长或更短的运行时间。以 2GB 的大数据集的表现为例，ffdfdply() 花费了 181 秒来完成聚合操作。在此期间内存使用量在 250MB～300MB 振荡，在很短的时间内到达了 459MB。你可以将这些结果和使用在通用核心 R 方法（read.table()）加载的大 data.frame 对象上运行原始 summaryBy() 方法的表现相比较。

summaryBy()比 ffdf 的 ffdfdply()方法要快得多，只需要 5.6 秒即可完成，不过内存的消耗飙升到了 4.85GB。由于我们的源数据已通过 ff 包分割成了多个二进制文件，ffdf 对象上的操作表现显然会比使用标准 data.frame 直接在内存上执行要慢得多。通过 ffdfdply()方法实现的 ff 方式要求数据的每个小分块首先导入内存，对选定数据进行特定方法（FUN）的处理。输出结果最终添加到输出 ffdf 对象中，在本例中是 DepDelayByOrigCity 对象。这个过程需要相对长的时间才能完成是丝毫不会让人讶异的，不过需要解答的问题却是——你更倾向于选择哪一种数据聚合策略？如果你有内存不足的问题，那你会（或允许）对处理速度妥协吗？

处理聚合的输出对象是另一个 ffdf 结构。你可以使用之前介绍过的 as.data.frame.ffdf() 方法将之转换为标准 data.frame。

```
> plot1.df <- as.data.frame.ffdf(DepDelayByOrigCity)
> str(plot1.df)
'data.frame':  305 obs. of  2 variables:
$ ORIGIN_CITY_NAME: Factor w/ 305 levels "Abilene, TX",..: 13 41 53 56 121
93 147 162 181 26 ...
$ DEP_DELAY.mean  : num  4.52 6.35 5.51 5.15 5.62 ...
```

现在 data.frame 已经足够小了，可以很方便地被核心 R 或者第三方包的所有方法使用。例如可以根据航班平均起飞延误时间倒叙排列航班起飞城市。

```
> plot1.df <- orderBy(~-DEP_DELAY.mean, data=plot1.df)
  > plot1.df
                        ORIGIN_CITY_NAME DEP_DELAY.mean
198                       Pago Pago, TT    49.11764706
286                     Adak Island, AK    21.23529412
289                   Christiansted, VI    20.46875000
268             North Bend/Coos Bay, OR    15.68055556
271                    Plattsburgh, NY    15.63333333
302                       Nantucket, MA    13.00952381
209            Scranton/Wilkes-Barre, PA    12.38565022
... #output truncated
```

诸如此类的数据可以很方便地被使用与可视化或者更多的使用标准 R 技术可以处理的数据分析。

ff 和 ffbase 包也支持通过 subset.ffdf() 方法生成 ffdf 对象的子集。和普通的 subset() 方法使用的参数相似。

```
> subs1.ff <- subset.ffdf(flights.data.ff, CANCELLED == 1,
+                 select = c(FL_DATE, AIRLINE_ID,
+                            ORIGIN_CITY_NAME,
+                            ORIGIN_STATE_NM,
+                            DEST_CITY_NAME,
+                            DEST_STATE_NM,
+                            CANCELLATION_CODE))
```

在上述代码中,我们申明了我们想要所有被取消的航班子集,并希望在新的 subs1.ff ffdf 对象中只包含我们从原始 flights.data.ff 对象中选择的(通过 select 参数)变量。作用于 2GB 的原始 ffdf 对象,subset.ffdf()方法仅消耗少量的内存。要实现上述代码的功能,普通的执行在 data.frame 对象上的 subset()方法是个内存消耗大户,使用了超过 0.7GB 的内存。

新生成的 ffdf 对象可以输出成一个纯数据文件,事实上它将会被保存为 7 份单独的 ff 文件,每个变量(这里是列)为一份文件,存在 subs.ff 对象中。

```
> save.ffdf(subs1.ff)
```

默认情况下,save.ffdf() 方法将文件保存在一个叫作 ffdb 的新文件夹中,并会自动生成在你的当前工作目录中。当然,你可以通过 dir 参数(默认设置为 "./ffdb")修改保存的文件夹。输出文件的文件名格式如下。

```
<ffdf_name>$<variable_name>.ff.
```

输出的 ff 文件可以通过 load.ffdf() 命令再次导入 R 会话。如果你想知道具体的操作,那么试着从你的工作空间移除 subs1.ff 对象,并在 load.ffdf() 方法中指明 ff 文件所在的正确目录。

```
> rm(subs1.ff)
> load.ffdf("~/Desktop/data/ffdb")
```

一个新的"老"subs1.ff 对象又重新出现在环境中了,带着它默认的元数据和 ffdf 特性。如果你想要将之输出为 CSV 或者 TXT 格式的文件,相应的方法也可以在 ff 包中找到。write.csv.ffdf()或 write.table.ffdf() 表达式可以完成这一任务。

```
> write.csv.ffdf(subs1.ff, "subset1.csv", VERBOSE = TRUE)
```

到目前为止,我们已经通过众多应用展示了 ff 和 ffbase 包的多种方法,当你处理比可用内存资源还大的数据集时会觉得非常有用。根据经验以及 ff 和 ffbase 包的作者们的建议,这两个包很适合使用于比内存大一个数量级的数据集。这个阈值非常合理。基于我们广泛的测试,本章使用的在 ff 和 ffdf 对象上的所有数据转换操作和聚合操作最多使用 425.3MB 的内存资源,用于纯文件的 R 脚本处理的 R 会话(ff 方法)。换个方面考虑,同样的数据处理活动,不过使用普通的方法,执行在使用 read.table()方法加载到 R 中的 data.frame 对象上,执行存储到内存的操作的整段 R 代码就需要消耗高达 3.7GB 的内存。这几乎 10 倍的差异是有道理的。如果我们没有经常使用垃圾回收调用(gc()),data.frame 方法中的内存使用量可能会更大。

不过，ff 和 ffbase 包并非完美无瑕的。在上述例子中，我们已经发现了使用 ff 方法将数据上传到 R 会话的速度甚至都比不上普通的 read.table() 或 read.csv() 方法。请记住，为了创建包含映射到原始数据的 ff 或 ffdf 对象，原始数据集需要被分割成块，并把内容复制到二进制文件中。分块、映射和写入 ff 文件比使用核心 R 方法简单将数据导入 data.frame 需要更多的时间。本章将会介绍快速导入数据到 R 的方法，例如来自 data.table 包的 fread() 方法。其次，我们已经解释了 ffdf 包中的有些方法比标准数据帧中的类似方法执行得慢。再说一次，数据首先需要分割成块，然后才会有方法或操作作用于这个小块的数据上。

方法的输出是附加式的，一行接着一行，写入新的 ff 或者 ffdf 对象。这几个进程延长了执行函数的执行时间。第三点，块名是很迷惑人且不利于人类阅读的。假设我们想要知道存储 AIRLINE_ID 变量的文件名的话，可以输入如下命令。

```
> basename(filename(flights.data.ff$AIRLINE_ID))
[1] "ffdfe9c4f870103.ff"
```

这种文件命名约定使得处理文件非常困难，特别是移动数据的时候。

尽管有这些缺陷，ff 和 ffbase 包依然给 R 转换和聚合超出内存大小的数据集提供了一个有趣的替代方法。ffbase 库正在由 Edwin de Jonge 重新开发，以包含来自非常流行的数据操作包 dplyr 的语法和内部方法。ffbase 的重开发版本被称为 ffbase2，包含了一系列来自 dplyr 包的方法，诸如 summarize()、group_by()、filter() 和 arrange()，不过依然适用于 ffdf 对象。由于 ffbase2 库依然在开发中，最新版本只能从 Edwin de Jonge 的 GitHub 资源中下载，功能依然受限，不过可以找到一些可运行的方法。要安装和运行此包你必须安装最新的 devtools 库并在你的 RStudio 中配置好。

```
> install.packages("devtools")
> devtools::install_github("edwindj/ffbase2")
> library(ffbase2)
```

ff 和 ffbase 包并不仅局限于数据转换和聚合。在 3.2.2 节中，你将会学习如何在 ffdf 对象上运行更复杂的大数据模型和分析操作。

3.2.2　使用 ff 和 ffbase 包的广义线性模型

如果你按照章节顺序阅读，那你一定已经知道如何在 ffdf 对象上转换和聚合数据。不过 ffbase 包还可以使用 bigglm.ffdf() 方法运行广义线性模型（GLM）。

以防你忘记，这里提醒一句，GLM 可以简单被认为是通用线性模型。也就是说，GLM 用于确定因变量（Y）和预测变量（Xi）的线性关系，不过在两个重要方面和通用线性模型不同。

第一个方面是 GLM 不假设因变量来自正态分布，它可以由非连续分布生成，例如它可以表示二项式或多项式可能的离散结果中的一个，或者表示模型预测数目（泊松），例如家庭中孩子的数量（我们知道这个值必须是整数值，也假设这个分布是高度倾斜的）。

第二个方面在于 GLM 关于预测关系的实现可能不是线性的。例如个人收入和年龄的关系在自然界就不是线性的。在广义线性模型下，响应变量的值通过线性组合预测和链接函数共同预测而成。

合适的链接函数选取取决于因变量的假定分布（确切地说是其残差的分布族）。例如对于高斯分布，你可能会选择恒等式链接函数，而对于二项分布（例如在逻辑回归中），你可能会在 logit、probit 或 cloglog 函数中选择。关于如何在 R 中实现 GLM 有大量介绍详尽的资源可以选择。在此推荐 GLM 在线教程。基础 R 安装包中 stats 包的 glm() 函数是实现 GLM 的最常用的方法之一，其文档详尽介绍了 GLM 在 R 中的实现细节。

使用 bigglm.ffdf()方法之前需要首先安装 biglm 包，被 ffbase 库调用。请使用标准的 install.packages("biglm") 和 library(biglm) 语句进行安装。

Thomas Lumley 的 biglm 包提供了两个主要的方法，用于从大于可用内存的数据中生成（biglm()）或实现（bigglm()）线性对象。除了可以支持标准的数据帧，biglm 还提供了通过 SQLite 和 RODBC 和数据库连接的功能。ffbase 包仅提供了一个叫 bigglm.ffdf() 的包装函数，可用于 ffdf 对象。下面给出了该函数的使用 GLM 的逻辑回归示例。

使用 **ffbase** 和 **biglm** 的逻辑回归用例

在逻辑回归中，我们预测分类变量的二项式或多项式结果，比如你想要预测是或否的答案、输或赢、健康或疾病，或有序因子的一个程度，例如很开心、有点开心、既不开心也不不开心、有点不开心或者非常不开心。

在下例中，我们将会使用一个叫作"慢性肾病数据集"的数据集，该数据集可以从加利福尼亚大学欧文分校维护的机器学习库中获得。虽然这个数据集很小（仅有 400 行左右），但是你依然可以学习如何通过 ff 和 ffbase 的方法将之扩展到超出内存的大小。

然而首先需要将数据导入。因为文件很小，所以我们只用将之加载到 R 的工作空间中，不过要记住加载大文件的时候需要使用 read.table.ffdf() 或 read.csv.ffdf()（或别的方法）将 ffdf 对象和磁盘上的源文件进行映射。"慢性肾病数据集"的另一个需要处理的地方在于它是属性关系文件格式（ARFF），所以我们需要使用一个叫作 RWeka 的第三方包将这种格式的文件加载到 R 中。

```
> library(RWeka)
> ckd <- read.arff("ckd_full.arff")
> str(ckd)
'data.frame':   400 obs. of  25 variables:
 $ age  : num   48 7 62 48 51 60 68 24 52 53 ...
 $ bp   : num   80 50 80 70 80 90 70 NA 100 90 ...
... #output truncated
 $ class: Factor w/ 2 levels "ckd","notckd": 1 1 1 1 1 1 1 1 1 ...
> levels(ckd$class)
[1] "ckd"     "notckd"
```

在此阶段，我们可能已经定义了在逻辑回归模型中需要预测的内容。我们仅需几个变量来预测个体是否有慢性肾病，比如年龄（年龄变量）、血压（bp）、随机血糖水平（bgr）等。类变量被分成 1 = ckd（表示慢性肾病）和 2 = notckd（无慢性肾病）。

为了提高模型的精度，我们首先将因子转换为数值类型并重新编码这些值。因此 0 将会代表 notckd，1 代表 ckd。将没有疾病作为基础值是符合习惯的（因此 0 分类给没有慢性肾病的个体），为了简单，我们还将此变量标为数值而不是标签。我们可以通过使用 ETLUtils 包中的 recoder() 函数将类变量的现有级别重新编译为我们想要的级别来实现该转换。在重新编码变换之后，我们同时需要两个类别的变量。

```
> ckd$class <- as.numeric(ckd$class)
> library(ETLUtils)
> ckd$class <- recoder(ckd$class, from = c(1,2), to=c(1,0))
> table(ckd$class)
  0   1
150 250
```

现在我们在处理一个标准的小 data.frame 对象，可以很容易地使用 glm() 函数以逻辑回归的形式运行一个典型的通用线性模型算法。

```
> model0 <- glm(class ~ age + bp + bgr + bu + rbcc + wbcc + hemo, data =
ckd, family=binomial(link = "logit"), na.action = na.omit)
> model0
Call:  glm(formula = class ~ age + bp + bgr + bu + rbcc + wbcc + hemo,
    family = binomial(link = "logit"), data = ckd, na.action = na.omit)
Coefficients:
 (Intercept)          age           bp          bgr
  12.6368996    0.0238911    0.1227932    0.0792933
          bu         rbcc         wbcc         hemo
   0.0026834   -0.9518575    0.0002601   -2.3246914
Degrees of Freedom: 236 Total (i.e. Null);  229 Residual
  (163 observations deleted due to missingness)
Null Deviance:     325.9
Residual Deviance: 35.12    AIC: 51.12
```

从函数结构和输出可以看出我们已经为 model0 逻辑回归模型使用了 7 个不同的预测变量。因为我们对预测二元相关变量很感兴趣，我们使用 logit 定义的 link 方法将家庭参数设置为二元的，有两个输出（或一个），并且我们还假设误差是逻辑分布的。

模型的输出本身没有任何可行性评估建议，但是如果结合一些相关统计数据，例如自由度、null 偏差和残差偏差以及赤池信息量准则（AIC）等来衡量模型质量，可以帮助我们选择更正确的模型（通常越低越好）。应用于模型的 summary() 方法将提供有关该回归的更详细的信息。

```
> summary(model0)
Call:
glm(formula = class ~ age + bp + bgr + bu + rbcc + wbcc + hemo,
    family = binomial(link = "logit"), data = ckd, na.action = na.omit)
Deviance Residuals:
    Min       1Q   Median       3Q      Max
-1.3531  -0.0441  -0.0025   0.0016   3.2946
Coefficients:
             Estimate Std. Error z value Pr(>|z|)
(Intercept) 12.6368996  6.2190363   2.032 0.042157 *
age          0.0238911  0.0327356   0.730 0.465500
bp           0.1227932  0.0591324   2.077 0.037840 *
bgr          0.0792933  0.0212243   3.736 0.000187 ***
bu           0.0026834  0.0296290   0.091 0.927838
rbcc        -0.9518575  0.8656291  -1.100 0.271501
wbcc         0.0002601  0.0002432   1.070 0.284725
```

```
hemo          -2.3246914   0.6404712  -3.630 0.000284 ***
---
Signif. codes:  0 '***' 0.001 '**' 0.01 '*' 0.05 '.' 0.1 ' ' 1
(Dispersion parameter for binomial family taken to be 1)
    Null deviance: 325.910  on 236  degrees of freedom
Residual deviance:  35.121  on 229  degrees of freedom
  (163 observations deleted due to missingness)
AIC: 51.121
Number of Fisher Scoring iterations: 9
```

输出中有 3 个显著的统计预测变量：bp（血压）、bgr（随机血糖水平）和 hemo（血红蛋白水平）。当然普通 glm() 方法这次面对的是只有 400 个观察值的 data.frame 对象，但是 ffbase 包可以在 ffdf 对象上映射到大得多的、超出内存大小的源数据，实现通用线性模型。首先让我们在一个小的来自 ckd 数据帧的 ffdf 对象上重跑一个逻辑回归。这看起来很直截了当。

```
> library(ffbase)
> options(fftempdir = "~/ffdf")
> ckd.ff <- as.ffdf(ckd)
> dimnames(ckd.ff)
[[1]]
NULL
[[2]]
 [1] "age"    "bp"    "sg"    "al"    "su"   "rbc"  "pc"
 [8] "pcc"   "ba"    "bgr"   "bu"    "sc"   "sod"  "pot"
[15] "hemo"  "pcv"   "wbcc"  "rbcc"  "htn"  "dm"   "cad"
[22] "appet" "pe"    "ane"   "class"
```

在将 data.frame 转换为 ffdf 之前，如上面的列表所示，请确保设置 fftempdir 指向一个可以保留临时 ff 文件的目录。因为我们新创建的 ckd.ff 对象映射的是一个很小的数据，所以你可以选择之前使用的 glm() 函数或者使用 ffbase 包的 bigglm.ffdf() 函数。两者的输出几乎是相同的。我们在此使用 bigglm.ffdf()，因为你已经知道如何使用标准 glm() 函数了。

```
> model1 <- bigglm.ffdf(class ~ age + bp + bgr + bu + rbcc + wbcc + hemo,
data = ckd.ff, family=binomial(link = "logit"), na.action = na.exclude)
> summary(model1)
Large data regression model: bigglm(class ~ age + bp + bgr + bu + rbcc +
wbcc + hemo, data = ckd.ff,
    family = binomial(link = "logit"), na.action = na.exclude)
Sample size =  400
failed to converge after 8  iterations
              Coef    (95%     CI)      SE       p
(Intercept) 12.6330  0.3275  24.9384  6.1527  0.0401
```

age	0.0239	-0.0410	0.0888	0.0324	0.4616
bp	0.1228	0.0061	0.2394	0.0583	0.0353
bgr	0.0793	0.0375	0.1210	0.0209	0.0001
bu	0.0027	-0.0558	0.0611	0.0292	0.9268
rbcc	-0.9515	-2.6587	0.7557	0.8536	0.2650
wbcc	0.0003	-0.0002	0.0007	0.0002	0.2780
hemo	-2.3239	-3.5804	-1.0675	0.6282	0.0002

两种方法之间的唯一区别是 bigglm.ffdf() 不能识别哪些预测变量是重要的,因此用户需要自己审查 p 值,并决定哪些变量低于显著性水平。同时,bigglm.ffdf() 函数可用于大型的超出内存大小的数据集。在下例中,我们将会把样例的大小扩展到 800 万甚至到 8000 万个观察值,并且你可以尝试扩展得更大。

> 此外请记住,如果你对自己的机器性能不够自信,或者说你的计算机上没有至少 20 GB 的可用硬盘空间,那么我们建议你不要运行以下代码。你可以学习如何构建并部署更强大的虚拟机,用于处理大数据。

数据大小的增加只是意味着你将不得不等待算法处理消耗更长的时间。在第一个示例中,处理时间相对较短,但是在第二个示例中,数据扩大了 10 倍,等待时间将在合理的 2~4 分钟,这取决于你的计算机的体系结构和处理能力。但是在我们对数据应用逻辑回归之前,让我们看看如何使用 ffbase 包来扩展数据。

```
> ckd.ff$id <- ffseq_len(nrow(ckd.ff))
```

第一个操作将简单地向 ckd.ff 对象附加一个新的 id 变量。现在让我们创建一个单独的 ffdf 对象,它将保存比原始文件多两万倍(或 8000 万个观察值的 20 万倍)的数据。为此,我们将使用 ffbase 包的 expand.ffgrid() 方法。

```
> system.time(big.ckd.ff <- expand.ffgrid(ckd.ff$id, ff(1:20000)))
```

创建一个新的包含 80 万行的 ffdf 数据帧只需要两秒,包含 8000 万个观察值则需要约 27 秒。为了扩展原始数据,我们只需要通过公共变量(id)将这个新创建的数据帧与 ckd.ff 对象合并即可。因此,我们首先需要重命名包含 800 万个观察值的 big.ckd.ff 中的列,将 Var1 列重命名为 id。

```
> colnames(big.ckd.ff) <- c("id","expand")
> big.ckd.ff <- merge.ffdf(big.ckd.ff, ckd.ff, by.x="id", by.y="id",
all.x=TRUE, all.y=FALSE)
```

ffdf 对象的合并需要一些时间。在本例中处理 800 万行花费了 29 秒，当我们将数据合并到 8000 万个案例的时候花费了 227 秒（即 3 分钟 47 秒）。在此阶段，你可能同时想知道生成早 fftempdir 目录下的原始 ff 文件发生了什么。所有文件都变大了很多，事实上，big.ckd.ff 数据帧在 800 万行的时候映射了 1.16GB 的源数据，在 8000 万行的时候映射了 11.62GB 的源数据。在合并的过程中，R 会话使用的内存值增加到了 700MB（在之前的计算和数据处理中，R 会话已经需要使用 500 到 600MB 的内存了）。这个示例侧面证明了 ff 和 ffbase 方法很适合处理大于内存 10 倍量的数据。

最终，我们做好了对大数据进行逻辑回归的准备了，我们对只有 400 个观测值的 ffdf 对象进行处理。

```
> model2 <- bigglm.ffdf(class ~ age + bp + bgr + bu + rbcc + wbcc + hemo,
data = big.ckd.ff, family=binomial(), na.action = na.exclude)
> summary(model2)
Large data regression model: bigglm(class ~ age + bp + bgr + bu + rbcc +
wbcc + hemo, data = big.ckd.ff, family = binomial(), na.action =
na.exclude)
Sample size =   8000000
failed to converge after 8   iterations
                Coef    (95%     CI)     SE p
(Intercept) 12.6330 12.5460 12.7200 0.0435 0
age          0.0239  0.0234  0.0243 0.0002 0
bp           0.1228  0.1219  0.1236 0.0004 0
bgr          0.0793  0.0790  0.0796 0.0001 0
bu           0.0027  0.0023  0.0031 0.0002 0
rbcc        -0.9515 -0.9635 -0.9394 0.0060 0
wbcc         0.0003  0.0003  0.0003 0.0000 0
hemo        -2.3239 -2.3328 -2.3150 0.0044 0
```

该工程处理 ffdf 对象大约需要花费 181 秒，但是如果处理包含 8000 万个用例的大数据就需要消耗大约 1920 秒（即 32 分钟）。尽管使用 bigglm.ffdf() 方法获得逻辑回归模型参数不是世界上最快的处理方法，但是它只消耗极少的（100MB～200MB）的内存资源，不管数据源的大小。通过 bigglm.ffdf() 方法估计逻辑回归系数处理速度很慢。ffbase 包的另一个缺点（目前版本依然存在）是，对于大 ffdf 对象而言，它不显示每个预测变量的 p 值，全部都设置为零。

显示调用搜索预测变量的特定值（如 age 变量）也没用。

```
> summary(model2)$mat[2,]
         Coef           (95%           CI)            SE
```

```
0.02387827036 0.02373321074 0.02402332998 0.00007252981
              P
0.00000000000
```

在一系列 Fisher 评分迭代（Fisher scoring iterations）之后，还存在一个已知的模型收敛问题。当你查看前面的输出时，你应该注意到了一个警告信息，指出它在经历 8 次迭代后没有收敛。不幸的是，ffbase 或 biglm 软件包的文档并未解释如何为不同大小的数据和预测变量的类型设置正确的 maxit 参数。这被称为 hit-and-miss 事件。根据我的经验，可以调整 bigglm.ffdf() 函数的 chunksize 参数——通常数据越大，数值设置就越大（默认设置为5000）。下例展示了在 800 万大小的数据集上运行 bigglm.ffdf() 命令的实现，处理时间增长到了 706 秒（几乎是之前的 4 倍）。

```
> model2 <- bigglm.ffdf(class ~ age + bp + bgr + bu + rbcc + wbcc + hemo,
data = big.ckd.ff, family=binomial(), na.action = na.exclude, sandwich =
TRUE, chunksize = 20000, maxit = 40)
> summary(model2)
Large data regression model: bigglm(class ~ age + bp + bgr + bu + rbcc +
wbcc + hemo, data = big.ckd.ff,
    family = binomial(), na.action = na.exclude, sandwich = TRUE,
    chunksize = 20000, maxit = 40)
Sample size =  8000000
              Coef    (95%    CI)     SE p
(Intercept) 12.6369 12.5332 12.7406 0.0518 0
age          0.0239  0.0235  0.0243 0.0002 0
bp           0.1228  0.1223  0.1233 0.0002 0
bgr          0.0793  0.0789  0.0796 0.0002 0
bu           0.0027  0.0023  0.0030 0.0002 0
rbcc        -0.9519 -0.9589 -0.9448 0.0035 0
wbcc         0.0003  0.0003  0.0003 0.0000 0
hemo        -2.3247 -2.3375 -2.3118 0.0064 0
Sandwich (model-robust) standard errors
```

一个很好的折中方案是增加 chunksize 同时降低 Fisher 迭代的最大值，并且完全不适用 sandwich 参数。重要提醒，增大 chunksize 可能会增加内存的使用，所以当你调整 bigglm.ffdf() 方法的参数时，确保找到一个正确的平衡。以下代码处理约 800 万行数据需要花费 3 分钟（处理 8000 万行的数据约要 30 分钟），并且没有抛出警告。

```
> model2 <- bigglm.ffdf(class ~ age + bp + bgr + bu + rbcc + wbcc + hemo,
data = big.ckd.ff, family=binomial(), na.action = na.exclude, chunksize =
100000, maxit = 20)
> summary(model2)
Large data regression model: bigglm(class ~ age + bp + bgr + bu + rbcc +
```

```
wbcc + hemo, data = big.ckd.ff,
    family = binomial(), na.action = na.exclude, chunksize = 100000, maxit
= 20)
Sample size =  8000000
                 Coef    (95%     CI)      SE p
(Intercept) 12.6369 12.5489 12.7249 0.0440 0
age          0.0239  0.0234  0.0244 0.0002 0
bp           0.1228  0.1220  0.1236 0.0004 0
bgr          0.0793  0.0790  0.0796 0.0002 0
bu           0.0027  0.0023  0.0031 0.0002 0
rbcc        -0.9519 -0.9641 -0.9396 0.0061 0
wbcc         0.0003  0.0003  0.0003 0.0000 0
hemo        -2.3247 -2.3337 -2.3156 0.0045 0
```

总体来说，ff/ffdf 方法允许对比内存大 10 倍的数据集进行简单的数据操作和灵活的数据聚合。数据可以很方便地转换成标准 data.frame 对象以便后续处理、分析或可视化。ffbase 包扩展了基础 ff 包的功能，并以 bigglm.ffdf() 方法提供了几个非常有用的描述性统计信息、甚至更复杂的分析。ff/ffdf 方法的显著缺点是，因为数据是在硬盘中处理的，处理速度通常很慢，不过这也是在单机的 R 中处理大于内存大小的数据的最好的折中方案了。

在 3.2.3 节中我们将介绍另一种方法，使用 bigmemory 包及其扩展包处理大于内存大小的数据。

3.2.3 使用 bigmemory 包扩展内存

如前文所述，使用 read.table() 族的方法将数据导入 R 是受限于内存的。事实上，我们总是需要额外的内存资源用于后续的数据处理，以及创建的进程中的其他 R 对象。使用 read.table() 方法还意味着多消耗掉源数据大小的 30%～100%，这意味着如果要导入 1GB 大小的文件到 R 工作空间中，需要消耗大约 1.3GB～2GB 的内存才行。

幸运的是，你已经知道了如何使用 ff/ffdf 方法来处理大数据了。而由 Michael J. Kane 和 John W. Emerson 所写的 bigmemory 包，提供了另一个替代解决方案，不过需要一提的是，它并不是完美无缺的，本节将会指出它的一些缺点和局限。通常，bigmemory 通过将 S4 类对象（矩阵）分配给共享内存以及使用内存映射文件等方式，加快数据导入、处理和分析的速度。它还提供一个 C++ 的框架用于开发相关工具和方法，可以实现更快的处理速度和内存管理。这一切听起来都不错，但有一点必须立即警告你的是，bigmemory 包只支持矩阵，从第 1 章我们得知矩阵只能容纳同种类型的数据。因此，如果你的数据集包含各种类型的数据，例如字符、数字或逻辑变量等，就不能在 bigmemory 中同时处理了。不过，我们有几种方法可以处理这个问题。

1．使用特定的方法挖掘和收集数据，使输出全部为数值型（并在必要时将标签或向量保存在单独的文件中）。

2．如果你的原始数据集小于内存大小，就使用 read.table() 导入数据，或者更好的方法是使用 data.table 包（本章稍后将会讲述），并将数据转换为纯数值型。

3．对于超出内存大小的数据，使用 ff 包，将变量类型转换为数值类型，并将输出数据存储到磁盘的另一个文件中。

以上列表并没有包含所有相关的方法，不过依个人的经验，我较常使用以上 3 种方法。现在让我们使用第二种方法，为 bigmemory 包导入和进一步处理准备数据。

我们将使用英国能源与气候部提供的一个叫作国家能源效率的数据——框架（NEED）的有趣的政府数据集。使用的数据集和文档文件可以从 https://www.gov.uk/government/statistics/national-energy- efficiency-data-framework-need-anonymised-data-2014 下载到。我们将要使用的公共可用文件非常小（7.8MB），因为它只包含了 49815 条典型样本记录，不过我们鼓励你在一个更大的拥有 4086448 条数据的样本（可以从英国数据服务 https://discover.ukdataservice.ac.uk/catalogue/?sn=7518 上获取）上测试你的 R 代码。简而言之，数据包含了 2005 年～2012 年的年度电力和天然气消耗情况、能源效率特征和英国家庭的社会人口统计信息。

一旦你将数据保存到了你的目录，你就可以通过标准的 read.csv() 命令导入公共使用文件了。

```
> need0 <- read.csv("need_puf14.csv", header = TRUE, sep = ",")
> str(need0)
'data.frame':   49815 obs. of  50 variables:
 $ HH_ID      : int  1 2 3 4 5 6 7 8 9 10 …
 $ REGION     : Factor w/ 10 levels "E12000001","E12000002",..: 7 2 2 5
3 7 6 5 7 3 ...
```

```
 $ IMD_ENG       : int  1 4 4 1 1 2 3 5 4 2 ...
...#output truncated
```

注意，我们的数据包含了一些分类变量（向量）。你可以使用以下代码段为所有变量提取类信息。

```
> classes <- unlist(lapply(colnames(need0), function(x) {
+     class(need0[,x])
+ }))
> classes
 [1] "integer" "factor"  "integer" "integer" "integer" "factor"
 [7] "integer" "factor"  "integer" "factor"  "integer" "factor"
```

根据类对象给出的信息，我们可以选出数据类型为向量的数组下标，并使用该信息用for() 循环语句将之全部转换为整数。

```
> ind <- which(classes=="factor")
> for(i in ind) {need0[,i] <- as.integer(need0[, i])}
> str(need0)
'data.frame':   49815 obs. of   50 variables:
 $ HH_ID         : int  1 2 3 4 5 6 7 8 9 10 ...
 $ REGION        : int  7 2 2 5 3 7 6 5 7 3 ...
 $ IMD_ENG       : int  1 4 4 1 1 2 3 5 4 2 ...
...#output truncated
```

现在可以将need0 data.frame 输出到硬盘的一个外部文件中，可以使用来自 bigmemory 包的 read.big.matrix()将其重新导入。

```
> write.table(need0, "need_data.csv", sep = ",",
+             row.names = FALSE, col.names = TRUE)
> need.mat <- read.big.matrix("need_data.csv", header = TRUE,
+                             sep = ",", type = "double",
+                             backingfile = "need_data.bin",
+                             descriptorfile = "need_data.desc")
> need.mat
An object of class "big.matrix"
Slot "address":
<pointer: 0x108b5cb00>
```

这里的 read.big.matrix()方法调用了两个有用的参数：backingfile 和 descriptorfile。前者负责将源数据存入磁盘，后者管理所有描述数据的源数据（例如名字）。通过将输出对象和磁盘数据存储相映射，可以允许用户导入大型的、超出内存大小的数据到 R 中，或者在需要的时候缓存一个 big.matrix 并且不需要完整地重新读入整个数据。如果你没有设置这两个参数，bigmemory 包也依然会导入文件，不过，数据将不再以回导的方式导入，因此整个数据导入过程将会需要很长时间。在下例中可以很容易感受到这种差异，我们将比较使用与不使用 backingfile 和 descriptorfile 以及参数的两种情况下，使用 read.big.matrix() 和标准的 read.csv() 方法导入超过 400 万条数据所花费的时间和所需内存大小的差别。我们保证每次实验都重新打开 R 会话并保证同样的内存使用量。

```
> gc()
         used (Mb) gc trigger (Mb) max used (Mb)
Ncells 431186 23.1     750400 40.1     592000 31.7
Vcells 650931  5.0    1308461 10.0     868739  6.7
```

第一个比较实验包含以下指令。

```
> need.big1 <- read.big.matrix("need_big.csv", header = TRUE,
+                    sep = ",", type = "double")
```

创建 need.big1（一个仅 664Byte 的 big.matrix 对象）花费了 102 秒。内存使用量没有显著提升。指令结束后并没有在工作目录生成任何文件。

第二个实验使用了 backingfile 和 descriptorfile 参数，如下所示。

```
> need.big2 <- read.big.matrix("need_big.csv", header = TRUE,
+                    sep = ",", type = "double",
+                    backingfile = "need_big.bin",
+                    descriptorfile = "need_big.desc")
```

和第一个实验一样，新生成的 big.matrix 只有 664bit，内存使用量没有显著变化。同样花费了 102 秒来导入数据，不过在工作目录中出现了两个新文件，分别为 backingfile 和 descriptorfile。前者大小为 1.73GB，而后者仅包含 1KB 的元数据。本次实验的第二步涉及使用 attach.resource() 或者 attach.big.matrix() 方法将使用引用的 big.matrix 附加到描述文件中。

```
> rm(list=ls())
> need.big2b <- attach.big.matrix("need_big.desc")
```

该操作只需要 0.001 秒，可见 backingfile 和 descriptorfile 的缓存功能是多么有用，特别是当你需要在短时间内多次导入一份数据，或者在并行的 R 会话中多次导入时。

第三个实验使用标准 read.csv() 方法实现和前两个实验同样的功能。如下所示。

```
> need.big3 <- read.csv("need_big.csv", header = TRUE,
+                                       sep = ",")
```

不出所料，该语句是 3 个实验中占用内存资源最多的，创建了一个 841.8MB 大小的 data.frame 对象，并在此过程中使用了大量的 RAM。

```
> gc()
             used   (Mb) gc trigger    (Mb)   max used    (Mb)
Ncells     447877   24.0    3638156   194.3    4541754   242.6
Vcells  113035196  862.4  356369969  2718.9  354642630  2705.8
```

R 也花费了近 191 秒完成这项工作，比之前的步骤所耗时间都长得多。获胜者是显而易见的，你可以按需选择 read.big.matrix() 的带缓存或者不带缓存的实现。我个人倾向于使用 backingfile 和 descriptorfile 来创建缓存以防需要再次导入 big.matrix。尽管它需要相当大的硬盘空间，但是它节省了大量的时间，特别是当你处理一个 GB 级别大小的数据集的时候。但是读写大矩阵并不是 bigmemory 包的唯一卖点，该库还可以完成相当多令人印象深刻的数据管理和分析任务。第一步，你可以对 big.matrix 使用泛型函数，例如 dim()、dimnames()或 head()等。

```
> dim(need.mat)
[1] 49815    50
> dimnames(need.mat)
[[1]]
NULL
[[2]]
 [1] "HH_ID"          "REGION"          "IMD_ENG"
 [4] "IMD_WALES"      "Gcons2005"       "Gcons2005Valid"
 [7] "Gcons2006"      "Gcons2006Valid"  "Gcons2007"
[10] "Gcons2007Valid" "Gcons2008"       "Gcons2008Valid"
... #output truncated
> head(need.mat)
     HH_ID REGION IMD_ENG IMD_WALES Gcons2005 Gcons2005Valid
[1,]     1      7       1        NA     35000              5
[2,]     2      2       4        NA     19000              5
[3,]     3      2       4        NA     22500              5
[4,]     4      5       1        NA     21000              5
[5,]     5      3       1        NA        NA              3
[6,]     6      7       2        NA        NA              4
...#output truncated
```

describe()方法可以打印后备文件的相关描述，和由 descriptorfile 参数创建的文件内容一样。bigmemory 也实现了一些类似于 ncol() 和 nrow() 的基本方法。但是更多的描述性统计和更正统的建模，则由 bigmemory 的两个处理大矩阵的补充包 bigtabulate 和 biganalytics 提供。你可以通过 bigtable() 和 bigtabulate() 指令（基本的 table() 方法也可以）轻松获取列联表。示例代码如下。

```
> library(bigtabulate)
> library(biganalytics)
> bigtable(need.mat, c("PROP_AGE"))
   101    102    103    104    105    106
13335   7512   8975   9856   5243   4894
> bigtabulate(need.mat, c("PROP_AGE", "PROP_TYPE"))
       101  102  103  104  105  106
101  1506 2787 1514 5192  320 2016
102   815 3854  605  995  623  620
103   856 3084  697 1134 1641 1563
104  1737 1790  861 1344 1721 2403
105  1439  760  388  550  589 1517
106  1557  704  465  642  261 1265
```

如上所示，我们首先获得特定年龄段（PROP_AGE 变量）的属性的频率表，然后获取特定年龄段（PROP_AGE）与属性类型（PROP_TYPE）的列联表。

诸如 summary() 或 bigtsummary() 此类的方法允许用户以其他变量为条件，计算相关变量或者表格的基本表属性统计。

```
> summary(need.mat[, "Econs2012"])
   Min. 1st Qu.  Median    Mean 3rd Qu.    Max.    NA's
    100    2100    3250    3972    4950   25000     102
> sum1 <- bigtsummary(need.mat, c(39, 40), cols = 35, na.rm = TRUE)
> sum1[1:length(sum1)]
[[1]]
     min   max    mean       sd NAs
[1,] 100 25000 6586.7 4533.779  21
[[2]]
     min   max     mean       sd NAs
[1,] 100 25000 5513.041 3567.643   6
[[3]]
     min   max     mean       sd NAs
[1,] 100 25000 5223.626 3424.481   1
...#output truncated
```

在第一次调用中我们只打印了简单表述 2012 年度总用电量的统计数据，而在第二次调用中，我们获取了每个交叉因素水平的描述性统计：属性、年龄和菜场类型，使用变量的索引而不是它们的名字，并使用了更多的状态函数，例如 colmean()、colsum()、colmin()、colmax()、colsd()和 biganalytics 提供的更多的函数。

bigmemory 的方法也可以执行"切分再组合"（split-apply-combine）类型的操作，类似于 Hadoop 中知名的 MapReduce（第 4 章中将会有详细的介绍）。例如，我们可能要切分 2012 年的电力消耗（Econs2012），然后使用 sapply()方法计算每个频段的平均电力消耗。

```
> need.bands <- bigsplit(need.mat, ccols = "EE_BAND", splitcol =
"Econs2012")
> sapply(need.bands, mean, na.rm=TRUE)
        1        2        3        4        5        6
2739.937 3441.517 3921.660 4379.745 5368.460 5596.172
```

执行该方法只需要 1 秒，仅使用 68MB 的内存。而同样的任务，如果运行在大 big.matrix 中，则需要消耗超过 400 万秒。

此外，bigmemory 还可以运行更复杂的建模工作，例如通过其 bigglm.big.matrix() 方法（利用以前介绍的 Thomas Lumley 的 biglm 包）和内存高效 k-均值聚类的广义线性模型 bigkmeans()方法。在下面代码段中，我们将尝试从多个预测变量中预测 2012 年的用电量的多元线性回归。

```
> library(biglm)
> regress1 <- bigglm.big.matrix(Econs2012~PROP_AGE + FLOOR_AREA_BAND +
CWI_YEAR + BOILER_YEAR, data = need.mat, fc = c("PROP_AGE",
"FLOOR_AREA_BAND"))
> summary(regress1)
Large data regression model: bigglm(formula = formula, data =
getNextDataFrame, chunksize = chunksize,
    ...)
Sample size =  49815
                      Coef       (95%        CI)        SE
(Intercept)       10547.0626 -7373.4056 28467.5307 8960.2341
PROP_AGE102        -119.0011  -196.1487   -41.8535   38.5738
PROP_AGE103        -139.3637  -212.7222   -66.0052   36.6792
PROP_AGE104        -127.8420  -201.2732   -54.4109   36.7156
PROP_AGE105        -285.7916  -375.4228  -196.1605   44.8156
PROP_AGE106        -269.9347  -441.3419   -98.5275   85.7036
FLOOR_AREA_BAND2   1041.7280   967.8755  1115.5806   36.9263
FLOOR_AREA_BAND3   1966.9689  1888.4783  2045.4594   39.2453
```

```
FLOOR_AREA_BAND4    3676.7904    3571.4992    3782.0816      52.6456
CWI_YEAR              10.7261       4.6191      16.8331       3.0535
BOILER_YEAR          -14.8711     -22.2074      -7.5348       3.6681
                          P
(Intercept)          0.2392
PROP_AGE102          0.0020
PROP_AGE103          0.0001
PROP_AGE104          0.0005
PROP_AGE105          0.0000
PROP_AGE106          0.0016
FLOOR_AREA_BAND2     0.0000
FLOOR_AREA_BAND3     0.0000
FLOOR_AREA_BAND4     0.0000
CWI_YEAR             0.0004
BOILER_YEAR          0.0001
```

　　根源原本的值标签，该函数允许我们指定哪些预测变量是因变量（Thomas Lumley 的 fc 参数）。其实现是相当高效的，运行时间为 22 秒，仅使用了 70MB 的内存，处理了超过 400 万个案例的数据集。

　　还有两个包也是 bigmemory 项目的一部分。bigalgebra 库，顾名思义，允许在 big.matrix 对象上进行矩阵代数运算；而 synchronicity 包提供一组支持互斥的同步函数，因此可以用于多线程进程。由 Nicholas Cooper 创建和维护的名为 bigpca 的包在 big.matrix 对象上提供快速可扩展的主成分分析（PCA）和奇异值分解（SVD）。它还支持 apply 方法的多核实现（通过 bmcapply 方法）和方便的部署。可以通过使用描述文件的引用快速导入文件，举例如下。

```
> need.mat2 <- get.big.matrix("need_data.desc")
> prv.big.matrix(need.mat2)
Big matrix with: 49815 rows, 50 columns
 - data type: numeric
Loading required package: BiocInstaller

     colnames
  row#        HH_ID    REGION .....  BOILER_YEAR
     1            1         7 ...              NA
     2            2         2 ...              NA
     3            3         2 ...            2004
  ....          ...       ... ...             ...
 49815        49815         2 ...            2010
```

bigpca 包还可以方便地对大矩阵进行子集化操作，举例如下。

```
> need.subset <- big.select(need.mat2, select.cols = c(35, 37:50),
+                              pref = "sub")
> prv.big.matrix(need.subset)
Big matrix; 'sub.RData', with: 49815 rows, 15 columns
  - data type: numeric
Loading required package: BiocInstaller
     colnames
  row#    Econs2012    E7Flag2012    .....    BOILER_YEAR
     1         6300            NA    ...               NA
     2         3000            NA    ...               NA
     3         4700            NA    ...             2004
  ....          ...           ...    ...              ...
 49815         2200            NA    ...             2010
```

big.select() 方法可以很方便地创建在 pref 参数中指定名称的 RData、回滚文件以及描述文件。big.matrix 对象上的主成分分析和奇异值分解分别可以通过 big.PCA() 和 svd() 方法实现。由于这些方法超出了本书的讲解范围，请按照帮助文件和 bigpca 包的指导手册中提供的示例学习使用。

通常，bigmemory 方法可以对大矩阵（或者更大的超出内存大小的）进行快速的、使用较少内存的管理和处理。唯一严重的限制来自于 R 的数据结构中的矩阵类型只能同时支持一种类型的数据。如果原始数据集包含各种数据类型的数据并且大于内存可用大小，则将不同类型转换为单一类型的唯一方法是使用 ff 包或者将数据首先挪到一个足够大的服务器或数据库中，最终将满足格式的处理过了的数据导入到 R 中。不过，一旦这初始步骤完成后，bigmemory 包族就提供了令人印象相当深刻的数据操作和处理函数。这些可以通过由一些 R 包提供的多核支持进行进一步的扩展和加速，并支持并行计算。

3.3　R 的并行

在本节中，我们将会向你介绍 R 的并行性概念。更准确地说，我们将在这里完整而集中地展现用于并行计算的显式方法，用户可以在单台机器上控制并行化操作。在第 4 章中你将会学习更多关于 R 中的 MapReduce 方法（通过 HadoopStreaming、Rhipe 和 RHadoop 包）用于分布式文件系统（如 Hadoop 文件系统）的并行抽象。

> 在 R 中使用并行计算的动机来自一个简单的事实，很多数据处理操作往往非常相似，其中一些非常耗时，特别是在大型数据集上使用 for 循环或计算具有多个不同参数的模型时。
>
> 一个处理并行问题的方法运行时长，应当分散在多个核中，减少处理时长，使得处理时间在可接受的几分钟内。在 R 中对数据操作任务进行并行处理的另一个原因是大多数当前可用的、商业销售的 PC 设备都有多个 CPU。
>
> 然而，默认情况下 R 只是用一个核。因此，需要充分使用 PC 的计算能力，迫使 R 将一些工作交给其他核进行操作。
>
> 此外，许多云计算解决方案可以从多核中受益，使得算法更快地完成。

有很多很好的在线资源详细介绍了 R 的并行计算。其中之一就是 CRAN 任务视图，相当于一种高性能计算，该任务视图罗列了支持 R 的并行性的所有主要包，并提供了有关其最基本功能的简要说明。

通过 CRAN 可以访问这些包的手册、周边和教程，深入了解其功能和使用语法的细节。由 Q. Ethan McCallum 和 Stephen Weston 编写的简洁易懂的 *Parallel R* 一书讲解了大部分流行的 R 的并行软件包。

3.3.1 从 bigmemory 到更快的计算

首先，让我们回顾一下。在上节中我们运行了一些 bigmemory 方法以帮助我们充分利用内存。该库还包含了一些为 S4 类的对象专门优化的有用的函数，并提供快速计算，例如 colmean()、colrange() 等。在本节中，我们将会通过使用支持并行性的几种方法和 R 包来比较这些函数以及它们的并行性扩展的性能。

为了方便测试，我们将会计算之前用过的国家能效数据集（NEED）的大数据量版本（超过 400 万行）的每列的平均值（在这个阶段，变量是定性的还是定量的是不重要的，这里的算术平均值也是没有实际意义的，我们只是用来比较这些函数的性能而已）。如果你愿意的话，你可以用本书网站上提供的较小样例文件来运行脚本，不过不要期望会有明显的性能变化，因为数据集的大小已经固定了。

如果你在较小样本上运行了以下代码,请确保使用描述
文件 need_data.desc 而不是 need_big.desc。或者,你可
以使用完整的数据集并创建一个 big.matrix 对象,这时
就需要使用 need_big.desc 了。

我们将从 bigmemory 的方法开始,将其设置为本次比较的基准值。如前所述,你可以
使用表述文件将数据快速导入 R,然后使用 biganalytics 包的 colmean() 方法来计算每列的
平均值。

```
> library(bigmemory)
> library(biganalytics)
> need.big.bm <- attach.resource("need_big.desc")
> meanbig.bm1 <- colmean(need.big.bm, na.rm = TRUE)
> meanbig.bm1
            HH_ID          REGION         IMD_ENG         IMD_WALES
  2043224.500000        5.664102        2.907485          2.793685
          FP_ENG    EPC_INS_DATE        Gcons2005    Gcons2005Valid
        7.839505        1.738521    17704.752048          4.620305
...#output truncated
```

在我的计算机上运行以上代码花费了 6.22 秒。在之后的示例中,我们将会回顾其他更
优化的方法,包括支持并行性的选定函数。

3.3.1.1　在 big.matrix 对象上使用 apply()函数

你还可以通过使用 biganalytics 包的 apply() 方法来获得同样的输出。biganalytics 的
apply() 函数是在基本的 R 的 apply() 函数基础上的又一层封装,额外增加了对 big.matrix
类型的 S4 类对象的支持。除了这个微小的差别,两者的功能是相通的。由于 big.matrix 对
象是一个自定义数据结构,apply() 函数处理从 S4 类中抽取数据的内存相关的处理方式有
所不同,因此我们可以想见该方法运行速度比 colmean() 要慢。

```
> meanbig.bm2 <- apply(need.big.bm, 2, mean, na.rm=TRUE)
> meanbig.bm2
            HH_ID          REGION       IMD_ENG       IMD_WALES
  2043224.500000        5.664102      2.907485        2.793685
          FP_ENG    EPC_INS_DATE      Gcons2005  Gcons2005Valid
...#output truncated
```

整个处理过程需要花费 8.21 秒,即比 colmean()方法慢差不多两秒。

apply()方法族

对于那些不熟悉 apply() 方法族的人而言，这可能是个好时机，可以暂停阅读本书，并详细地了解这个简单但是直击重点的 apply()方法。一般来说，apply()方法可以节省大量宝贵的数据处理的时间，并且不需要编写循环来计算数据结构的每一行、每一列或者其他维度。

3.3.1.2 在 ffdf 对象上使用 for()循环

回到我们对每列的平均值和函数表现的比较上来。让我们看看如果在这个 400 万行的 NEED 文件的导入上使用之前介绍过的 ff 包的 for()循环，性能是否有所提升。假设相关的 ffdf 对象已经在 R 环境中创建，运行以下代码。

```
> meanbig.ff <- list()
> for(i in 1:ncol(need.big.ff)) {
+ meanbig.ff[[i]] <- mean.ff(need.big.ff[[i]], na.rm=TRUE)
+}
> meanbig.ff
[[1]]
[1] 2043224

[[2]]
[1] 5.664102

[[3]]
[1] 2.907485
...#output truncated
```

在以上代码段中，我们使用了 mean.ff() 方法，它是类 ff 的一个 S3 方法，该方法从基本的 R 中的通用 mean()函数派生而来。整个 for()循环花费 7.72 秒，与在 big.matrix 对象上使用 apply()相比性能只有微弱的提高，但是它依然比使用 biganalytics 包的 colmean()方法要慢。那么我们要如何以最有效的方式提高性能呢？

3.3.1.3 在 data.frame 上使用 apply()和 for()循环

本章中大量使用 bigmemory 和 ff/ffdf 包的一个主要原因是它们可以处理直接从 R 控制台读取超出内存大小的数据的问题。但是使用自定义数据结构和源数据在磁盘上的存储映射，肯定会影响到操作的性能。对于小于内存大小的数据集而言，如果有一个合适的大型服务器，或者用一些云计算服务，你可以将数据直接导入物理内存，在创建好的数据帧对象上使用类似于 colMeans() 或者 for() 循环这样的普通方法。

```
> for(i in 1:ncol(need.big.df)) {
+   x1[i] <- mean(need.big.df[,i], na.rm = TRUE)}
> x1
[[1]]
[1] 2043224
[[2]]
[1] 5.664102
[[3]]
[1] 2.907485
...#output truncated
```

使用 for()循环和 mean()方法的组合完成本次运算花费了 5.24 秒，比之前的任何方法都快。但是过程中有一个显著地内存使用峰值，并且我们的工作空间中有了一个占很大空间的对象。不过基本的 R 中的 colMeans()方法凭借着 2.9 秒的完成时间击败了其他所有对手。

```
> x2 <- colMeans(need.big.df, na.rm = TRUE)
> x2
           HH_ID            REGION          IMD_ENG         IMD_WALES
   2043224.500000          5.664102         2.907485          2.793685
          FP_ENG      EPC_INS_DATE         Gcons2005    Gcons2005Valid
         7.839505          1.738521      17704.752048          4.620305
...#output truncated
```

然而，由于 colMeans()实际上等价于 apply()方法，所以让我们测试一下 apply()的简化版本即 sapply()是否能有同样的速度。

```
> x3 <- sapply(need.big.df, mean, na.rm = TRUE)
> x3
           HH_ID            REGION          IMD_ENG         IMD_WALES
   2043224.500000          5.664102         2.907485          2.793685
...#output truncated
```

使用 sapply() 计算所有列的平均值差不多花费 5.2 秒，比 colMeans()慢多了。我们也许可以尝试使用 parallel 包的并行性方法来优化 apply()方法的速度。

3.3.1.4 parallel 包示例

parallel 包从 2.14.0 版的 R 开始就成为了核心 R 安装的一个组成部分了。它建立在另外两个常用的 R 包基础之上以支持并行数据处理：milticore（由 Simon Urbanek 编写）和 snow

（Simple Network of Workstations，即工作站简单网络的缩写，由 Tierney、Rossini、Li 和 Sevcikova 编写）。实际上，multicore 已经停止使用并且从 CRAN 存储库中删除了，因为 parallel 包接管了其所有的必要功能。snow 包依然可以在 CRAN 上找到，在很少特定情况下依然有用。parallel 包对以上两个包的功能进行了扩展，可以更好地支持随机数生成。该包可以适用于并行不相关数据块上的重复作业，以及需要或不需要彼此通信的数据块之间的计算。

parallel 采用的计算模型类似于早期 snow 包的方法，它基于主进程（master）和工作进程（worker）之间的关系而定。该模型的细节可以在 parallel 包的 R 手册中找到。

为了执行任一并行处理作业，首先需要知道运行 R 及其上有多少个物理 CPU（或内核）。这可以由 parallel 包的 detectCores()方法实现。

```
> library(parallel)
> detectCores()
[1] 4
```

这里需要特别注意的是该方法的返回值可能不是可用逻辑内核（如在 Windows 操作系统中）的实际数量，可能是因为当前用户是多用户系统的一个受限用户。

默认情况下，parallel 包通过两种类型的套接字进行集群通信，分别是 SOCK 和 FORK。通过 makePSOCKcluster() 函数实现的 SOCK 集群是 snow 包中 makeSOCKcluster() 函数的增强实现。而 FORK 集群起源于 multicore 包，可以通过复制包含 R GUI 元素（如 R 控制台和设备）的主进程来创建多个 R 进程。其拷贝可以在大部分非 Windows R 环境中使用。其他集群可以通过 snow 包（比如 MPI 或 NWS 链接）或者使用 parallel 包中的 makeCluster()（会通过调用路径调用 snow）。在 parallel 包中，你可以使用 makePSOCKcluster() 或 makeCluster() 函数来创建 SOCK 集群。

```
> cl <- makeCluster(3, type = "SOCK")
> cl
socket cluster with 3 nodes on host 'localhost'
```

通常建议创建具有 n 个节点的集群，其中 n 等于 detectCores()-1，在本例中即为 3 个节点。此方法允许我们从多线程中收益，并且不会对可能运行并行操作的其他进程或应用造成过大的压力。

parallel 包允许通过 clusterApply()方法和从 multicore 包和 snow 包中有名的 apply()函数的并行实现（parLapply()、parSapply()和 parApply()）对集群的每个节点执行 apply()操作。

```
> meanbig <- clusterApply(cl, need.big.df, fun=mean, na.rm=TRUE)
> meanbig
[[1]]
[1] 2043224


[[2]]
[1] 5.664102
[[3]]
[1] 2.907485
```

不幸的是，clusterApply() 方法相当慢，花费 13.74 秒才完成。parSapply() 返回输出结果则快得多，用了 6.71 秒。

```
> meanbig2 <- parSapply(cl, need.big.df, FUN = mean, na.rm=TRUE)
> meanbig2
          HH_ID          REGION          IMD_ENG        IMD_WALES
2043224.500000        5.664102         2.907485         2.793685
         FP_ENG    EPC_INS_DATE         Gcons2005   Gcons2005Valid
       7.839505        1.738521      17704.752048         4.620305
```

mclapply()函数是 lapply() 的并行实现（在 Windows 上，除非 mc.cores = 1，否则不可用）。在下例中，我们将会比较不同核数下 mclapply() 的性能（mc.cores 参数从 1~4）。

```
> meanbig3 <- mclapply(need.big.df, FUN = mean, na.rm = TRUE, mc.cores = 1)
> meanbig3
$HH_ID
[1] 2043224
$REGION
[1] 5.664102
$IMD_ENG
[1] 2.907485
```

表 3-1 显示了不同 mc.cores（从 1~4）情况下同一 mclapply()表达式的平均计算时间。

表 3-1 不同 mc.cores 下 mclapply()所花时间

mc.cores	时间（秒）
1	4.71
2	4.14
3	3.51
4	3.10

很明显，内核的增加意味着更好的性能。但请注意，这是因为 mclapply()的并行实现是在同一个 GUI 下初始化多个进程的，建议不要在 R GUI 或者嵌入式环境中运行，否则你的机器（和 R 会话）可能会无响应、发生混乱甚至崩溃。对于较大的数据集，多个并行 R 会话可能会快速增加内存使用压力，因此在使用并行 apply() 族的方法时请格外小心。

一旦并行作业完成，使用以下语句关闭所有连接是个好习惯。

```
> stopCluster(cl)
```

之前提到的 parallel 包的 R 手册可以在网上下载，并且还有两个很好用且常用的应用程序包：自助法（bootstrapping）和最大似然估计（maximum-likelihood estimations）。欢迎随时查看该手册并运行给出的示例。

3.3.1.5　foreach 包示例

由 Revolution Analytics、Rich Calaway 和 Steve Weston 创作的 foreach() 软件包是 for() 循环的替代方法，但不需要明确使用循环计数器。它还通过 doParallel 后端和 parallel 包支持循环的并行执行。在本例中，对于每列数据的平均值估计，就可以用以下方式使用 foreach()。

```
> library(foreach)
> library(parallel)
> library(doParallel)
> cl <- makeCluster(3, type = "SOCK")
> registerDoParallel(cl)
> x4 <- foreach(i = 1:ncol(need.big.df)) %dopar% mean(need.big.df[,i],
na.rm=TRUE)
> x4
[[1]]
[1] 2043224

[[2]]
[1] 5.664102
[[3]]
[1] 2.907485
...#output truncated
> stopCluster(cl)
```

该程序花费 5.2 秒。第一部分创建了一个三节点的集群 c1，使用了 foreach 包和 doParallel 库（一个并行后台）的 registerDoParallel()方法。你可能注意到了上面的 foreach()语句包含了一个不太常见的语法片段%dopar%，它是一个二进制运算符，在由 foreach 对象创建的环境中并行计算 R 表达式（mean 等）。如果希望每次调用顺序都相同，可以使用%do%操作符。事实上，这两个实现返回均值计算的结果的时间是差不多的，不过实际完成时间取决于具体的计算和使用的框架。foreach() 函数包含许多其他有用的设置。例如，你可以将输出成向量、矩阵或者使用 .combine 参数自定义的其他形式。在下面的代码段中，我们使用带有%do%运算符和 .combine 参数的 foreach()方法来连接这些值（即将它们组合成向量）。

```
> x5 <- foreach(i = 1:ncol(need.big.df), .combine = "c") %do%
mean(need.big.df[,i], na.rm=TRUE)
> x5
[1] 2043224.500000        5.664102        2.907485        2.793685
[5]        7.839505        1.738521    17704.752048        4.620305
[9]    17012.460418        4.641852    16457.487437        4.662537
...#output truncated
```

foreach 包对于 R 社区而言依然是全新的，在接下来的几个月内会添加更多的功能。Steve Weston 的关于 foreach 包的使用指南包含了几个简单的、几个稍微复杂的包含 foreach()方法可以设置的特定参数（和值）的应用。

3.3.2 未来的 R 并行处理

之前我们介绍了一些单机的 R 的并行计算的基本知识。R 可能不是并行化操作的理想解决方案，但是一些新方法可能会改变 R 实现并行化的方式。

3.3.2.1 使用 R 的图形处理单元

图形处理单元（GPU）是专门用于在高计算要求的任务中高效和快速进行内存管理的专用高性能电子电路，诸如图像和视频渲染、动态游戏和模拟（3D 或虚拟）等。虽然它们在一般计算中很少使用，但越来越多的研究人员在处理重复执行的多参数并行任务时受益于 GPU 的加速。GPU 的主要缺点在于其通常不支持在单机上进行大数据分析，因为它们对内存的访问能力有限。其次，它取决于人们对大数据的定义以及大数据处理中依赖的现存框架。然而与使用标准 CPU 的并行作业相比，通过 GPU 的并行计算速度平均可以快 12 倍。制造 GPU 最大的公司是英特尔、NVIDIA 和 AMD，如果你自己组装过电脑，或者玩过一些电脑游戏，你可能会熟悉它们的产品。

R 还支持通过 GPU 进行并行计算，但如果你的计算机只配备了一个领先的 GPU（例如 NVIDIA CUDA），那你最多也就只能充分利用这一个设备。如果你拥有不止一个的话，就可以很便宜地创建一个云计算集群，例如亚马逊弹性计算云（EC2）就包含图形处理单元。

由于 GPU 需要额外编程，因此很多 R 用户可能会对此配置感到很头疼，别担心，有几个很方便兼容 CUDA 型 GPU 的 R 包。其中之一就是由 Buckner、Seligman 和 Wilson 编写的 gputools。该包需要最新版本的 NVIDIA CUDA 工具包，包含一组 GPU 优化的统计方法，例如（但不限于）拟合广义线性模型（gpuGlm() 函数）、执行向量的层次聚类（gpuHclust()）、计算向量的距离（gpuDist()）计算 Pearson 或 Kendall 相关系数（gpuCor()）和估计 t 检验（gpuTtest()）。

gputools 包还可以通过 CULA Tools 扩展实现 fastICA 算法（由赫尔辛基大学的 Aapo Hyvarinen 教授创建的快速独立分量分析算法，fastICA 是 *Fast Independent Component Analysis* 的缩写），用于 GPU 支持的并行计算线性代数库的集合。

除了 gputools 外，R 包还提供了 OpenCL（一个用于操作各种 CPU、GPU 和其他加速其设备的异构计算平台的编程语言框架）的接口。由 Simon Urbanek 开发和维护的 OpenCL 包允许 R 用户识别和检索 OpenCL 设备列表，并执行直接从 R 控制台为 OpenCL 编译的内核代码。

另外，由 Charles Determan Jr. 创建和维护的 gpuR 软件包通过为用户提供现成的定制 gpu 和 vcl 类来简化此任务，这些 gpu 和 vcl 类用于常用 R 数据结构（如矢量或矩阵）的封装。在没有任何 OpenCL 的预备知识的情况下，R 用户可以通过 gpuR 包容易地执行许多统计方法，例如估计行和列之和以及算术平均值，比较 gpu 向量和向量对象的元素，计算 gpu 矩阵和 vcl 矩阵的协方差和交叉积、距离矩阵估计、特征值计算等。

CRAN 高性能计算任务

CRAN 网站列出了一些更专门的 R 程序包，它们支持 GPU 加速。然而其中没有提及 rpud 包，由于维护问题，它于 2015 年 10 月下旬从 CRAN 删除。该包在执行几种 GPU 优化的统计方法（如分层聚类分析和分类任务）方面相当成功。

尽管它在 CRAN 上不可用，但是其最新版本可以从开发人员的网站 R Tutorial 网站下载，该网站包含了 rpud 包关于 GPU 加速函数的许多实际应用。此外，NVIDIA CUDA Zone（由 CUDA 开发人员运行的博客）提供了关于使用 R 和云计算实现相关 rpud 方法的非常好的教程。

3.3.2.2　使用 Microsoft 开放式分布 R 的多线程

微软在 2015 年夏季收购了 Revolution Analytics，向 R 社区发出了一个清晰的信号。著名的雷德蒙德的技术巨头很快将重新打包已经够好的、大数据友好的 Revolution R Open（RRO）分布，通过为其提供更强大的功能。在编写本章时，基于以前的 RRO 版本的 Microsoft

R Open（MRO）只发行了几天，不过已经很激励 R 用户激励。不幸的是，它太新了，不能在本书中介绍，因为它需要相当广泛的测试来评估微软的 MRO 所声称的功能是否都有效。

据 MRO 开发者所说，Microsoft R Open 提供了访问多线程数学内核库（Math Kernel Library，MKL）的能力，大大提高了 R 计算在数学和统计计算的能力。图表和性能基准的比较通过 Microsoft R Application Network 网站可以清楚地看到，MRO 即使在只有一个内核的情况下也可以显著提高各种操作的计算速度。与从 CRAN 获得的分布式 R 相比，配备四核的 MRO 的运行速度高达 48 倍（在矩阵乘法的表现上）。根据性能测试期间使用的算法类型，Microsoft RO 分布式在矩阵计算和矩阵函数两方面表现优异，这些都是 MRO 记录下来的最大的性能提升。而用于循环、递归或控制流的编程能力上通常与 CRAN R 的执行速度相同，Microsoft R Open 仅支持 64 位 Windows 7.X、Linux（包括 Ubuntu、CentOS、Red Hat、SUS 等）和 Mac OS X（10.9+）这几个操作系统。

3.3.2.3 使用 H2O 和 R 进行并行机器学习

在本节中我们会简单介绍 H2O，这是一个用于并行的大数据机器学习算法的快速可扩展平台。该平台还为 R 提供 h2o 软件包支持，该软件包由 Aiello、Kraljevic 和 Maj 编写，由 H2O.ai 团队的实际开发人员提供。这为 H2O 开源 ML 引擎提供了一个接口。在此我们只是稍做提及，具体讨论和一系列实战教程将会在第 8 章中介绍。

3.4 使用 data.table 包和其他工具提高 R 性能

以下两节将介绍几种提高 R 处理数据的速度的方法。大多数使用了出色的 data.table 包，可以进行快速的数据转换。在本节的最后，我们还会指导你寻找其他更详细的阐述如何更快更好优化 R 代码的资源。

3.4.1 使用 data.table 包快速数据导入和操作

本章致力于介绍 R 中优化和快速数据处理。我们需要花费几页来介绍一个极为高效和灵活的包——data.table。该包由 Dowle、Srinivasan、Short 和 Lianoglou 开发，由 Saporta 和 Antonyan 进一步开发，使得原始的 R data.table 概念向前迈了一大步。自从它发布到社区之后，R 开发者们的生活都变得更加简单了。

data.table 库提供了非常快速的子集化、链接、数据转换和聚合功能，并且增强了快速日期提取和数据文件导入功能。不止于此，它还有如下诸多卖点。

（1）方便且容易链接的数据操作。

（2）主键设置功能允许超快的聚合。

（3）data.table 和 data.frame 之间的平滑过渡，即如果它找不到 data.table 方法的话，就会使用基本 R 的表达式并作用在 data.frame 上，所以用户不需要显示转换数据结构。

（4）容易学习，语法自然。

我有没有提到它速度很快？我提到了它的缺点吗？它依然将数据和所有创建的 data.table 对象存储在内存中，不过由于其更好的内存管理，它可以把内存都用在进程和必须操作的数据特定子集（行、列）上。事实上，如果使用大型数据集，data.table 会比较省钱。由于其计算速度比作用于数据帧的基本 R 函数快，因此它会显著减少云计算所需的时间和花费。不过与其一一阅读其功能特性，何不试着通过介绍教程亲自体验一下呢？

3.4.1.1　使用 data.table 导入数据

为了展示 data.table 真正的性能提升之处，我们将使用航班数据集，即在本章前面讨论 ff/ffdf 方法时使用的那个数据集。你可能还记得，我们比较了 ff ffbase 包和基本 R 函数（如 read.table() 或 read.csv()）在两个月的航班数据（较小的数据集）上和一个更大的、几乎 2GB 的两年数据集上执行的处理速度和内存消耗。在本节中，我们将只引用对较大的 2GB 文件和 12189293 个观察值的估计值，但你随时可以对较小的数据运行相同的代码（只要正确地指定文件名即可）。

data.table 包通过其快速文件读取函数 fread() 导入数据。

```
> library(data.table)
> flightsDT <- fread("flights_1314.txt", stringsAsFactors = TRUE)
Read 12189293 rows and 28 (of 28) columns from 1.862 GB file in 00:00:29
```

结果相当震撼，read.table.ffdf() 需要消耗 456 秒，read.table() 需要 441 秒，而 fread() 只需要 29 秒。fread() 函数还有大量用户可以自设置的参数。例如可以选择或删除特定列、定义列之间（sep）甚至列内部（sep2）的分隔符、指定要读取的行数（nrows）、要跳过的行数（skip）、定义列类型（colClasses）等。生成的对象根据用户的特定需求，通过灵活的语法，可以既是 data.table 又是 data.frame。

```
> str(flightsDT)
Classes 'data.table' and 'data.frame': 12189293 obs. of  28 variables:
 $ YEAR              : int  2013 2013 2013 2013 2013 2013 2013 2013 2013
2013 ...
```

```
 $ MONTH           : int    1 1 1 1 1 1 1 1 1 ...
 $ DAY_OF_MONTH    : int    17 18 19 20 21 22 23 24 25 26 ...
 $ DAY_OF_WEEK     : int    4 5 6 7 1 2 3 4 5 6 ...
...#output truncated
```

data.table 语义的这种灵活性在数据转换（如子集化和聚合）中是很醒目的。

3.4.1.2　data.table 上快如闪电的子集化和聚合

Datatables 可以通过使用以[]括起来的索引操作进行子集化和聚合，默认格式如下。

```
> DT[i, j, by]
```

此调用的结构可以与标准 SQL 查询进行对比，其中 i 操作符代表 WHERE，j 表示 SELECT，而 by 可以简单转换为 SQL GROUPBY 语句。在最基本的形式中，我们可以对特定行进行子集化，匹配条件如下。

```
> subset1.DT <- flightsDT[
+    YEAR == 2013L & DEP_TIME >= 1200L & DEP_TIME < 1700L,
+]
> str(subset1.DT)
Classes 'data.table' and 'data.frame': 1933463 obs. of 28 variables:
 $ YEAR            : int   2013 2013 2013 2013 2013 2013 2013 2013 2013
2013 ...
 $ MONTH           : int    1 1 1 1 1 1 1 1 1 ...
 $ DAY_OF_MONTH    : int    30 3 4 5 6 7 8 9 10 11 ...
 $ DAY_OF_WEEK     : int    3 4 5 6 7 1 2 3 4 5 ...
...#output truncated
```

该任务只需要 1.19 秒，新的子集（一个 data.table 和一个 data.frame）包含了所有在下午 12：00～16：59 飞离的 2013 个航班。以同样的方式可以执行简单的聚合，甚至可以进行其他任意统计计算。在下例中我们将估计 12 月的每个航班的总延迟（TotDelay）和平均起飞延迟（AvgDepDelay）。此外，我们将按照航班原始状态（ORIGIN_STATE_NM）进行分组。

```
> subset2.DT <- flightsDT[
+ MONTH == 12L,
+ .(TotDelay = ARR_DELAY - DEP_DELAY,
+ AvgDepDelay = mean(DEP_DELAY, na.rm = TRUE)), + by = .(ORIGIN_STATE_NM)
+]
> subset2.DT
        ORIGIN_STATE_NM  TotDelay  AvgDepDelay
```

```
     1:      New York           1      11.85232
     2:      New York         -42      11.85232
     3:      New York         -16      11.85232
     4:      New York         -32      11.85232
     5:      New York          -2      11.85232
    ---
993918:      Delaware          11      11.73494
993919:      Delaware          -3      11.73494
993920:      Delaware           0      11.73494
993921:      Delaware          -5      11.73494
993922:      Delaware           4      11.73494
```

通过指定 j 参数中的列的名称，可以轻松提取感兴趣的变量。

```
> subset3.DT <- flightsDT[, .(MONTH, DEST)]
> str(subset3.DT)
Classes 'data.table' and 'data.frame': 12189293 obs. of  2 variables:
 $ MONTH: int  1 1 1 1 1 1 1 1 1 1 ...
 $ DEST : Factor w/ 332 levels "ABE","ABI","ABQ",..: 174 174 174 174 174
174 174 174 174 174 ...
```

如上所列，我们现在可以使用 by 操作快速分组聚合 j 中的任意统计值。

```
> agg1.DT <- flightsDT[, .(SumCancel = sum(CANCELLED),
+                     MeanArrDelay = mean(ARR_DELAY, na.rm = TRUE)),
+                     by = .(ORIGIN_CITY_NAME)
+]
> agg1.DT
          ORIGIN_CITY_NAME SumCancel MeanArrDelay
  1:  Dallas/Fort Worth, TX     13980   10.0953618
  2:           New York, NY     12264    6.0086474
  3:         Minneapolis, MN      2976    3.6519174
  4:      Raleigh/Durham, NC      2082    5.8777458
  5:           Billings, MT        75   -1.0170240
 ---
325:       Devils Lake, ND        10   13.6372240
326:           Hyannis, MA         1   -0.6933333
327:              Hays, KS        16   -3.0204082
328:          Meridian, MS         3    9.8698630
329: Hattiesburg/Laurel, MS         2   10.0434783
```

在上段中，我们简单计算了每个城市那些取消离开行程的航班，以及从特定位置飞出的所有余下航班的平均到达延迟。

生成的 data.table 可以使用和基本 R 中一样的 order()。然而，data.table 包提供了 order() 函数的内部优化实现，使得它在大型数据集上的执行速度比普通方法快得多。现在，我们将通过按照数据中的所有航班（12189293 个观测值）的递减顺序对到达延迟值（ARR_DELAY）进行排序，从而比较两种方法的不同。

```
> system.time(flightsDT[base::order(-ARR_DELAY)])
   user   system  elapsed
 15.493   0.732   16.310
> system.time(flightsDT[order(-ARR_DELAY)])
   user   system  elapsed
  4.669   0.401    5.075
```

可以很明显看出 data.table 的实现比 R 中基本 order() 函数至少快 3 倍。该包包含了一系列其他加速数据处理的快捷表达式，例如.N 可以用于快速频率计算。

```
> agg2.DT <- flightsDT[, .N, by = ORIGIN_STATE_NM]
> agg2.DT
        ORIGIN_STATE_NM        N
 1:             Texas  1463283
 2:          New York   553855
 3:         Minnesota   268206
 4:    North Carolina   390979
 5:           Montana    34372
 6:              Utah   227066
 7:          Virginia   356462
...#output truncated
```

R 只需花费 0.098 秒来估算每个州的航班数。与 data.frame 的 table() 方法所需的 1.14 秒相比，data.table 包提供了运算速度快 10 倍的方法。

```
> agg2.df <- as.data.frame(table(flightsDT$ORIGIN_STATE_NM))
> agg2.df
              Var1      Freq
1          Alabama     66695
2           Alaska     74589
3          Arizona    383253
4         Arkansas     59792
5       California   1495110
6         Colorado    498276
7      Connecticut     44041
...#output truncated
```

3.4.1.3　使用 data.table 链接更复杂的聚合和数据透视表

data.table 做的最聪明的事情之一就是用户可以轻松地将多个快速操作链接到一个表达式中，从而减少编程和计算时间，示例如下。

```
> agg3.DT <- flightsDT[, .N, by = ORIGIN_STATE_NM]
+                [order(-N)]
> agg3.DT
                      ORIGIN_STATE_NM        N
 1:                        California 1495110
 2:                             Texas 1463283
 3:                           Florida  871200
 4:                          Illinois  806230
 5:                           Georgia  802243
...#output truncated
```

链接在更复杂的聚合中尤其有用。在下列中我们要计算由.SDcols 参数指示的 12 月份所有出发和到达延迟航班数据变量（索引 i）的算术平均值（索引 j 设置），使用 ORIGIN_STATE_NM、DEST_STATE_NM 和 DAY_OF_WEEK 对结果进行分组，最后按照 DAY_OF_WEEK 升序排列，再按照 DEP_DELAY 和 ARR_DELAY 降序排列输出。

```
> agg4.DT <- flightsDT[MONTH == 12L,
+                      lapply(.SD, mean, na.rm = TRUE),
+                      by = .(ORIGIN_STATE_NM,
+                             DEST_STATE_NM,
+                             DAY_OF_WEEK),
+                      .SDcols = c("DEP_DELAY", "ARR_DELAY")]
+                [order(DAY_OF_WEEK, -DEP_DELAY, -ARR_DELAY)]
> head(agg4.DT, n=5)
   ORIGIN_STATE_NM        DEST_STATE_NM DAY_OF_WEEK DEP_DELAY
1:       Louisiana             Kentucky           1  111.6667
2:            Ohio       South Carolina           1  106.0000
3:          Alaska                Texas           1  103.0000
4:    Pennsylvania U.S. Virgin Islands           1   92.0000
5:         Indiana            Tennessee           1   90.0000
   ARR_DELAY
1:  108.0000
2:  104.3333
3:   93.0000
4:   88.5000
5:   82.7500
```

可以注意到该表达式看起来很整洁，而且包含了多种数据操纵技术。即使运行在大型数据集上也很快，上例的语句只执行了 0.13 秒。如果要在基本 R 中复制这个聚合，我们需要创建一个单独的函数，分阶段处理调用，不过这种方法的性能很可能更糟。data.table 包通过优雅的链接允许用户将他们的关注点从编程转移到真正的数据科学上。

操作的链接也可以通过定制化功能来实现。在下例中，我们要创建一个延迟函数，它将为数据集中的每一个航班计算 TOT_DELAY，并且还要使用:= 运算符将此变量附加到主数据集上。其次，基于新建的 TOT_DELAY 变量，函数将为每个 DAY_OF_MONTH 计算 MEAN_DELAY。

```
> delay <- function(DT) {
+   DT[, TOT_DELAY := ARR_DELAY - DEP_DELAY]
+   DT[, .(MEAN_DELAY = mean(TOT_DELAY, na.rm = TRUE)),
+     by = DAY_OF_MONTH]
+ }
> delay.DT <- delay(flightsDT)
> names(flightsDT)
 [1] "YEAR"              "MONTH"              "DAY_OF_MONTH"
 [4] "DAY_OF_WEEK"       "FL_DATE"            "UNIQUE_CARRIER"
 [7] "AIRLINE_ID"        "TAIL_NUM"           "FL_NUM"
[10] "ORIGIN_AIRPORT_ID" "ORIGIN"             "ORIGIN_CITY_NAME"
[13] "ORIGIN_STATE_NM"   "ORIGIN_WAC"         "DEST_AIRPORT_ID"
[16] "DEST"              "DEST_CITY_NAME"     "DEST_STATE_NM"
[19] "DEST_WAC"          "DEP_TIME"           "DEP_DELAY"
[22] "ARR_TIME"          "ARR_DELAY"          "CANCELLED"
[25] "CANCELLATION_CODE" "DIVERTED"           "AIR_TIME"
[28] "DISTANCE"          "TOT_DELAY"
> head(delay.DT)
   DAY_OF_MONTH MEAN_DELAY
1:           17  -3.235925
2:           18  -3.369053
3:           19  -3.439632
4:           20  -3.976177
5:           21  -3.229061
6:           22  -3.166394
```

:= 运算符将 TOT_DELAY 变量添加存储到原始数据 flightsDT 对象中，delay 函数通过 DAY_OF_MONTH 计算 MEAN_DELAY，并将结果存储到 data.table 包的 delay.DT 中。

值得一提的是，这里有一个非常有用的转换实现，即通过 dcast.data.table() 函数计算快速透视表。

```
> agg5.DT <- dcast.data.table(flightsDT,
                              UNIQUE_CARRIER~MONTH,
                              fun.aggregate = mean,
                              value.var = "TOT_DELAY",
                              na.rm=TRUE)
> agg5.DT
   UNIQUE_CARRIER            1           2           3           4
1:             9E -5.0604885 -4.3035723 -3.9639291 -3.97549369
2:             AA -5.4185064 -4.7585774 -4.8034317 -3.52661907
3:             AS -3.6258772 -3.9423103 -2.5658019 -1.42202236
4:             B6 -3.0075933 -1.6200692 -2.9693669 -2.58131086
5:             DL -4.9593914 -5.1271330 -4.9993318 -4.78600081
...#output truncated
```

在前面的输出中，我们获得了数据中每个运行商每月的 TOT_DELAY 的平均值的数据透视表。fun.aggregate 参数需要多个函数，类似的 value.var 参数可以引用多个列。

在本节中我们介绍了 data.table 包中可用的快速数据转换的几个常见应用。然而这可不是这个了不起的包的全部功能。更多实例和教程，尤其是关于连接、链接、主键设置和许多其他的功能，请访问 data.table GitHub 库，而该包的 CRAN 页面包含了几个关于使用 data.table 详细数据操作的综合手册。

3.4.2　编写更好的 R 代码

最后，在本章的最后，我们会介绍几个好用的可以帮助你编写更优化、更快的 R 代码的资源。最好的资源就是之前提到过的 Hadley Wickham 所写的 *Advanced R*，具体地说，是其中关于代码优化的章节。它包含详实、简洁且易懂的分析和基准测试工具，可用于测试 R 代码的性能。Wickham 还分享了一些关于如何组织代码、最小化工作量、变异函数以及其他（如 R 接口）的代码编译的提示和技巧。

另一个伟大的资源来源就是 Norman Matloff 的名为 *The Art of R Programming* 的书，它包括几个全面的章节介绍，致力于提高处理速度和内存消耗性能，将 R 与其他语言（主要是 C、C++ 和 Python），并通过 Hadley Wickham 的 snow 包、编译代码和 GPU 编程等。此外，Matloff 还介绍了关于代码调试和纠错的具体编程方法和细节。

但是，代码优化超出了本书的介绍范围，不过 Wickham 和 Matloff 的图书内容非常全面地介绍了这些内容。在 R 中还有一些关于特定高性能的计算方法的资源可以在 CRAN 任务视图中找到，很好地介绍了代码优化所需要的包和工具。此外，大部分本章介绍的包和

CRAN 介绍的包都有精心编写的介绍手册，包含了相关重要概念和常见问题总结。

3.5 小结

本章我们走上了使用 R 进行大数据分析的曲折道路。首先，我们介绍了 R 编程语言的结构、定义和主要限制，希望这可以向你解释清楚为什么传统的 R 不在大数据分析师的选择范围之内。不过之后我们展示了如何通过几个强大的 R 包来简化这些问题，这些包有助于处理和分析大型数据集。

本章的很大一部分介绍了允许大于内存大小的数据管理的方法。首先通过 ff 和 ffbase 包，然后介绍了 bigmemory 包所包含的方法以及支持对 big.matrix 对象进行操作和分析的其他库。

本章的第二部分我们讨论了提高 R 代码性能的方法，探索了 parallel 和 foreach 包的并行计算方法，并介绍了使用 apply()方法族和 for()循环来统计数据。还简单介绍了 GPU 计算，一个新的高度优化的支持多线程的 Microsoft R Open 分布式计算。还提到了 H2O 平台，用于快速可扩展的大数据的机器学习（第 8 章将会详细讨论）。

我们以 data.table 包，一个 R 的快速、高效且流行的数据操作的入门包作为本章的结尾。

第 4 章
R 相关的 Hadoop 和 MapReduce 框架

在本章中，我们进入了大数据工具和应用程序的多彩世界，可以相对容易地与 R 语言集成。在本章中，我们将向你介绍一些有关以下主题的指南和提示。

- 基于云虚拟机部署 Hadoop，即用型 **Hadoop 分布式文件系统**（**Hadoop Distributed File System，HDFS**）和 MapReduce 框架。

- 配置实例/虚拟机，包括用于 HDFS 中数据管理的基本库和有用的补充工具。

- 使用 shell/Terminal 命令管理 HDFS，并在 Java 中运行一个简单的 MapReduce 单词计数以进行比较。

- 在单节点集群上，集成 R 统计环境与 Hadoop。

- 使用 R 的 rhadoop 相关软件包管理 HDFS 文件、运行简单的 MapReduce 作业。

- 在 Microsoft Azure 的多节点 HDInsight 集群上，执行更复杂的 MapReduce 任务来处理大型电表读数数据集。

在我们开始实践教程之前，让我们从第 1 章的 Hadoop 和 MapReduce 开始介绍，并熟悉它们是如何适合大数据处理和分析的。

4.1　Hadoop 架构

Apache Hadoop 是用于大数据处理和管理的开源、集成框架，可以相对容易地在商用硬件上部署。Hadoop 也可以定义为允许对大量结构化和非结构化数据进行分布式存储和分析的工具和方法的生态系统。在本节中，我们将介绍一系列工具、框架和应用程序，它们作为 Hadoop 生态系统的组成部分，负责对各种数据进行管理和处理。

4.1.1 Hadoop 分布式文件系统

如第 1 章中所述，**Hadoop 分布式文件系统**（**Hadoop Distributed File System，HDFS**）源于 2003 年在 Ghemawat、Gobioff 和 Leung 的一篇题为 *The Google file system author* 的论文中提出的原始 Google 文件系统。当前 HDFS 的架构和设计（基于 Apache Hadoop 2.7.2 版本）在 Apache 网站上的"HDFS 架构指南"中有详细解释。简而言之，我们可以在以下几个语句中描述 HDFS。

- 它是一种分布式、高度可访问（可以使用一系列编程语言从多个应用程序访问）的文件系统，设计为在商用硬件上运行。

- HDFS 通过提供高数据带宽和巨大的可扩展性（集群中最多达数千个节点）来调整和配置为支持大型文体或大型文件。

- 它是一个容错和鲁棒的分布式文件系统——这是由于其创新能力，将每个文件存储为一个块序列（通常每个大小为 64MB），并在多个节点上进行复制。

- HDFS 包含一些安全措施，以尽量减少数据丢失的风险；例如，在初始化时，NameNode 在 Safemode 状态下重新启动，这确保每个块在 DataNode 上被相应地复制（即它具有最小数目的副本）。如果特定块的某些副本丢失，NameNode 将它们复制到其他 DataNode。

- 存储在 NameNode 中的文件系统的元数据由 EditLog 一致地检查和更新。

- 为了应对硬件故障或任何其他对 HDFS 的中央数据结构的损坏的情况，它被配置成提供集群重新平衡，通过将数据从一个 DataNode 移动到另一个（如果需要）或在高需求情形中创建某些块的附加副本。它还通过复制其损坏的副本的健康块并在元数据磁盘故障的情况下创建多个 Edit Log 副本来确保数据完整性。

- 存储在 HDFS 中的数据可以通过各种应用程序轻松管理，并且支持自动文件备份和可能的恢复。

在本章的实践教程中，你将会学习如何使用 Linux 的 shell/Terminal 命令和 R 语言管理 HDFS 上的文件和目录。

4.1.2 MapReduce 框架

尽管 HDFS 对于数据存储和文件管理很重要，但它不能向用户提供对存储数据的任何真实洞察。另一方面，MapReduce 框架负责编写以分布式（或并行）方式处理和分析大量数据的应用程序。

简单来说，MapReduce 作业包括多个处理存储在 HDFS 中数据的阶段。通常，用户最初通过定义输入数据的格式来设计 MapReduce 应用，然后将其分割成跨 HDFS 的独立块，并且使用 Mapper 函数并行处理。

一旦 Mapper 根据用户的需求映射数据，就将返回一个键值对作为输出，这将成为 Reducer 函数的新输入。然后，Reducer 的作用是执行用户请求的特定统计量的聚合或计算。它再次返回一个键值对作为 MapReduce 作业的最终输出。

重要的是，要知道在大多数情况下，HDFS 中的数据存储及其通过 MapReduce 框架的处理发生在相同的节点上。这允许 Hadoop 框架更有效地调度任务，并在集群中的所有节点上提供极高的数据带宽。

其次，MapReduce 作业的常见特征是它经常根据用户的需求改变输入和输出格式的类型。用户可以自由地创建他们自己所请求数据的自定义格式，这允许在处理大量不同数据对象和格式时具有巨大的灵活性。

最后，每个 MapReduce 作业可以包含许多 Mappers，用户还可以为每个作业指定一些 Reducer 任务。此外，MapReduce 应用程序可能包含一个 Combiner 函数，它将 Mapper 的输出记录汇总在输出到 Reducer 函数之前。但是在我们的 MapReduce 教程中，我们将只使用 Mappers 和 Reducers。

一个简单的 MapReduce 单词计数示例

为了更好地理解 MapReduce 框架的操作，以下通过对 3 个简单句子的单词计数算法的例子来介绍。

在本练习中，我们的任务是计算每个单词在以下 3 个句子中重复的次数：

Simon is a friend of Becky.

Becky is a friend of Ann.

Ann is not a friend of Simon.

忽略特殊字符，每个句子是一个字符串，我们将在 MapReduce 作业期间进行提取和拆分。让我们假设所有的句子都组成一个单一的数据文件，在 HDFS 中被分割成在 DataNode 上有 3 个副本的数据块。

（1）MapReduce 应用程序的 Mapper 是以这样的方式编写的，即它识别输入文件（即句子）的格式，并通过映射函数传递文本的每一行。在我们的例子中，Mapper 会将句子拆分为单个字（键），并为每个字的出现分配值 1。此步骤如图 4-1 所示。

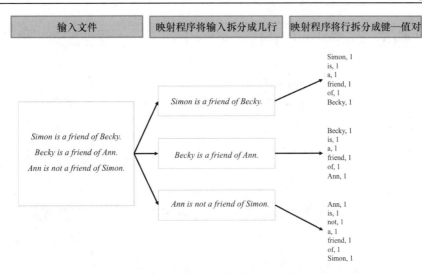

图 4-1　Mapper 数据处理过程

（2）提取的单词现在被排序并被洗牌到存储相同键的块中。Reducer 现在可以对每个键的值求和，并以一组聚集的键值对的形式返回最终输出，如图 4-2 所示。

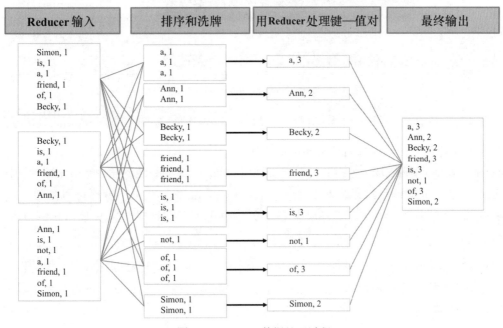

图 4-2　Reducer 数据处理过程

如前所述，这种过度简化的工作流程可以进一步扩展到包括其他 Mappers、Combiner 或 Reducers，并且很可能包含更复杂的转换、数据聚合和统计方法。

4.1.3 其他 Hadoop 原生工具

HDFS 和 MapReduce 不是 Apache Hadoop 框架中包含的唯一组件，它还包含支持分布式计算并帮助用户管理 Hadoop 集群、调度其数据处理任务、获取性能指标，并操作数据等许多其他开源工具和应用程序。

如图 4-3 所示，Hortonworks 网站包括了一个非常有用的 Hadoop 原生态系统多样性的图形化可视化界面。

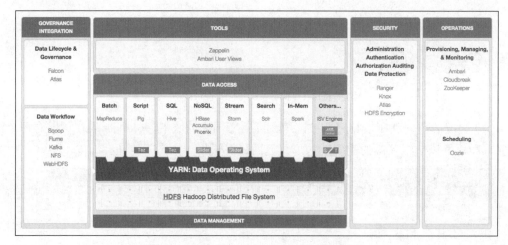

图 4-3　Hortonworks Hadoop 原生生态系统

图 4-3 还显示了所有这些工具如何相互关联，以及它们参与的数据产品周期的具体方面。

你可以看到，这个框架的基础驻留在以前描述的 HDFS 上。除此之外，我们还有 Yet Another Resource Negotiator（YARN），它实现了 Hadoop 操作系统的角色。YARN 控制作业调度并管理所有集群资源。它还包括一个资源管理器用户界面，用户可以通过它访问 MapReduce 作业跟踪器，实时提供所有细粒度的应用程序度量。在本章的所有讲解过程中，我们将使用资源管理器 UI。

YARN 监督活动并测量存储，处理和分析不同类型的结构化和非结构化数据的框架和工具集合的性能。你已经知道了其中的一个——MapReduce 模型，还有一些其他工具，你可能会发现在大数据分析工作流时是有用的，如下所示。

- **Hive**：基于 SQL 的高度可扩展的分布式关系数据库管理系统（Relational Database Management System，RDBMS），允许用户使用交互式 SQL 查询来探索和分析大量数据。

- **HBase**：一个低延迟、容错的 NoSQL 数据库，优化实时访问不同结构和模式的数据。

- **Storm**：一个快速、实时的分析框架。

- **Spark**：高速内存中的数据处理和分析引擎，具有一系列可用于机器学习、图形分析和其他许多附加库的附加库。

- **Cassandra**：一个具有高可靠性和可扩展的数据库，没有单点故障。

- **Mahout**：用于机器学习和预测分析的 Hadoop 引擎。

- **Ambari**：基于 Web 的集群管理和监控工具，支持众多 Hadoop 框架和应用程序。

- **Zookeper**：协调服务，通过维护其他分布式 Hadoop 应用程序的配置信息和命名来提供分布式同步。

以上所列的内容不包括许多其他非常有用的开源 Apache 项目，这些项目是在大数据处理的不同阶段和 Hadoop 框架及其工具一起使用的。这些工具是我们将在本书接下来的几章中使用。

4.1.4 学习 Hadoop

Hadoop 中的数据处理最近成为大数据社区中最重要且最具影响力的话题之一。有大量的在线和纸质资源以及关于如何在 Java、C 或其他编程语言中实现 MapReduce 应用程序的信息。截至 2016 年 3 月，StackOverflow 网站包含超过 25000 个与任何类型的 Hadoop 发行版及其相关工具相关的问题。在 Hadoop 的几本非常好的书中，强烈推荐以下 3 本。

- *Hadoop MapReduce v2 Cookbook*，第 2 版。作者 Gunarathne, T. (2015)，由 Packt Publishing 出版。

- *Hadoop Application Architecture*，第 1 版，作者 Grover, M., Malaska, T., Seidman, J. 和 Shapira, G. (2015)，由美国 O'Reilly 出版。

- *Hadoop:The Definitive Guide*，第 4 版，由美国 O'Reilly 出版。

除此之外，Apache Hadoop 网站是一个非常好的起点，它为每个特定的 Hadoop 相关 Apache 项目提供了大量的文档和参考指南。

另外，提供 Hadoop 商业分发的领先的公司网站（例如 Cloudera 或 Hortonworks），包含本地 Apache Hadoop 工具和其他专有 Hadoop 相关应用程序的全面解释。他们还提供了一些基于自己的 Hadoop 发行版的展示和教程。

但是，如果你有兴趣了解如何将 R 语言与 Hadoop 集成，请继续阅读本书的下一部分，其中将介绍如何创建可用于大数据处理和使用 R 数据分析的单节点 Hadoop。

4.2 云上的单节点 Hadoop

通过在 Hadoop 中运行 MapReduce 作业或通过使用其他 Hadoop 组件，你应该已经了解了可以得到什么样的输出结果。在这一章中，我们将把理论付诸实践。

首先，我们将创建一个 Linux 的虚拟机，并通过 Microsoft Azure 预安装 Hortonworks 分发的 Hadoop。我们选择预安装即用型 Hadoop 的原因是本书不是关于 Hadoop 本身的，我们还希望你尽快使用 R 语言开始实现 MapReduce 作业。

然后，当为处理大数据的 Hadoop 虚拟机已经配置并准备就绪时，我们将为你实现一个简单的用 Java 实现的单词计数示例。此示例将和 R 中运行的类似作业做比较。

最后，我们将使用 R 语言执行单词计数任务。在此之前，我们将指导你完成一些额外的配置操作，解释如何在准备我们 Hadoop 虚拟机以使用 R 语言进行数据处理时解决某些常见的安装问题。

> 注意，除了预期的 R 脚本、一些统计概念和标准安装指南外，本章的这一部分还将包含一些 Java 代码段和大量的 shell/Terminal 命令。这清楚地显示了现代数据科学家的典型工具箱的多样性，以便允许他们处理和分析异常大或复杂的数据集。在后面的章节中，你还将了解其他工具和方法，包括（但不限于）SQL 查询或某些种类的 NoSQL 语句。

现在让我们开始计划并部署一个新的 Hadoop 虚拟机。

4.2.1 在 Azure 上部署 Hortonworks Sandbox

在本章的前面部分，我们向你介绍了 Hadoop 架构的一些基础知识，还提到了关于商业 Hadoop 发行版的几个词，如 Cloudera、Hortonworks 和 MapR。在本节中，我们将创建一个叫 Sandbox 的 Hortonworks Hadoop 版本的虚拟机。我们不会从头开始安装 Hortonworks Sandbox，实际上只使用可用于 Microsoft Azure 客户的现成的 Hadoop 映像。此外，我们的 Hadoop 将仅在单台机器上运行（因此将创建单节点群集）。你还可以使用虚拟化工具和 Sandbox 安装指南在 PC 上部署类似的设置。

Hortonworks Sandbox 是完全许可的企业型 Hadoop 数据平台的免费试用版本，它附带了许多典型的标准 Apache Hadoop 发行版的工具和功能。接下来，我们将探讨其中的一部分，还将安装其他有用的工具，以帮助监控虚拟机上的所有活动和进程。

（1）如图 4-4 所示，使用个人账号登录到免费/试用版或完整版的 Microsoft Azure。成功登录后，你应该自动重定向到 Azure 门户。如果没有，请重新访问该网站。

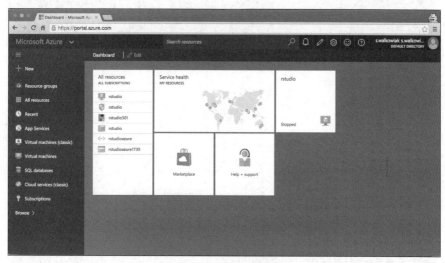

图 4-4　Azure Portal 页面

（2）单击位于主仪表板窗格中的 Marketplace 图标。一个新的菜单面板将出现在主窗口中，如图 4-5 所示。

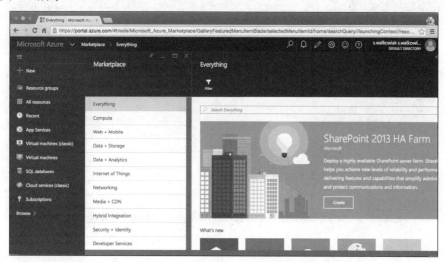

图 4-5　Marketplace 菜单页面

（3）现在，你可以向下滚动并找到一个描述绿色大象的图标，如图 4-6 所示，该图标

的标题为 Hortonworks Sandbox，或者在窗格顶部的 Search Everything 搜索栏中输入
hortonworks，选择 Hortonworks Sandbox with HDP 2.3.2。

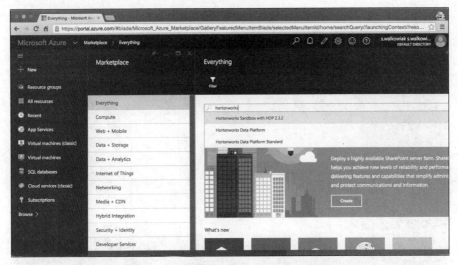

图 4-6   查找 Hortonworks Sandbox 映像

（4）你将发现包含 Hortonworks Sandbox 附加信息的新面板。花一点时间阅读，一旦准
备好选择资源管理器作为部署模型，就单击创建（Create）按钮（见图 4-7）。

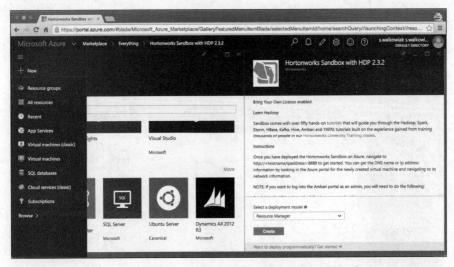

图 4-7   确认创建 Sandbox 页面

（5）如图 4-8 所示，现在应该打开两个新窗格，它们将指导你完成使用 Sandbox 设置
和配置新虚拟机的过程。

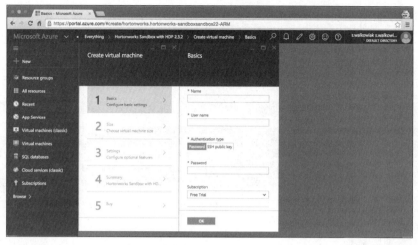

图 4-8　虚拟机和 Sandbox 配置页面

（6）完成与**基本（Basics）**选项卡关联的表单，我们可以配置机器的一些基本设置。这里将其称为 swalkohadoop，用户名设置为 swalko，但读者应该选择其他名称，以确保自己更容易操作。我还将**身份验证类型（Authentication type）**设置为**密码（Password）**，并设置一个**密码**，以便能够登录到虚拟机。如果你使用免费试用版的 Azure，请确保它被选择作为你的首选**认购（Subscription）**。如前所述，费用取决于几个不同的因素，如果你超出试用版提供的限制，可能需要支付额外费用，因此请确保你认真阅读了条款和条件。如果有疑问，请与 Microsoft Azure 支持人员联系根据你的地理位置和其他因素获取当前定价。此外，你需要给**资源组（Resource group）**命名并设置 Azure 服务器的使用**位置（Location）**，一旦基本配置设置完成，请单击表单底部的确定（OK）按钮继续（见图 4-9）。

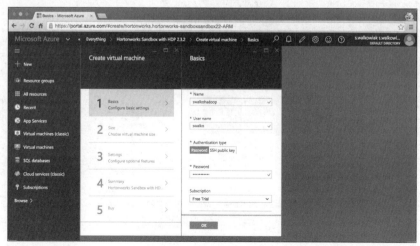

图 4-9　基本配置页面

（7）你现在可以选择虚拟机的大小和规格。Azure 门户为你提供建议的 Azure 基础架构以及定价以供选择。如图 4-10 所示，我们将推荐大小为 **A5 标准**的两个内核、14GB 的 RAM 和 4 个数据磁盘，但你可以根据预算来选择机型。通过单击其信息框选择的首选实例，然后单击 **Select** 按钮确认选择。

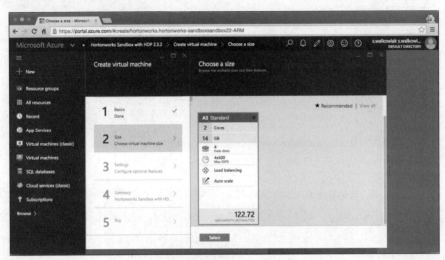

图 4-10　虚拟机规格页面

（8）在此阶段，你将看到一个额外的可选功能和设置面板。其中存储账户名称、网络详细信息（例如虚拟网络名称或公共 IP 地址）等大多数信息将自动填充，如图 4-11 所示。

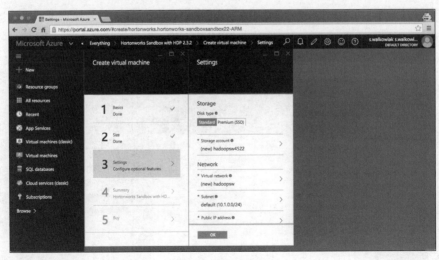

图 4-11　设置面板页面

向下滚动到设置窗格的底部，然后单击可用性设置选项。为了预防你可以将另一个虚拟机添加为可用提高可用性，并在出现维护问题和其他问题时为你的数据处理任务或为应用程序提供冗余。我们建议这样做，但因为只是测试设置，所以选择无（None）跳过此步骤（见图 4-12）。

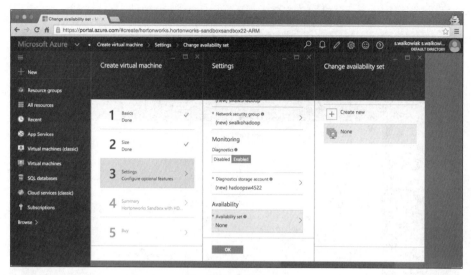

图 4-12　可用性配置

单击确定（OK）按钮接受所有可选设置。

（9）倒数第二个步骤允许你查看关于虚拟机的所有详细信息。如图 4-13 所示，如果你对所有设置感到满意，请单击确定（OK）按钮继续。

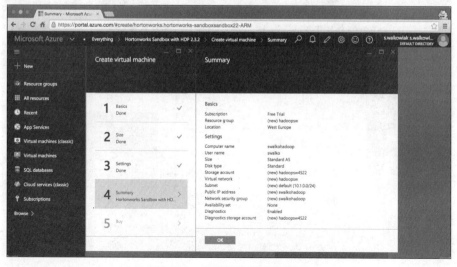

图 4-13　虚拟机信息确认页面

（10）此步骤确认了我们设置的最终定价。根据你的认购，新创建的计算机可能会包含在你的可用信用额中，但也可能产生额外费用。我要创建的虚拟机收费标准为每小时 16.5便士。当然，收费标准可能会因你的具体位置和许多其他因素而异。如图 4-14 所示，如果要继续，请阅读使用条款，然后单击购买（Purchase）按钮确认。

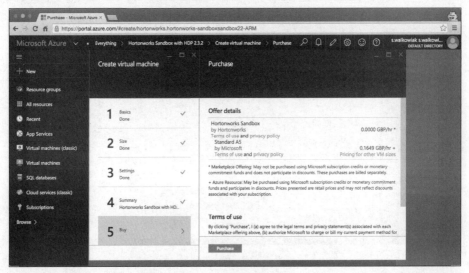

图 4-14　确认购买页面

（11）如图 4-15 所示，Azure 现在开始部署虚拟机。你还应该已经收到通知信息中心，确认部署确实已开始。机器及其所有资源可能需要几分钟才能完全运行并使用。

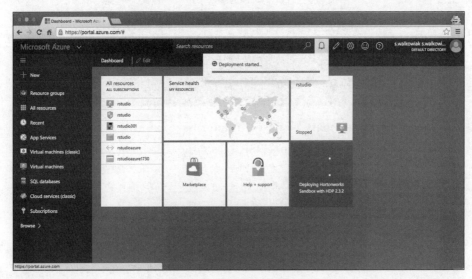

图 4-15　部署任务状态页面

（12）几分钟后，Azure Portal 将通知你有关作业的状态。如图 4-16 所示，如果成功，你将被重定向到"设置"面板，你可以在其中访问虚拟机所有重要的详细信息并监控其性能。

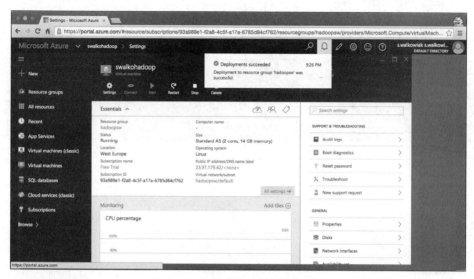

图 4-16　部署成功及详细信息页面

我们现在已经成功部署安装了 Hortonworks Sandbox 的 Linux 的虚拟机，可以尝试使用 shell/Terminal 窗口中的简单 ssh 命令连接到机器，并提供我们在第 6 步中设置的凭证。我们还需要创建机器的公共 IP 地址，可以从主面板设置为 Essentials 或通过选择设置屏幕中的属性选项。打开新的 SSH / Terminal 窗口，然后键入以下内容。

```
ssh <username>@<IPaddress>
```

在本书写作时，上面的命令应该如下（为你的计算机调整<用户名>和<IP 地址>）。

```
ssh swalko@23.97.179.42
```

你会被告知 **"the authenticity of host '<IPaddress>' can't be established"**，然后询问 **"you are sure you want to continue connecting (yes/no)"**，继续输入 yes。到这里，计算机的 IP 地址将被添加到已知主机的列表中。你将被要求提供指定用户名的密码。如果一切正常，你将连接到机器，并在命令提示符前面查看 Sandbox 的根位置，例如：

```
[swalko @ sandbox~] $
```

现在是探索虚拟机并修改一些最有用的 Linux 命令的好时机，我们可以使用它们来了解可以使用的基础架构。为了检查安装在机器上的当前版本的 Hadoop，请使用以下命令（跳过$ sign 它只表示命令提示符）。

```
$ hadoop version
```

这将产生类似于图 4-17 的输出。

```
[swalko@sandbox ~]$ hadoop version
Hadoop 2.7.1.2.3.2.0-2950
Subversion git@github.com:hortonworks/hadoop.git -r 5cc60e0003e33aa98205f18bccaeaf36cb193c1c
Compiled by jenkins on 2015-09-30T18:08Z
Compiled with protoc 2.5.0
From source with checksum 69a3bf8c667267c2c252a54fbbf23d
This command was run using /usr/hdp/2.3.2.0-2950/hadoop/lib/hadoop-common-2.7.1.2.3.2.0-2950.jar
```

图 4-17　Hadoop 版本信息显示结果示例

读者最好检查 Hadoop 文件夹的位置，可以使用 which 或 whereis 命令，例如：

```
$ which hadoop
/usr/bin/hadoop
$ whereis hadoop
hadoop: /usr/bin/hadoop /etc/hadoop
```

此外，你必须知道 Java 运行时环境（JRE）的版本和位置，这将直接在 Hadoop 中的数据处理期间使用，以及在从 R 环境部署 MapReduce 作业时使用。

```
$ java -version
java version "1.7.0_91"
OpenJDK Runtime Environment (rhel-2.6.2.2.el6_7-x86_64 u91-b00)
OpenJDK 64-Bit Server VM (build 24.91.b01, mixed mode)
$ which java
/usr/lib/jvm/java-1.7.0-openjdk-1.7.0.91.x86_64/bin/java
```

当然，我们也不能忘记检查机器中使用的 Linux 及其内核的实际版本。

```
$ cat /etc/system-release
CentOS release 6.7 (Final)
$ uname -r
2.6.32-573.7.1.el6.x86_64
```

获得有关机器的基本信息后，你会发现自己需要在 Hadoop 中实现 MapReduce 作业时监视可用资源。有很多方法可以做到这一点。首先，你可以通过 Azure 门户可用的图表获得一些系统信息，这可以让你观察和监视虚拟机的行为。你可以通过从左侧菜单栏上的"所有资源（All resources）"选项卡中选择感兴趣的虚拟机名称，并单击所选计算机的"要素（Essentials）"下方的主图表来访问这些功能。在出现的一个名为"度量（Metric）"的新面板中，你可以通过选择"编辑图表（Edit chart）"按钮并从列表中选择一个或多个可用度量来指定可视化度量。如图 4-18 所示，请勾选已发现的相关内容，向下滚动到列表底部，然后单击保存（Save）按钮应用更改。

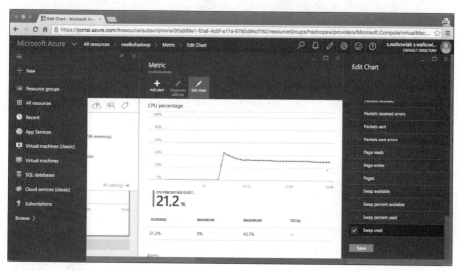

图 4-18　Azure 度量图表

已应用的更改将在新创建的公制图表上几秒后显示，如图 4-19 所示。

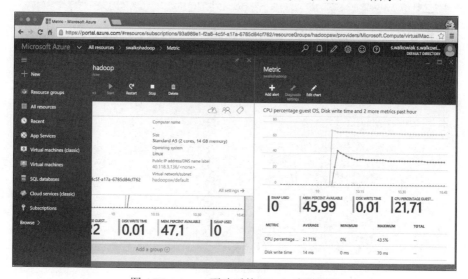

图 4-19　Azure 更改后的 Metric 度量图表

当然，你还可以使用多个 Linux 命令来获取有关可用资源和进程的更多定量详细信息。如图 4-20 所示，要检查计算机上硬盘驱动器的大小和使用情况，可以键入以下两个命令。

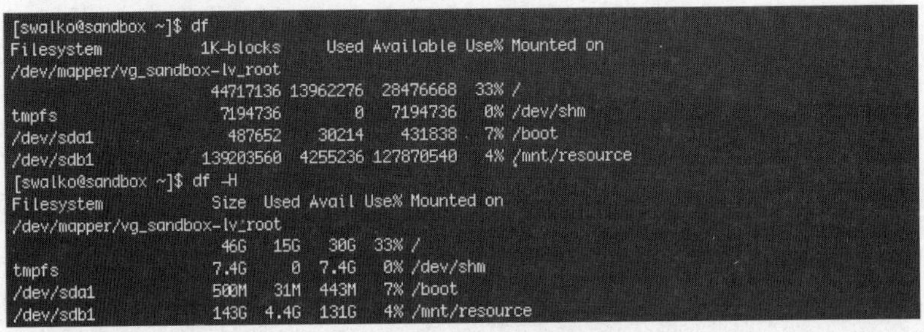

```
[swalko@sandbox ~]$ df
Filesystem            1K-blocks     Used Available Use% Mounted on
/dev/mapper/vg_sandbox-lv_root
                      44717136 13962276  28476668  33% /
tmpfs                  7194736        0   7194736   0% /dev/shm
/dev/sda1               487652    30214    431838   7% /boot
/dev/sdb1            139203560  4255236 127870540   4% /mnt/resource
[swalko@sandbox ~]$ df -H
Filesystem               Size  Used  Avail Use% Mounted on
/dev/mapper/vg_sandbox-lv_root
                          46G   15G    30G  33% /
tmpfs                    7.4G     0   7.4G   0% /dev/shm
/dev/sda1                500M   31M   443G   7% /boot
/dev/sdb1                143G  4.4G   131G   4% /mnt/resource
```

图 4-20　df 命令检查硬盘驱动使用情况结果示例

它们几乎是相同的，但第二个调用给我们一个更人性化的结果，可以转换到 MB、GB 或 TB。

在处理大量数据时，获取 RAM 信息对于衡量应用程序的性能和代码的效率是不可或缺的。你可以通过 dmidecode 命令找到计算机上已安装 RAM 的基本硬件详细信息。

```
$ sudo dmidecode -t memory
```

根据安装的模块数及其配置，命令可能返回相当长的输出。然而，更有用的是确定在处理作业期间内存资源的实际使用情况。为了做到这一点，你可以使用一个通用的 free 命令（见图 4-21）。

```
[swalko@sandbox ~]$ free -m
              total       used       free     shared    buffers     cached
Mem:          14052       5244       8807          7         31        319
-/+ buffers/cache:         4894       9158
Swap:          4095          0       4095
```

图 4-21　free 命令查看内存资源结果示例

free 命令只提供最基本和总体的内存容量和使用。有关更详细的信息，我们必须查看 meminfo 虚拟文件（见图 4-22）。

```
[swalko@sandbox ~]$ cat /proc/meminfo
MemTotal:       14389476 kB
MemFree:         8852180 kB
Buffers:           32964 kB
Cached:           328420 kB
SwapCached:            0 kB
Active:          5076224 kB
Inactive:         214640 kB
Active(anon):    4928756 kB
Inactive(anon):     8028 kB
Active(file):     147468 kB
```

图 4-22　查看 meminfo 虚拟文件信息示例

再次，由于输出相当长，我们决定只包含一个返回的内存指标的快照。使用带有-s 选项的 vmstat 命令可以实现类似的输出，如下所示。

```
$ vmstat -s
```

为了更深入地监视特定进程的内存使用情况，我们推荐使用 top 命令或称为 htop 的附加工具。两者返回大致相同。但是，htop 可以增加人的可读性。top 命令的运行结果如图 4-23 所示：

```
$ top
```

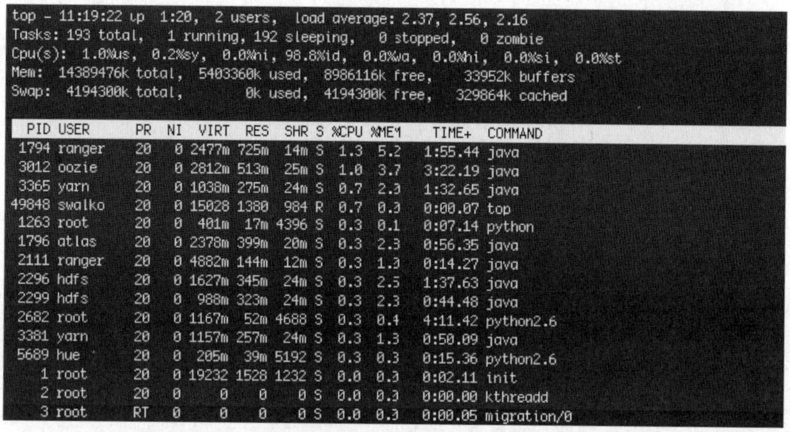

```
top - 11:19:22 up  1:20,  2 users,  load average: 2.37, 2.56, 2.16
Tasks: 193 total,   1 running, 192 sleeping,   0 stopped,   0 zombie
Cpu(s):  1.0%us,  0.2%sy,  0.0%ni, 98.8%id,  0.0%wa,  0.0%hi,  0.0%si,  0.0%st
Mem:  14389476k total,  5403360k used,  8986116k free,    33952k buffers
Swap:  4194300k total,        0k used,  4194300k free,   329864k cached

  PID USER      PR  NI  VIRT  RES  SHR S %CPU %MEM    TIME+  COMMAND
 1794 ranger    20   0 2477m 725m  14m S  1.3  5.2   1:55.44 java
 3012 oozie     20   0 2812m 513m  25m S  1.0  3.7   3:22.19 java
 3365 yarn      20   0 1038m 275m  24m S  0.7  2.3   1:32.65 java
49848 swalko    20   0 15028 1380  984 R  0.7  0.3   0:00.07 top
 1263 root      20   0  401m  17m 4396 S  0.3  0.1   0:07.14 python
 1796 atlas     20   0 2378m 399m  20m S  0.3  2.3   0:56.35 java
 2111 ranger    20   0 4882m 144m  12m S  0.3  1.3   0:14.27 java
 2296 hdfs      20   0 1627m 345m  24m S  0.3  2.5   1:37.63 java
 2299 hdfs      20   0  988m 323m  24m S  0.3  2.3   0:44.48 java
 2682 root      20   0 1167m  52m 4688 S  0.3  0.4   4:11.42 python2.6
 3381 yarn      20   0 1157m 257m  24m S  0.3  1.3   0:50.09 java
 5689 hue       20   0  205m  39m 5192 S  0.3  0.3   0:15.36 python2.6
    1 root      20   0 19232 1528 1232 S  0.0  0.3   0:02.11 init
    2 root      20   0     0    0    0 S  0.0  0.3   0:00.00 kthreadd
    3 root      RT   0     0    0    0 S  0.0  0.3   0:00.05 migration/0
```

图 4-23　top 命令查看系统资源使用情况结果示例

前面的输出已被截断，你可以按键盘上的字母 q 退出。

htop 工具不包括在我们机器上的标准 Linux 发行版中，它需要单独安装。我们的 Linux 是 RHEL / CentOS 6.7 版本，首先我们需要为 64 位系统安装并启用 **RepoForge（RPMForge）** 存储库。64 位 RHEL / CentOS 6.x 最新的 RepoForge 存储库于 2013 年 3 月 20 日发布，这是我们将要安装的版本。

```
$ wget
http://pkgs.repoforge.org/rpmforge-release/rpmforge-release-0.5.3-1.el6.rf.
x86_64.rpm
...
$ rpm -ihv rpmforge-release-0.5.3-1.el6.rf.x86_64.rpm
...
```

安装 RepoForge 仓库后，我们现在可以使用标准 yum 命令安装 htop 工具。

```
$ sudo yum install htop
```

输入密码，并确认你愿意安装 htop。几秒后，该工具应该安装完成并准备在机器上使用，如图 4-24 所示。

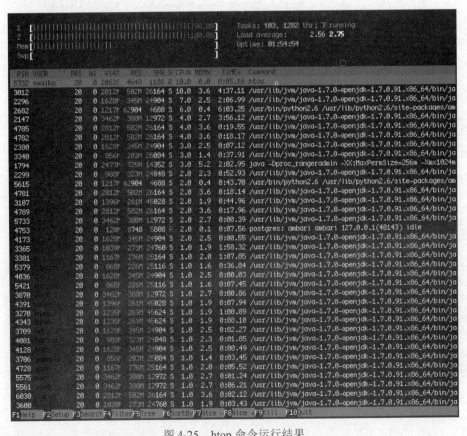

图 4-24 htop 安装结果

现在可以运行 htop 命令，结果如图 4-25 所示。

$ htop

图 4-25 htop 命令运行结果

htop 工具提供了友好地监控每个进程资源的用户界面，包括 RAM 信息、CPU 百分比使用和每个可用核心的工作负载信息以及其他指标。你可以按键盘上的字母 q 退出 htop 窗口。

在本节中，你学习了如何使用 Hortonworks Sandbox 提供的 Hadoop 发行版的试用版来创建和配置一个完全可操作的 Linux 虚拟机。我们还回顾了几个经常使用的 Linux 命令和工具，让用户能够获取有关部署的基础架构的基本信息，并监控进程及其在机器上可用资源的使用情况。

在下一节中，我们将向你介绍重要的 Hadoop 命令，这些命令能够帮助你在 HDFS 中管理数据文件，并在 Java 中执行一个简单的 MapReduce 任务，以获取单词记数信息，如本章的第一部分所述。

4.2.2　Java 语言的 Hadoop 单词记数示例

在本章的前面，我们解释了 HDFS 和 MapReduce 框架如何工作，通过一个非常简化的字计数任务应用于几个随机句子的例子。在本节中，你可以自己实现类似的字数计算 MapReduce 作业，但这次是一个更大的数据集，其中包含了所有马克·吐温的作品，可在 Project Gutenberg 中找到。

Project Gutenberg 是一个开放存取图书库，包含由世界上最著名的作家写作和出版的超过 51000 的免费电子书。用户可以根据多个条件搜索图书并浏览目录。如果特定图书在其国家免费提供，用户也可以下载这些电子书，并在自己的设备上阅读（或分析）。项目 Gutenberg 是一个非营利倡议，欢迎各界人士的捐款。电子书可以免费提供，但是他们的准备和网站的托管是有成本的。

根据你所在国家/地区的版权访问条款和条件，可以下载通过 Project Gutenberg 提供的所有马克·吐温的作品。我们将使用纯文本 UTF-8 格式作为进一步分析的输入文件。如果你确定可以自由地使用吐温的书，请将文件下载到个人计算机上的任何已知或容易记住的位置，并重命名文件 twain_data.txt。该文件不是很大（只有 15.3MB），但给我们提供了一个很好的例子，说明 Hadoop 生态系统如何在实践中。

在本节中，我们还将简单地绕过 R 语言，并使用 Hadoop 的原生语言——Java 来执行第一个 MapReduce 作业。对 Java 脚本的理解可能会对没有任何 Java 知识的读者和数据分析者造成一些困难；然而，我们认为比较 Java 操作的 MapReduce 与使用 R 语言实现有何不同是很有意思的。为了成功地运行 Java MapReduce，我们会解释其中每一步应该采取的过程和操作。本书允许你下载所有必需的文件，包括含有该 MapReduce 作业的 jar 包，其中包含为 Mapper 和 Reducer 创建的 Java 类。然后，你可以使用从 Gutenberg 项目下载的数据文件和本节中提供的说明来跟踪示例。

在我们尝试对数据执行任何 MapReduce 任务之前，应该学习如何管理 HDFS 并将数据集从本地机器移动到本章部署的虚拟机。让我们首先在当前的缺省目录中创建一个名为 data 的文件夹，它将用来存储我们的数据文件。

```
$ mkdir data
```

你现在可以检查主用户的默认目录的内容。

```
$ ls
data rpmforge-release-0.5.3-1.el6.rf.x86_64.rpm
```

如你所见，它还包含我们在安装 htop 工具时下载的 RepoForge 存储库。如果需要，你可以删除这些文件。

```
$ rm rpmforge*
$ ls
data
```

还应该知道创建新数据文件夹的当前目录的实际路径。你可以使用 pwd 命令获取路径信息。

```
$ pwd
/home/swalko
```

我们为数据创建了一个新文件夹，并且知道数据文件夹的实际路径，将数据从本地移动到虚拟机的最简单方法是在新的 shell/Terminal 窗口中使用以下命令。

```
$ scp -r~/ Desktop / twain_data.txt swalko@23.97.179.42: ~/ data
```

当然，你可能需要根据存储数据文件的位置、访问虚拟机的实际用户名及其 IP 地址和数据文件夹的路径来修改前一行。你还需要提供指定的用户名的密码，然后等待几秒，文件会顺利传输到虚拟机。在这个阶段，我们只是将文件从计算机复制到已创建的虚拟机，该文件在 HDFS 中仍然不可访问。你暂时只能在主用户的数据文件夹（在我们的例子中是 swalko）中找到它，例如：

```
[swalko@sandbox~] $ cd data
[swalko@sandbox data] $ ls
twain_data.txt
```

为了将文件从虚拟机的用户区复制到 HDFS，我们需要为数据文件创建一个新的文件夹，但在这之前，我们必须确保在 HDFS 上创建了一个新的目录用户 swalko。

首先，让我们检查哪些用户有权写入 HDFS，命令如下所示，运行结果如图 4-26 所示。

```
$ hadoop fs -ls /
```

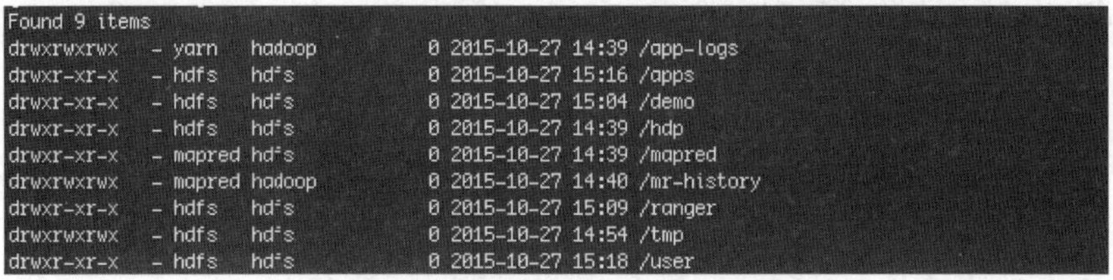

```
Found 9 items
drwxrwxrwx   - yarn    hadoop     0 2015-10-27 14:39 /app-logs
drwxr-xr-x   - hdfs    hdfs       0 2015-10-27 15:16 /apps
drwxr-xr-x   - hdfs    hdfs       0 2015-10-27 15:04 /demo
drwxr-xr-x   - hdfs    hdfs       0 2015-10-27 14:39 /hdp
drwxr-xr-x   - mapred  hdfs       0 2015-10-27 14:39 /mapred
drwxrwxrwx   - mapred  hadoop     0 2015-10-27 14:40 /mr-history
drwxr-xr-x   - hdfs    hdfs       0 2015-10-27 15:09 /ranger
drwxrwxrwx   - hdfs    hdfs       0 2015-10-27 14:54 /tmp
drwxr-xr-x   - hdfs    hdfs       0 2015-10-27 15:18 /user
```

图 4-26　查询 HDFS 目录权限信息

我们需要通过 hdfs 用户为 swalko 创建一个新目录，如下所示。

```
$ sudo -u hdfs hadoop fs -mkdir / user / swalko
```

将再次询问你输入的默认密码。如果尝试访问新创建的目录作为 swalko，你很可能仍然无法这样做，例如：

```
$ hadoop fs -ls /user
ls: Permission denied: user=swalko, access=READ_EXECUTE,
inode="/user":hdfs:hdfs:drwx------
```

但是，你可以通过 hdfs 用户检查新目录是否已创建。

```
$ sudo -u hdfs hadoop fs -ls /user
Found 2 items
drwx------   - hdfs hdfs          0 2016-02-29 18:42 /user/hdfs
drwxr-xr-x   - hdfs hdfs          0 2016-02-29 18:47 /user/swalko
... //(output truncated)
```

为了使 swalko 能够将文件写入 HDFS 上的/user/swalko 目录，我们需要使用以下命令为此目录显式分配权限。

```
$ sudo -u hdfs hadoop fs -chown swalko:swalko /user/swalko
```

根据提示输入你的密码，并运行下面的命令将数据从 swalko 用户的区域中的数据文件夹复制到 HDFS 上的/user/swalko 文件夹。

```
$ hadoop fs -copyFromLocal data/twain_data.txt /user/swalko/twain_data.txt
```

检查文件是否已正确复制到 HDFS 上的/user/swalko 目录，命令如下，运行结果如图 4-27 所示。

```
$ hadoop fs -ls /user/swalko
```

```
[swalko@sandbox ~]$ hadoop fs -ls /user/swalko
Found 1 items
-rw-r--r--   3 swalko swalko   16013935 2016-02-29 23:43 /user/swalko/twain_data.txt
```

图 4-27　查看 HDFS /user/swalko 目录信息

一旦我们在 HDFS 中有数据，就可以下载包含这个 MapReduce 任务的 Java 类的 jar 包，像之前的复制数据操作一样将它从个人计算机传输到虚拟机。打开一个新的终端窗口并键入以下行，确保你更改相应的路径、用户名和 IP 地址。

```
$ scp -r ~/Desktop/wordcount swalko@23.97.179.42:~/wordcount
```

上述代码将 wordcount 文件夹的内容复制到虚拟机的本地区域（但不是 HDFS）。它应该包括 dist 文件夹（有一个 WordCount.jar 文件）和 src 文件夹（有 3 个*.java 文件）。

其中一个 Java 文件是 Mapper（WordMapper.java），用于我们的简单 WordCount MapReduce 作业中，将句子分割为单词，并为文本文件中出现的每个单词赋值 1。在这个阶段，我们的 MapReduce 任务忽略了一个事实，即在马克·吐温的作品文本中重复了一些单词。Reducer（SumReducer.java）负责对每个特定单词对应的值 1 求和，并给出最终输出与单词在文本中出现的次数的总数。在 Mapper 中，我们还添加了一些函数来清理数据。我们删除了一些特殊字符（例如标点符号），已将所有字词转换为小写。如果要检查代码，请随意打开任何 Java 编程 IDE（例如 Eclipse）或 Java 友好的文本编辑器（例如，Windows 有 Notepad ++，Mac OS 有 TextWrangler，Linux 有 Gedit、Emacs 和 Vim）。

在对存储在 HDFS 中的数据执行 MapReduce 作业之前，请将其移至虚拟机上本地区域中的 wordcount 文件夹。

```
$ cd wordcount
```

现在运行以下命令行启动 MapReduce 任务（你可以根据需要更改路径、HDFS 目录的用户名和一些其他事情）。

```
$ hadoop jar dist/WordCount.jar WordCount /user/swalko /user/swalko/out
```

在上面的代码中，我们明确告诉 Hadoop 执行存储在用户本地区域 dist/WordCount.jar 上的 jar 文件，随后将对存储在 HDFS 上/user/swalko 目录中的数据执行一个 WordCount MapReduce 作业。我们还在 HDFS 上指定了 MapReduce 输出文件的位置，它将是/user/swalko/out。一旦 MapReduce 作业开始，你就会在 shell/Terminal 窗口中看到图 4-28 所示的输出。

```
16/03/02 13:13:20 INFO impl.TimelineClientImpl: Timeline service address: http://sandbox.hortonworks.com:8188/ws/v1/t
imeline/
16/03/02 13:13:21 INFO client.RMProxy: Connecting to ResourceManager at sandbox.hortonworks.com/10.1.0.4:8050
16/03/02 13:13:21 WARN mapreduce.JobResourceUploader: Hadoop command-line option parsing not performed. Implement the
Tool interface and execute your application with ToolRunner to remedy this.
16/03/02 13:13:20 INFO input.FileInputFormat: Total input paths to process : 1
16/03/02 13:13:23 INFO mapreduce.JobSubmitter: number of splits:1
16/03/02 13:13:24 INFO mapreduce.JobSubmitter: Submitting tokens for job: job_1456920375766_0002
16/03/02 13:13:25 INFO impl.YarnClientImpl: Submitted application application_1456920375766_0002
16/03/02 13:13:25 INFO mapreduce.Job: The url to track the job: http://sandbox.hortonworks.com:8088/proxy/application
_1456920375766_0002/
```

图 4-28　WordCount MapReduce 作业输出

根据输出的最后一行提供的建议，你可以在 http://<IPAddress>:8088 监视作业的进度，其中<IPAddress>是虚拟机的 IP 地址，因此在我们的示例中，网址应为：http://23.97.179.42:8088。Hadoop 应用程序跟踪页面是资源管理器的一部分，它包括有关作业及其资源进度的基本信息，如图 4-29 所示。

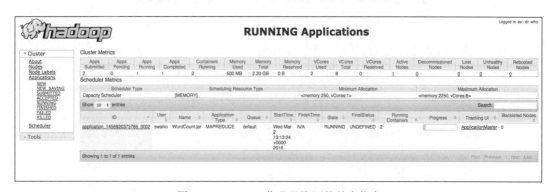

图 4-29　Hadoop 作业及资源的基本信息

你可以单击应用程序 ID 链接（ID 列）获取当前正在运行的特定 MapReduce 作业的更多详细信息，如图 4-30 所示。

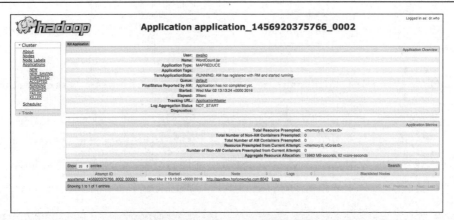

图 4-30　Hadoop 应用的详细信息

同时，终端窗口应返回 Mapper 和 Reducer 的实时进度，如图 4-31 所示。

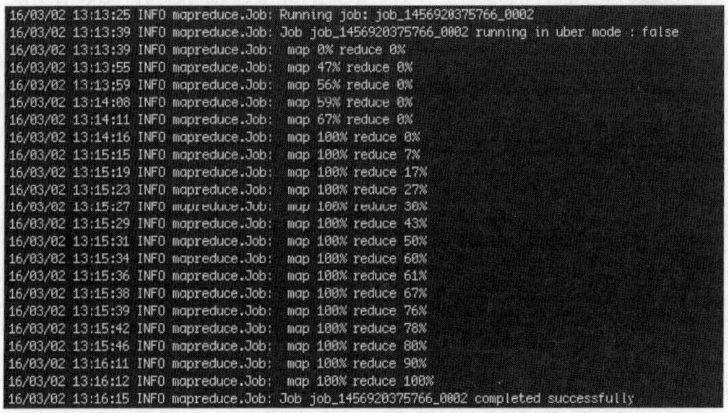

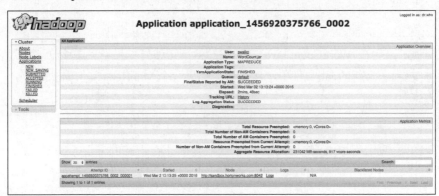

图 4-31　MapReduce 运行作业的终端窗口

你还可以看到输出的最后一行通知我们作业已成功完成。你可以在应用程序跟踪页面上仔细检查确认 MapReduce 作业成功的状态，如图 4-32 所示。

图 4-32　Hadoop 应用程序的跟踪页面

终端窗口还返回与文件系统计数器、作业计数器和 MapReduce 框架相关的大量指标。最后 3 组度量指示任何潜在的 shuffle 错误，并确定输入和输出文件的大小，如图 4-33 所示。

图 4-33　作业结束的终端输出

从终端输出的底部两行暗示我们的 MapReduce 作业将数据从 16013935Byte（约 16MB）减少到 922308Byte（约 0.9MB）。然后让我们在 HDFS 中查找输出数据文件并检查其结构。

为了定位 MapReduce 输出数据，我们可以列出在使用 jar 文件启动 MapReduce 作业时在 HDFS 上创建的输出文件夹/user/swalko/out 的内容，如图 4-34 所示。

```
$ hadoop fs -ls /user/swalko/out
```

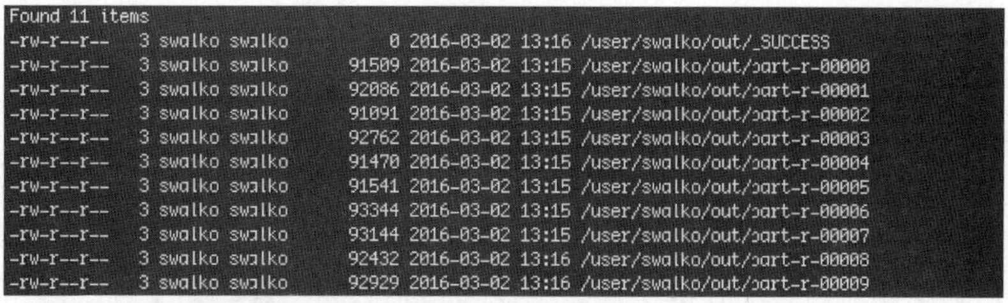

图 4-34　MapReduce 作业在 HDFS 上的输出文件

这个 MapReduce 作业创建了 10 个独立的输出文件，其中包含 Mapper 和 Reducer 执行的操作结果（确认输出文件的数量可以在终端作业处理输出的 Map-Reduce outputs 部分中找到，如 Merged Map outputs 指标所示）。输出文件的数量可以通过调整 job.setNumReduceTasks（10）来控制，语句在 WordCount.java 文件中。但请记住，如果你更改该值，则必须将所有 Java 文件打包到一个新的 jar 文件中，然后再运行另一个 MapReduce 作业。

所有输出文件都被命名为 part-r-xxxxx，其中 x 是单个输出文件的标识符，例如，第一个输出文件的 part-r-00000。你可能使用以下命令仅检查每个文件的一小块（例如，前 20 个记录），如图 4-35 所示。

```
$ hadoop fs -cat /user/swalko/out/part-r-00000 | head -n 20
```

```
[swalko@sandbox wordcount]$ hadoop fs -cat /user/swalko/out/part-r-00000 | head -n 20
00half  1
03      6
1       361
100000000       1
104851  1
113     1
1150    3
12      113
12000000        4
1204    1
1222    2
12th    15
131     1
140     1
1547    1
1592    1
1600    5
1600000 1
162000  2
1673    3
cat: Unable to write to output stream.
```

图 4-35   查看输出文件的前 20 行内容

但是，在大多数情况下，你需要创建一个单独的输出文件，可以将其传输到单独的服务器或个人计算机以进行进一步处理或分析。你可以将所有输出文件合并到一个文档中，并使用以下代码行将其从 HDFS 移动到用户的本地区域。

```
$ hadoop fs -getmerge /user/swalko/out wordcount.txt
```

-getmerge 选项允许我们合并 HDFS 上指定目录（例如/user/swalko/out）中的所有数据文件，并将它们作为单个文件（例如 wordcount.txt）传输到本地文件系统。记住，在运行 MapReduce 作业之前，我们建议你使用 cd wordcount 命令将当前目录切换到 wordcount 文件夹。因此，你现在应该能够在此文件夹中找到 wordcount.txt 输出文件，如图 4-36 所示。

```
[swalko@sandbox wordcount]$ ls
dist  src  wordcount.txt
```

图 4-36   合并的 wordcount.txt 输出文件

你现在可以将输出文件从虚拟机下载到个人计算机的桌面区域。打开一个新的终端窗口并键入以下命令（确保相应地调整用户名、IP 地址和路径以反映你的实际值）。

```
$ scp -r swalko@23.97.179.42: ~/wordcount/wordcount.txt
~/Desktop/wordcount_final.txt
```

最后，我们可以删除/user/swalko/out 文件夹，其中包含 HDFS 上的所有 10 个 MapReduce 输出文件。

```
$ hadoop fs -rm -r /user/swalko/out
```

希望在阅读本部分后，你能够在新部署的虚拟机上执行简单的 MapReduce 任务，使用 Hadoop 的本机 Java 使用 Hortonworks 分布的 Hadoop。我们还向你介绍了常用于 HDFS 中数据管理的基本 Linux 的 shell/Terminal 命令。你可以在 Apache Hadoop 参考文档中找到更具体和高级的 Hadoop、HDFS、Yarn 和 MapReduce 命令。如果你觉得需要更新 Linux shell/Terminal 的技能，可以在互联网上找到一些很好的教程。

4.2.3　R 语言的 Hadoop 单词记数示例

在知道我们的虚拟机是 Linux RedHat/CentOS 6 的情况下，本章的这一部分将首先关注配置虚拟机和安装合适版本的 RStudio 服务器环境的基本过程。以下步骤将指导你完成此过程。

4.2.3.1　RStudio 服务器在 Linux RedHat / CentOS 虚拟机上

（1）就像前面的章节，为了下载并安装正确版本的 RStudio 服务器，请访问其官网并选择适合你的机器分发。在我们的例子中，它是一个 64 位 RedHat/CentOS 6 和 7。使用 shell/Terminal 或 SSH 客户端（如 PuTTY）登录到你的虚拟机，我们将使用一个标准的终端窗口。

```
$ ssh swalko@23.97.179.42
```

（2）转到 home 目录，并确保已安装 R 核心文件。

```
$ cd ..
$ sudo yum install R
```

将更新当前安装的 Linux 库和 R 依赖项，并且将要求你确认是否要下载核心 R 安装所需的一组文件。键入 y，然后按 Enter 键，如图 4-37 所示。

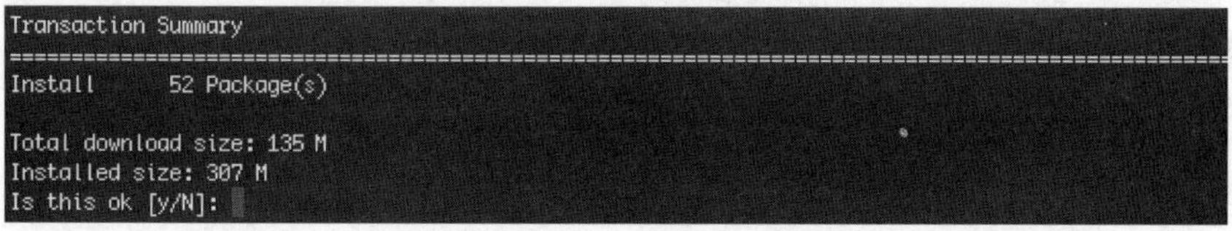

图 4-37　确认安装 R 核心文件

（3）下载、安装和验证所有核心 R 文件和软件包可能需要几分钟的时间。完成后，Terminal 将返回一个图 4-38 所示的输出。

图 4-38 R 安装成功后的终端输出

（4）现在我们可以为 RedHat/CentOS 6 下载并安装一个 64 位版本的 RStudio 服务器。记住检查你的虚拟机运行在哪个 Linux 版本以及在写入时可用的 RStudio Server 的实际版本，当前版本的 RStudio 服务器是 0.99.891。

```
$ sudo wget
https://download2.rstudio.org/rstudio-server-rhel-0.99.891-x86_64.rpm
...
$ sudo yum install --nogpgcheck rstudio-server-rhel-0.99.891-x86_64.rpm
```

（5）当 RStudio 服务器的库和依赖安装好后，你还将被要求确认 RStudio Server 的安装。键入 y，然后按 Enter 键继续，如图 4-39 所示。

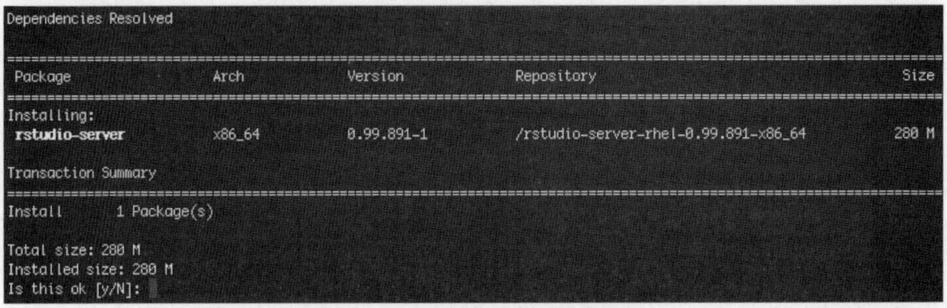

图 4-39 RStudio Server 安装确认

一两分钟后，终端窗口应返回任务已完成的消息。

（6）在通过浏览器连接我们新安装的 RStudio 服务器之前，我们需要确保将端口 8787

添加到虚拟机的现有网络安全规则。通过单击屏幕左上角的 Microsoft Azure 图标，并选择左侧菜单中的**资源组（Resource groups）**，转到主 Azure 门户。选择你之前操作中刚刚安装的包括 Hortonworks Hadoop 和 RStudio 服务器的虚拟机资源组，这里是 **hadoopsw**，如图 4-40 所示。

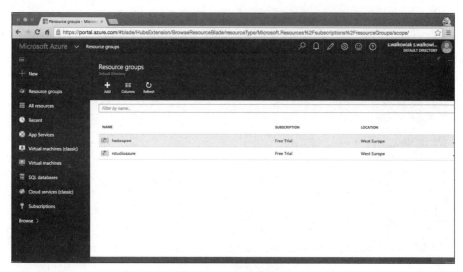

图 4-40　Azure 资源组

（7）从可用资源列表中，选择具有盾牌形状的图标，如图 4-41 所示。

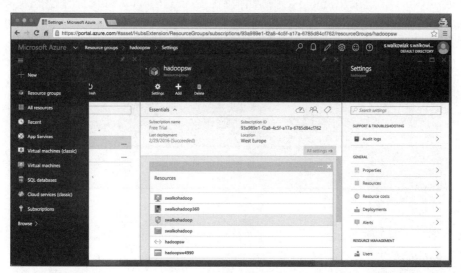

图 4-41　Azure 资源列表

（8）现在你应该在屏幕上看到 **Essentials（要素）**和 **Setting（设置）**两个新面板。在 Essentials

视图中，你可能看到在虚拟机中已经定义了 34 个入站安全规则，因为 Hadoop 发行版已经预先安装了所有的数据管理和处理工具（前一章中我们从零开始创建的第一个虚拟机没有，只有最少的内置工具）。要检查当前**入站安全规则**（**Inbound security rules**）并添加新入站安全规则，请转到"**设置（Setting）**"视图，然后从选项列表中选择入站安全规则（见图 4-42）。

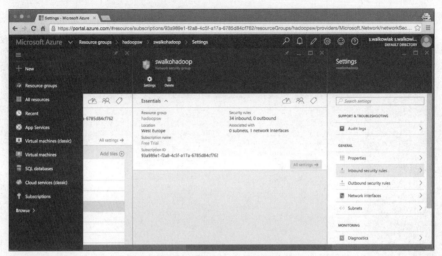

图 4-42   入站安全规则简要信息

（9）单击顶部菜单中的**添加（Add）**按钮添加新规则。将显示一个新的侧面板，给它一个**名称（Name）**，例如 RStudioServer，保持优先级（**Priority**），选择 **TCPProtocol**，并将目标端口范围（**Destination port range**）设置为"8787"。保持其他设置不变。单击**确定**（**OK**）按钮确认（见图 4-43）。

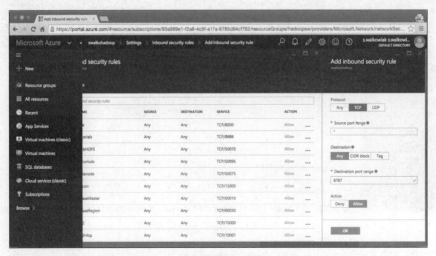

图 4-43   添加新的入站安全规则

这将创建一个新的入站安全规则，允许我们通过浏览器连接到 RStudio 服务器。要检查上述是否正常，请将浏览器（建议使用 Google Chrome，Mozilla Firefox 或 Safari）指向 http://<IPAddress>:8787，其中<IPAddress>是虚拟机的 IP 地址；例如，在我们的例子中是 http://23.97.179.42:8787，如图 4-44 所示。

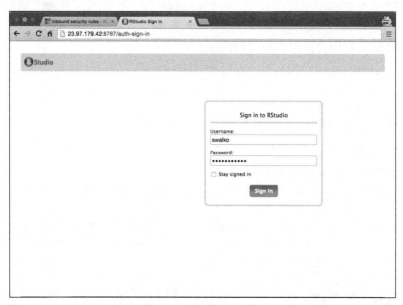

图 4-44　Rstudio 的登录页面，使用你的用户名和密码登录

但不幸的是，这还不是所有连接 R 与 Hadoop 的步骤。要连接 R 与 Hadoop 需要通过名为 RHadoop 的 R 包的集合来实现，这些包直接从 R 语言的控制台支持 MapReduce 和 HDFS 管理。以下部分将向你介绍 RHadoop 软件包，并将解释其安装过程和典型用例。

4.2.3.2　安装和配置 RHadoop 包

RHadoop 的集合包含 5 个单独的 R 包，可用于处理、管理和分析大型数据集，从而充分利用已安装的 Hadoop 基础架构及其特定工具和框架，如 HDFS、MapReduce 和 HBase 数据库。这些软件包是由 Revolution Analytics 开发的，但由于微软收购了 Revolution Analytics，微软最近已成为该软件包的主要维护者。这 5 个 R 包，它们的二进制文件、文档和教程，可以在 GitHub 中找到。

在本节中，我们将使用到 RHadoop 中的 3 个软件包，如下所示。

- rhdfs：提供了对 HDFS 的连接和操作的支持。

- rmr2：用于在 Hadoop 集群上执行 MapReduce 作业的软件包。

- plyrmr：这允许用户进行友好的数据操作和转换，类似于在 plyr 和 reshape2 包。

由于我们的简单示例将在单节点 Hadoop 集群上运行，因此我们不必担心应在哪些特定节点上安装哪些特定的软件包。但是，请注意，对于多节点群集，应该在群集中的每个节点上安装 rmr2 和 plyrmr 软件包，而 rhdfs 软件包只能安装在运行 R 客户端的节点上。在第 6 章中，我们将回到 RHadoop 软件包，并将探索 rhbase 软件包提供的一些功能，为用户提供 R 和 HBase 分布式数据库之间的连接。

但是，暂时，让我们准备我们的 R 开发环境，包括完全配置和即装即用的 RHadoop 软件包。

（1）在初始阶段，我们将安装必要的 rmr2 依赖（包括一个重要的 rJava 包）和一些额外的 R 包可能证明是有用的。如果我们要为虚拟机的所有潜在用户安装软件包，我们要使用 shell/Terminal 窗口中的 sudo Rscript 命令。使用 Rscript 命令将确保软件包将从 R 环境中安装，而无须显式地打开 R 客户端。使用 ssh 连接到虚拟机时，键入以下命令。

```
$ sudo Rscript -e'install.packages(c("rJava", "Rcpp", "RJSONIO", "bitops",
"digest", "functional", "stringr", "plyr", "reshape2", "caTools"), repos =
"http://cran.r-project.org/")'
```

该操作可能需要几分钟。你可能会注意到几个警告消息，但通常没有什么可担心的，所以忽略它们。

（2）从 Revolution Analytics 的 GitHub 账户下载当前版本的 rmr2 软件包（tar 文件），网址为 https://github.com/RevolutionAnalytics/RHadoop/wiki/Downloads。

```
$ sudo wget
https://github.com/RevolutionAnalytics/rmr2/releases/download/3.3.1/rmr2_
3.3.1.tar.gz
```

下载后，使用以下命令安装 rmr2。

```
$ sudo R CMD INSTALL rmr2_3.3.1.tar.gz
```

（3）我们现在可以下载并安装 plyrmr 软件包，但在此之前，我们应该像在 rmr2 的情况下一样安装一些 plyrmr 依赖关系。同样，此操作可能需要几分钟时间完成。

```
$ sudo Rscript -e'install.packages (c ("dplyr", "R.methodsS3", "Hmisc",
"memoise", "lazyeval", "rjson"), repos ="http://cran.r-project.org/")
```

（4）我们现在可以下载并安装 plyrmr 软件包。

```
$ sudo wget
https://github.com/RevolutionAnalytics/plyrmr/releases/download/0.6.0/plyrm
r_0.6.0.tar.gz
... ...
$ sudo R CMD INSTALL plyrmr_0.6.0.tar.gz
```

（5）为了安装 rhdfs 包，我们首先需要从 R 中设置 HADOOP_CMD 和 HADOOP_
STREAMING 环境变量。因此，我们可以直接从命令行初始化 R 客户端作为超级用户。

```
$ sudo R
```

（6）这将在终端窗口中启动 R 控制台，我们现在可以在其中执行以下代码来查找
Hadoop 二进制文件和 Hadoop Streaming jar 文件的位置。

```
> hcmd <-system ("which hadoop", intern = TRUE)
> hcmd
[1]"/ usr / bin / hadoop"
```

将 HADOOP_CMD 环境变量设置为 hcmd 对象的路径。

```
> Sys.setenv (HADOOP_CMD = hcmd)
```

将 Hadoop Streaming jar 文件的路径导出到 hstreaming 对象。

```
> hstreaming < - system("find / usr -name hadoop-streaming * jar", intern = TRUE)
> hstreaming
[1]"/usr/hdp/2.3.2.0-2950/hadoop-mapreduce/hadoop-streaming.jar"
[2]"/usr/hdp/2.3.2.0-2950/hadoop-mapreduce/hadoop-
streaming-2.7.1.2.3.2.0-2950.jar"
[3]"/usr/hdp/2.3.2.0-2950/oozie/share/lib/mapreduce-streaming/hadoop-
streaming-2.7.1.2.3.2.0-2950.jar"
```

选择 hstreaming 对象的第一项作为你的 HADOOP_STREAMING 环境变量。

```
> Sys.setenv (HADOOP_STREAMING = hstreaming [1])
```

（7）检查两个变量是否已设置正确。

```
> Sys.getenv ("HADOOP_CMD")
[1]"/ usr / bin / hadoop"
> Sys.getenv ("HADOOP_STREAMING")
[1]"/usr/hdp/2.3.2.0-2950/hadoop-mapreduce/hadoop-streaming.jar"
```

（8）所有配置看上去没什么问题，现在我们可以下载并安装当前版本的 rhdfs。

```
> system("wget --no-check-certificate
http://github.com/RevolutionAnalytics/rhdfs/blob/master/build/rhdfs_1.0.8.
tar.gz?raw=true")
...
> install.packages("rhdfs_1.0.8.tar.gz?raw=true", repos = NULL,
type="source")
```

一旦 rhdfs 安装完成，你就可以退出 R 环境并返回到 Linux shell/Terminal。此时不需要
保存工作空间映像。

```
> q()
```

最后一步完成了 3 个基本 RHadoop 软件包的安装，我们将在 R 语言实现简单字计数的
MapReduce 示例期间使用它们。

4.2.3.3　R 语言的 HDFS 管理和 MapReduce——单词计数示例

如前所述，在本节中，我们将尝试在 Mark Twain 的数据集上复制单词计数 MapReduce
任务，该数据集包含 Project Gutenberg 中所有可用的作品，但是这次将使用 R 语言实现。

我们将通过登录到 RStudio 服务器开始我们的教程。现在，你应该知道需要将浏览器
定向到带有虚拟机的公共 IP 地址和端口 8787 的 URL。对于我们的计算机，它是
http://23.97.179.42:8787。使用自己的账号登录，你应该能够看到一个标准的 RStudio 服务
器布局，主控制台在左侧，其余窗格在右侧，如图 4-45 所示。

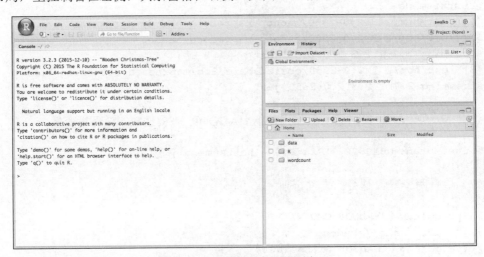

图 4-45　RStudio 服务器界面布局

你可能注意到在**"文件（File）"**选项卡中，包括了我们在复制数据和 Hadoop Java 文件时在用户的本地区域上创建的许多目录。数据文件夹包含原来的 Twain_data.txt 文件，所以我们现在可以使这个文件夹成为当前的工作目录。

```
> setwd("/home/swalko/data")
```

由于这是一个新的 R 会话，我们还需要确保在开始使用 RHadoop 软件包之前将 HADOOP_CMD 和 HADOOP_STREAMING 变量设置成正确的路径。

```
> cmd <- system("which hadoop", intern=TRUE)
> cmd
[1] "/usr/bin/hadoop"
> Sys.setenv(HADOOP_CMD=cmd) #setting HADOOP_CMD
> stream <- system("find /usr -name hadoop-streaming*jar", intern=TRUE)
find: `/usr/lib64/audit': Permission denied
Warning message:
running command 'find /usr -name hadoop-streaming*jar' had status 1
> stream
[1] "/usr/hdp/2.3.2.0-2950/hadoop-mapreduce/hadoop-streaming.jar"
[2] "/usr/hdp/2.3.2.0-2950/hadoop-mapreduce/hadoop-
streaming-2.7.1.2.3.2.0-2950.jar"
[3] "/usr/hdp/2.3.2.0-2950/oozie/share/lib/mapreduce-streaming/hadoop-
streaming-2.7.1.2.3.2.0-2950.jar"
attr(,"status")
[1] 1
> Sys.setenv(HADOOP_STREAMING=stream[1]) #setting HADOOP_STREAMING
```

当提取 Hadoop Streaming jar 文件的路径时，你可能会遇到一个权限被拒绝的警告消息；但是，这不会影响命令的执行。

和往常一样，检查 Hadoop 环境变量是否设置正确是一个好习惯。

```
> Sys.getenv("HADOOP_CMD")
[1] "/usr/bin/hadoop"
> Sys.getenv("HADOOP_STREAMING")
[1] "/usr/hdp/2.3.2.0-2950/hadoop-mapreduce/hadoop-streaming.jar"
```

现在我们可以加载以前安装的 3 个 RHadoop 软件包：rmr2、rhdfs 和 plyrmr。

```
> library(rmr2)
... #output truncated
> library(rhdfs)
```

```
... #output truncated
> library(plyrmr)
... #output truncated
```

前面的每个调用都生成了一些消息，通知用户有关正在加载的附加依赖关系。其中一些可以在图 4-46 中查看。

图 4-46　加载 RHadoop 软件包

然而，最重要的信息是，3 个 RHadoop 软件包及其依赖关系（最明显的是 rJava 软件包）都已全部加载成功而没有任何错误。这意味着我们在前面的部分中执行的所有安装和配置过程都已成功。

此刻，我们可以启动 rhdfs 包并初始化它与 HDFS 的连接：

```
> hdfs.init()
...
```

初始化可能需要几秒，一旦完成，你应该在控制台中看到一个标准的 R 命令行提示符"＞"。

以下简短的 R 代码片段可用于提取与数据文件的路径，用 pattern 参数中指定的字符串来匹配文件名。我们将使用此语句来提取本地文件系统中 twain_data.txt 文件的实际完整路径：

```
> file <- dir(getwd(), pattern = "_data.txt", full.names = TRUE)
> file
[1] "/home/swalko/data/twain_data.txt"
```

我们知道数据位于用户的本地区域，现在可以将文件复制到 HDFS。首先，让我们创建一个名为 twain 的新目录，用于将数据存储在 HDFS 上。我们使用 hdfs.mkdir() 函数实现。

```
> hdfs.mkdir("twain")
[1] TRUE
```

返回的布尔值输出 TRUE 表示在 HDFS 上已成功创建 twain 目录。你可以使用 hdfs.ls() 函数检查其内容。

```
> hdfs.ls("twain")
NULL
```

当然，目录是空的（NULL），因为它目前没有存储任何数据。为了将我们的 twain_data.txt 文件复制到 HDFS 上新创建的 twain 目录，我们使用 hdfs.put() 函数实现。

```
> hdfs.put(file, "twain")
[1] TRUE
```

在上面的 hdfs.put() 函数中，我们使用 file 对象作为第一个参数，保存着本地文件系统上数据的完整路径。第二个参数是 HDFS 上我们要移动数据文件副本的目录的名称。我们现在可以检查数据文件是否事实上已经复制到 HDFS 上的指定位置。

```
> hdfs.ls("twain")
  permission  owner   group       size          modtime
1 -rw-r--r--  swalko  swalko  16013935  2016-03-02 22:23
                                          file
1 /user/swalko/twain/twain_data.txt
```

使用以下命令，你可以轻松地检索 HDFS 上的文件名和完整路径。

```
> hdfs.ls("twain")$file
[1] "/user/swalko/twain/twain_data.txt"
```

实际上，我们应该将存储在 HDFS 上的数据的路径分配给一个单独的 R 对象，以便可以稍后使用它。

```
> twain.path <- hdfs.ls("twain")$file
```

与标准的基于 Java 的 MapReduce 作业中的 Java 类定义的输入和输出格式类似，R 允许用户根据所需的输入和输出配置指定自己的自定义格式。make.input.format() 和 make.output.format()

函数为 R 用户提供了基于预定义的格式（格式参数）、模式（mode 变量，例如，文本或二进制）或 R 函数，创建输入/输出组合设置的能力。每个格式还可以包括用于该特定格式的附加参数特性；例如，如果输入数据是 csv 格式，这使用户可以指定 read.table()和 write.table()函数中使用的大多数标准参数。在本章下一部分讨论多变量电表数据时，我们将创建一个更高级的输入格式，专用于名为 **HDInsight** 的 Microsoft Azure 上的多节点 Hadoop 集群服务。马克·吐温的数据不需要我们创建任何自定义输入格式。由于文件只包含任意文本，我们可以简单地选择"文本"作为我们的数据的预定义格式和模式。

```
> twain.format <- make.input.format(format = "text", mode = "text")
```

在本教程的这里，我们可以执行一个简化的 MapReduce 作业，它只包含一个 Mapper，负责将文本的每一行分割成单独的单词。有时，通过这种类型的基本 MapReduce 任务测试设置、输入格式和 HDFS 是个好主意。这也将是你第一次体验到使用 R 语言部署 MapReduce 作业有多么容易。

我们的 Mapper 实际上是一个 R 函数，你可以任意命名，在我们的示例中叫 twain.map。Map 函数接受两个参数、多个键值对，并且它产生新的键值对象 keyval。在我们的例子中，Mapper 根据其输入格式（即文本）简单地获取文本的每一行，并将其分割成单个单词。它生成一个单词（键）列表，每个提取的单词在一个新行上，数值为 1。twain.map Mapper 可以用 R 写成，如下所示。

```
> twain.map <- function(k, v) {
+   words <- unlist(strsplit(v, " "))
+   keyval(words, 1)
+ }
```

存储在 HDFS 上的数据的实际路径（twain.path 对象）、之前定义的输入格式（twain.format）和 Mapper（twain.map），现在可以被用作 mapreduce()函数中的参数，它将从 R 执行 MapReduce 任务。执行下面的命令行初始化 MapReduce。

```
> mr <- mapreduce(twain.path, input.format = twain.format, map = twain.map)
```

与标准的基于 Java 的 MapReduce 一样，Hadoop 为提交的作业分配应用程序 ID，如图 4-47 所示。

但是，这次用户不需要担心 Java 类和创建 JAR 文件来执行 MapReduce。这是自动完成的，并且可以在 job tracker 页面中查看其证据，如图 4-48 所示。

```
Console ~/data/
> mr <- mapreduce(twain.path, input.format = twain.format, map = twain.map)
WARNING: Use "yarn jar" to launch YARN applications.
packageJobJar: [] [/usr/hdp/2.3.2.0-2950/hadoop-mapreduce/hadoop-streaming-2.7.
1.2.3.2.0-2950.jar] /tmp/streamjob7729124526021459643.jar tmpDir=null
16/03/02 23:16:35 INFO impl.TimelineClientImpl: Timeline service address: htt
p://sandbox.hortonworks.com:8188/ws/v1/timeline/
16/03/02 23:16:35 INFO client.RMProxy: Connecting to ResourceManager at sandbox.
hortonworks.com/10.1.0.4:8050
16/03/02 23:16:36 INFO impl.TimelineClientImpl: Timeline service address: htt
p://sandbox.hortonworks.com:8188/ws/v1/timeline/
16/03/02 23:16:36 INFO client.RMProxy: Connecting to ResourceManager at sandbox.
hortonworks.com/10.1.0.4:8050
16/03/02 23:16:38 INFO mapred.FileInputFormat: Total input paths to process : 1
16/03/02 23:16:38 INFO mapreduce.JobSubmitter: number of splits:2
16/03/02 23:16:39 INFO mapreduce.JobSubmitter: Submitting tokens for job: job_14
56953689954_0001
16/03/02 23:16:40 INFO impl.YarnClientImpl: Submitted application application_14
56953689954_0001
16/03/02 23:16:40 INFO mapreduce.Job: The url to track the job: http://sandbox.h
ortonworks.com:8088/proxy/application_1456953689954_0001/
```

图 4-47 提交基于 R 的 mapreduce 任务

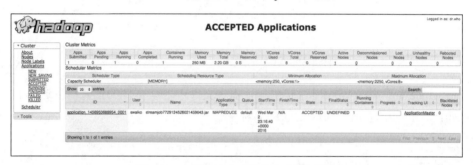

图 4-48 job tracker（提交的应用）页面

与之前一样，R 控制台返回 MapReduce 作业的进度信息的实时输出，并确认作业是否已完成，如图 4-49 所示。

```
Console ~/data/
16/03/02 23:16:40 INFO mapreduce.Job: Running job: job_1456953689954_0001
16/03/02 23:17:22 INFO mapreduce.Job: Job job_1456953689954_0001 running in uber
mode : false
16/03/02 23:17:22 INFO mapreduce.Job:  map 0% reduce 0%
16/03/02 23:17:44 INFO mapreduce.Job:  map 8% reduce 0%
16/03/02 23:17:47 INFO mapreduce.Job:  map 16% reduce 0%
16/03/02 23:17:50 INFO mapreduce.Job:  map 22% reduce 0%
16/03/02 23:17:51 INFO mapreduce.Job:  map 25% reduce 0%
16/03/02 23:17:53 INFO mapreduce.Job:  map 29% reduce 0%
16/03/02 23:17:54 INFO mapreduce.Job:  map 33% reduce 0%
16/03/02 23:17:57 INFO mapreduce.Job:  map 39% reduce 0%
16/03/02 23:18:00 INFO mapreduce.Job:  map 47% reduce 0%
16/03/02 23:18:03 INFO mapreduce.Job:  map 53% reduce 0%
16/03/02 23:18:06 INFO mapreduce.Job:  map 56% reduce 0%
16/03/02 23:18:07 INFO mapreduce.Job:  map 59% reduce 0%
16/03/02 23:18:09 INFO mapreduce.Job:  map 62% reduce 0%
16/03/02 23:18:16 INFO mapreduce.Job:  map 68% reduce 0%
16/03/02 23:18:20 INFO mapreduce.Job:  map 78% reduce 0%
16/03/02 23:18:23 INFO mapreduce.Job:  map 88% reduce 0%
16/03/02 23:18:26 INFO mapreduce.Job:  map 91% reduce 0%
16/03/02 23:18:29 INFO mapreduce.Job:  map 97% reduce 0%
16/03/02 23:18:30 INFO mapreduce.Job:  map 100% reduce 0%
16/03/02 23:18:33 INFO mapreduce.Job: Job job_1456953689954_0001 completed succe
ssfully
```

图 4-49 R 的 MapReduce 任务终端输出

随后是标准的 MapReduce 度量（Metrics），并且通过资源管理器的作业服务器以正常方式查看完成的确认，如图 4-50 所示。

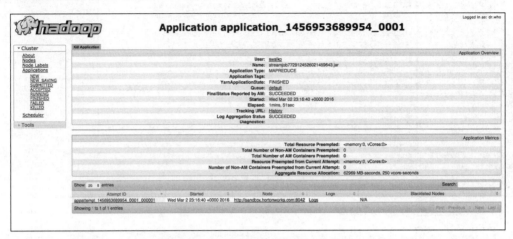

图 4-50　MapReduce 任务的度量页面

MapReduce 处理的数据输出存储在一个临时文件中，该文件的位置可以通过调用我们已经分配给 mapreduce() 函数的 R 对象的名称来轻松获取。

```
> mr()
[1] "/tmp/file195d78f77ca6"
```

mr 对象的结构表明我们的 Mapper 实现了预期的结果，因为它包含两个键（单个字）和值（值 1 分配给每个单词）。

```
> str(from.dfs(mr))
List of 2
 $ key: chr [1:3043767] "was" "was" "was" "was" ...
 $ val: num [1:3043767] 1 1 1 1 1 1 1 1 1 1 ...
```

我们可以使用以下命令列出 Mapper 返回的任意数量的（例如 50 个）唯一一键（单个字词）。

```
> head(unique(keys(from.dfs(mr))), n=50)
 [1] "was"          "introduced:" ""How"
 [4] "many"         "does"        "it"
 [7] "take"         "to"          "make"
[10] "a"            "pair?""      ""Well,"
[13] "two"          "generally"   "makes"
[16] "pair,"        "but"         "sometimes"
[19] "there"        "ain't"       "stuff"
[22] "enough"       "in"          "them"
```

```
[25] "whole"        "pair.""        ""
[28] "General"      "laugh."        ""What"
[31] "were"         "you"           "saying"
[34] "about"        "the"           "English"
[37] "while"        "ago?""         ""Oh,"
[40] "nothing,"     "are"           "all"
[43] "right,"       "only--I--""    "said"
[46] "them?""       "I"             "only"
[49] "they"         "swallow"
```

正如你看到的，返回的键仍然很乱，因为我们没有删除任何特殊字符。我们也可以打印小写的所有单词。

类似地，我们可以提取分配给单词的前 50 个值的列表。我们期望每个单词的值为 1。

```
> head(values(from.dfs(mr)), n=50)
 [1] 1 1 1 1 1 1 1 1 1 1 1 1 1 1 1 1 1 1 1 1 1 1 1 1
[25] 1 1 1 1 1 1 1 1 1 1 1 1 1 1 1 1 1 1 1 1 1 1 1 1
[49] 1 1
```

现在让我们使用改进的 Mapper 和 Reducer 函数实现一个完整版的 MapReduce 作业，其任务是将所有特定单词的计数相加，并将它们作为一个偶然表显示出来，就像本章前面的基于 Java 的例子。在 Mapper 中，我们将添加两行代码，让我们执行以下操作。

- 从提取的字中删除特殊字符。

- 并将所有字转换为小写。

因此，我们的新 Mapper 将如下所示。

```
> twain.map <- function(k, v) {
+ words <- unlist(strsplit(v, " "))
+ words <- gsub("[[:punct:]]", "", words, perl = TRUE)
+ words <- tolower(words)
+ keyval(words, 1)
+ }
```

就像在 Java 中一样，用 R 语言编写的 Reducer 函数（twain.reduce）将会非常简单，它以特定单词作为键来发出键值对，并且以它们在文本中出现的总数作为它们的对应值。

```
> twain.reduce <- function(k, v) {
+  keyval(k, sum(v))
+}
```

由于这个 MapReduce 作业包含一个 Reducer，我们的新 mapreduce()函数将包含一个额外的参数（reduce），使我们能够定义 Reducer 函数 twain.reduce。

```
> mr <- mapreduce(twain.path, input.format = twain.format, map = twain.map,
reduce = twain.reduce)
```

再次，上一行代码将初始化 MapReduce 作业，就像在以前的试验中一样，用户可以通过 R 控制台，或者浏览器中的输出消息来跟踪应用程序，如图 4-51 所示。

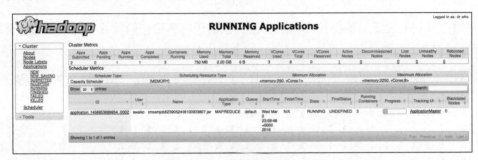

图 4-51　R MapReduce 作业页面

除了标准的 MapReduce 性能指标，通过 RHadoop 软件包的执行还显示了 reduce 调用的数量，如图 4-52 所示。

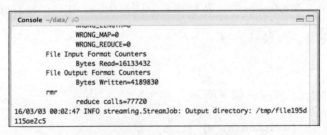

图 4-52　RHadoop 软件包的输出

此数字与 MapReduce 任务返回的唯一键（字）的总数一致。

```
> length(unique(keys(from.dfs(mr))))
[1] 77720
```

现在我们首先可以通过从数据输出中提取 50 个唯一键（单词）来比较实现的结果。

```
> head(unique(keys(from.dfs(mr))), n=50)
 [1] ""  "0" "1" "2" "3" "4" "5" "6" "7"
[10] "8" "9" "a" "b" "c" "d" "e" "f" "g"
[19] "h" "i" "j" "k" "l" "m" "n" "o" "p"
```

```
[28] "q"   "r"   "s"   "t"   "u"   "v"   "w"   "x"   "y"
[37] "z"   "00"  "01"  "02"  "03"  "04"  "05"  "06"  "07"
[46] "08"  "09"  "0d"  "0s"  "10"
```

我们还可以获得前 50 个键的值。

```
> head(values(from.dfs(mr)), n=50)
 [1] 253713      5    361    305    312    231    157
 [8]    167    122    133    124  71432    135    247
[15]    205    142     85     82    244  44161    135
[22]     23    339    281    181    380    158     63
[29]     67    368    133    113     57    304     61
[36]     84     13      3      3      5      6     10
[43]      6      5      3     10      6      1      1
[50]    141
```

我们之前解释过，输出数据存储在临时目录中的 HDFS 上。但是，我们可以很容易地将输出从 HDFS 复制到本地文件系统，或将其存储在 R 对象中。请记住，当处理巨大的数据集时，MapReduce 数据输出可能仍然相当大，因此从这些输出创建 R 对象可能很快用完你的 RAM 资源。在我们的例子中，输出结果很小。因此，我们可以将其提取为单独的 R 对象。这可以用 from.dfs() 函数来实现。

```
> output <- from.dfs(mr, format = "native")
> str(output)
List of 2
 $ key: chr [1:77720] "" "0" "1" "2" ...
 $ val: num [1:77720] 253713 5 361 305 312 ...
```

在 from.dfs() 函数中，我们将 format 参数设置为"native"，这迫使创建的 R 对象采用 MapReduce 输出的当前格式。在这种情况下，它是一个包含两个组件的列表：一个字符向量键和一个数值向量。

我们还可以为 HDFS 上的输出文件定义不同的输出格式和单独的目录，并将此信息传递给 mapreduce() 函数。在以下示例中，我们将使用包含在 make.output.format() 函数中的标准逗号分隔符将输出格式设置为 csv。

```
> out.form <- make.output.format(format = "csv", sep = ",")
```

现在可以将所创建的名为 out.form 的输出格式与指向新 MapReduce 作业中输出文件的 HDFS 目录的输出参数一起使用。

```
> mr <- mapreduce(twain.path, output = "/user/swalko/out1",
+         input.format = twain.format,
+         output.format = out.form,
+         map = twain.map, reduce = twain.reduce)
```

这将明显地初始化一个新的 MapReduce 应用程序，但这次并不是临时文件，输出文件
将被保存到 HDFS 上的/user/swalko/out1 目录，如输出参数中所示。可以使用标准的 hdfs.ls()
命令检查输出目录。

```
> hdfs.ls("out1")
  permission  owner    group     size           modtime
1 -rw-r--r-- swalko swalko         0 2016-03-03 00:44
2 -rw-r--r-- swalko swalko 1233188 2016-03-03 00:44
                            file
1    /user/swalko/out1/_SUCCESS
2 /user/swalko/out1/part-00000
```

现在可以使用 hdfs.get()函数将数据轻松地从 HDFS 上的/user/swalko/out1 复制到本地文
件系统上的任何目录（例如，它可能是 R 中定义的当前工作目录）。

```
> mr
[1] "/user/swalko/out1"

> wd <- getwd()
> wd
[1] "/home/swalko/data"
> hdfs.get(mr, wd)
[1] TRUE
```

或者如果要将单个输出文件从 HDFS 提取到数据文件（例如，本地文件系统中的* .txt
文件），请使用以下命令（根据个人目录调整路径）。

```
> hdfs.get("/user/swalko/out1/part-00000",
+          "/home/swalko/data/output.txt")
[1] TRUE
```

通过图 4-53 所示的 RStudio 中的"文件（Files）"选项卡视图，可以看到 out1 目录和 output.txt
文件。

最后，你可以保存自己的工作并注销 RStudio。不要忘记将所有重要文件从虚拟机中传
回本地个人计算机。你应该通过单击 Azure 门户中虚拟机视图中的停止按钮来取消分配虚
拟机，以避免进一步收费。

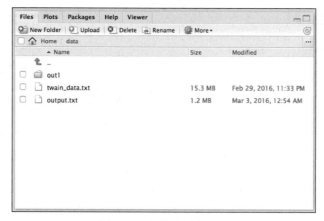

图 4-53 文件选项卡视图

在本节中，我们指导你完成安装单节点 Hadoop 并准备使用 R 语言进行数据处理的 Linux 虚拟机的设置，配置和部署所需的一系列步骤。我们使用 Linux 终端线路直接从 RStudio 控制台执行了一些 HDFS 管理活动。最后，我们在同一数据上运行 MapReduce 作业的 Java 和 R 语言实现。

在下一节中，我们将向前迈出一大步，远远超过本书前面的部分。你将学习如何创建一个可以处理 TB 级或 PB 级数据的多节点 Hadoop 集群，并能够使用 R 语言实现它。

4.3 HDInsight——Azure 上的多节点 Hadoop 集群

在本节中，我们将部署一个安装了 R 和 RStudio 服务器的多节点 HDInsight 集群，并将对能源需求研究项目的智能电表数据（约 414 000 000 个案例，4 个变量，大小为 12GB）执行一些 MapReduce 作业，数据可以从英国数据服务的 Discover 目录下载：https://discover. ukdataservice.ac.uk/catalogue/?sn=7591。但在可以进行实际的数据处理之前，我们需要设置并准备一个 HDInsight 集群来处理数据。HDInsight 的配置不是最简单的任务，特别是当我们需要安装其他工具的时候，例如 RStudio 服务器，希望以下指南能使你轻松地驾驭 HDInsight 和 R。

另外需要注意的是，根据 Microsoft Azure 的订购级别，部署此 HDInsight 群集可能需要额外费用。费用的多少取决于当前的订购、支持计划和许多其他因素。

4.3.1 创建第一个 HDInsight 集群

使用 R 和 RStudio 服务器在 Microsoft Azure 上部署 HDInsight 群集涉及以下步骤。

（1）创建新的资源组。

（2）部署虚拟网络。

（3）创建网络安全组。

（4）设置和配置 HDInsight 集群（例如，为核心 R 添加存储容器和自定义安装脚本）。

（5）启动 HDInsight 集群并探索 Ambari。

（6）连接到 HDInsight 群集并安装 RStudio Server。

（7）为端口 8787 添加新的入站安全规则。

（8）编辑头节点的虚拟网络的公共 IP 地址。

我们可以创建一个只有 R 核心的 HDInsight 集群，并且完成上述列表中的步骤（4）和步骤（5）就可以让用户从命令行使用。为了更好的用户体验和更强大的数据分析能力，建议包括 RStudio 服务器集成。然而，这需要完成多个附加阶段。

4.3.1.1　创建新的资源组

首先我们将手动创建一个新的资源组，其中包含我们的 HDInsight 集群的所有服务和关键组件。

（1）转到主 Azure Portal 仪表盘视图，从左侧菜单中选择资源组，如图 4-54 所示。

图 4-54　资源组视图

（2）在资源组视图中，单击顶部菜单中的添加按钮，开始创建新组，将显示一个新的资源组表单。设置资源组名称（例如 testcluster），并选择正确的资源组位置来完成表单，在我们的示例中是西欧。如果你有付费或免费订阅，可以在"订阅"下拉菜单中选择相应的类型。填写完所有字段后，请单击表单下方的创建按钮，如图 4-55 所示。

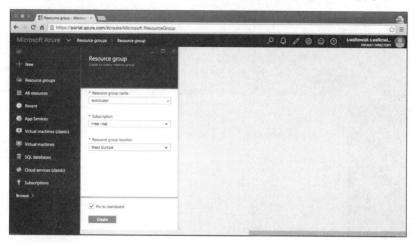

图 4-55　创建资源的表单

现在已经创建完新的资源组了，我们可以继续设置虚拟网络。

4.3.1.2　部署虚拟网络

虚拟网络可以让我们远程连接 HDInsight 服务并构建分布式应用程序。

（1）返回到 Azure 门户仪表板，并单击左侧菜单最上方带有+图标的**新建（New）**按钮。在新窗格的搜索栏中输入虚拟网络（Virtual Network）并选择顶部**虚拟网络**（见图 4-56）。

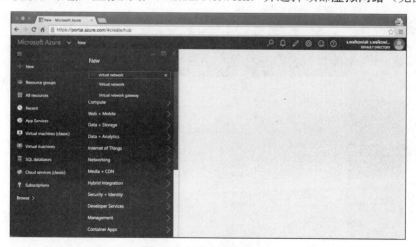

图 4-56　新建虚拟网络入口

（2）将出现一个名为"**一切（Everything）**"的新视图。从列表中选择虚拟网络，将显示一个描述虚拟网络服务的新窗口。如图 4-57 所示，保持将部署模型设置为资源管理器，然后单击"创建"（Create）按钮继续。

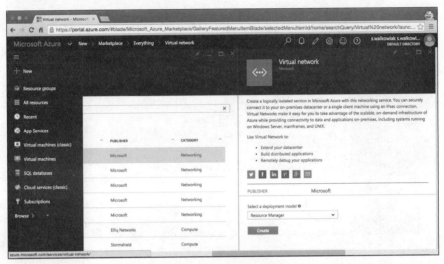

图 4-57　虚拟网络视图

（3）在新的创建虚拟网络视图中，我们可以为虚拟网络定义一个名称，此处设置为 clusterVN。保持地址空间、子网名称和子网地址范围不变，在"资源组"选项中，选择我们在上一节中创建的现有组，将其命名为 testcluster。确保相应的位置设置正确，这里选择为西欧。如图 4-58 所示，单击创建按钮以接受更改并部署新的虚拟网络。

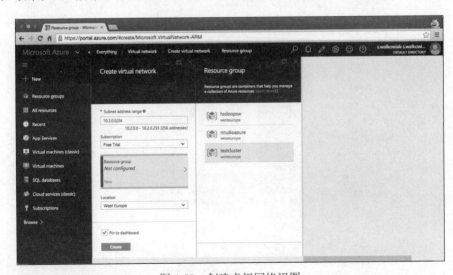

图 4-58　创建虚拟网络视图

创建虚拟网络可能需要几秒。一旦完成，你就可以继续开始创建新的网络安全组。

4.3.1.3　创建网络安全组

网络安全组可以让用户通过定义入站和出站安全规则来控制进出集群节点的流量。默认情况下，除了少数预定义之外，在部署 HDInsight 群集期间自动创建的安全组阻止所有传入和传出连接。由于我们希望通过浏览器访问 RStudio 服务器，就需要通过为目标端口 8787 添加一个入站规则来覆盖这些默认设置。让我们通过几个简单的步骤创建一个名为 clusterns 的新网络安全组。

（1）和之前一样，回到 Azure 门户仪表盘，然后单击新建按钮。在搜索栏中，键入网络安全组，然后选择匹配选项继续。从"全部"视图中选择网络安全组（带有屏蔽图标），如图 4-59 所示。

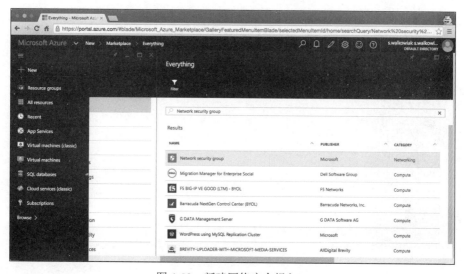

图 4-59　新建网络安全组入口

（2）在"网络安全组"视图中，从"选择部署模型"下拉菜单中选择"经典"选项，然后单击"创建"按钮继续（见图 4-60）。

（3）进入配置窗口，你可以在其中为网络安全组定义名称（我们将其设置为 clusterns），并选择相应的资源组，确保选择先前已创建的现有资源组，例如 testcluster（资源组必须是相同的所有连接到 HDInsight 集群的服务，我们将部署）。检查位置是否设置为前面的部分。单击"创建"按钮以部署安全组（见图 4-61）。

图 4-60　网络安全组视图

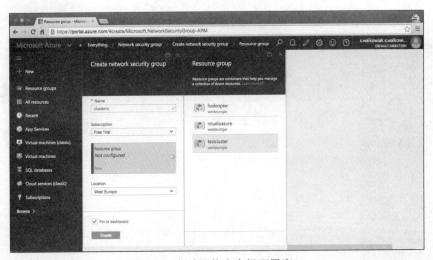

图 4-61　创建网络安全组配置窗口

几秒之后，新创建的安全组应该已经启动并正在运行。在这个阶段，应该还没有定义入站或出站安全规则。

你现在应该启动一个名为 testcluster 的资源组，其中包含两个服务：一个名为 clusterVN 的虚拟网络和另一个名为 clusterns 的网络安全组。我们现在可以进行 HDInsight 集群的实际部署。

4.3.1.4　设置和配置 HDInsight 集群

在本节中，我们将介绍 HDInsight 集群的所有配置选项，还将添加存储容器，并使用自定义脚本安装所有核心 R 文件。

（1）再次单击"新建"按钮，在搜索栏中键入 HDI。选择 HDInsight。从"全部"窗格中，选择 HDInsight 服务（带有描述黄色背景上的白色大象的图标），如图 4-62 所示。

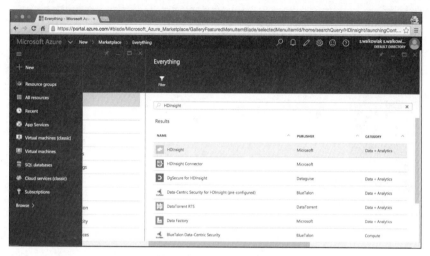

图 4-62　HDInsight 入口

（2）你现在可以查看有关 HDInsight 的一些一般信息。准备好之后，单击"创建"按钮以继续到新的 HDInsight 群集配置视图。填写集群名称（我们将其设置为 smallcluster），选择 Hadoop 作为集群类型，选择 Linux 作为集群操作系统。我们将选择最新的 Hadoop 2.7.0（HDI 3.3）作为首选版本（见图 4-63）。

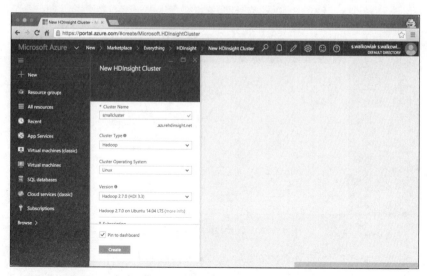

图 4-63　HDInsight 版本配置

（3）向下滚动页面并单击资源组选项，为集群选择正确的资源组。我们将继续使用包含我们以前创建的虚拟网络和网络安全组的 testcluster（见图 4-64）。

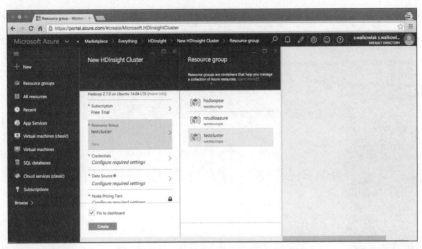

图 4-64　HDInsight 资源配置

（4）单击"凭证(Credentials)"选项卡，然后完成"集群凭证"表单。继续使用 admin 作为集群登录用户名，输入并确认密码。对于 SSH 用户名，我们使用 swalko，但你可以选择任何其他首选用户名。将 SSH 身份验证类型保存为 PASSWORD，并指定 SSH 密码并进行确认。完成后，单击"选择"按钮（见图 4-65）。

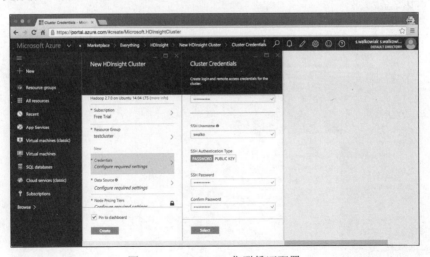

图 4-65　HDInsight 集群凭证配置

（5）选择"数据源"选项卡和"创建新的存储账户"。我们把它称为 clusterstore，并在 Choose Default Container 字段中键入 clusterstore1。请确保将存储容器的位置设置为与为此

HDInsight 群集配置的所有其他服务的位置相同的值。单击"选择"按钮接受更改（见图 4-66）。

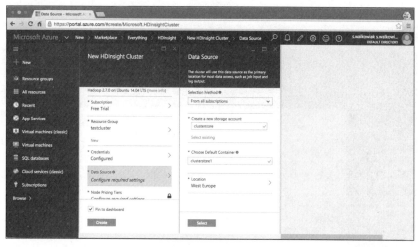

图 4-66　HDInsight 集群数据源配置

（6）单击节点定价层选项卡并调整 Worker 数量，我们将保持 4 作为默认值。接下来，你可以配置 Worker 节点和 Head 节点定价层。根据预算和订阅计划选择合适的规格，由于我们将要处理 12GB 的大型数据集，因此将分别为 Head 和 Workers 每个节点选择 D13 V2 优化虚拟机，其中包含 8 个内核、56GB RAM 和 400GB SSD 硬盘。配置完成后，单击"选择"按钮以继续（见图 4-67）。

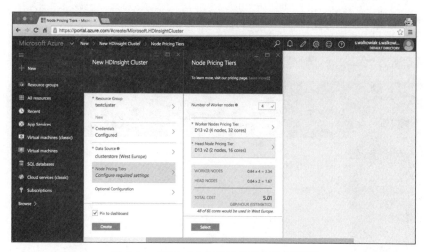

图 4-67　HDInsight 集群节点定价层配置

（7）最后，当我们要安装核心 R 文件并确保在以前创建的虚拟网络被 HDInsight 集群识别时，必须使用可选配置选项卡添加某些设置。在"可选配置"视图中，单击"虚拟网络"选项卡；为"虚拟网络"视图重复相同的操作，在"选择资源"中，为此集群选择已部署虚拟网络的名称（本例中为 clusterVN）。在"子网"选项卡中，选择默认值，并继续（见图 4-68）。

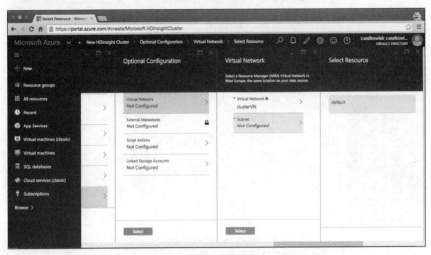

图 4-68　HDInsight 集群虚拟网络配置

你现在应该在可选配置菜单中，选择脚本操作选项卡。使用自定义 shell 脚本，我们可以在我们的集群中的所有选定节点上一起安装核心 R 文件。在 NAME 字段中，我们将操作全名为 installR。在 SCRIPT URI 中指定指向负责 R 安装的脚本链接。在我们的示例中，脚本位于 https://hdiconfigactions.blob.core.windows.net/linuxrconfigactionv01/r-installer-v01.sh。将此链接复制并粘贴到 SCRIPT URI 字段中。勾选 HEAD、WORKER 和 ZOOKEEPER 的所有字段。将 PARAMETERS 留空。配置完成后，单击"选择"按钮（见图 4-69）。

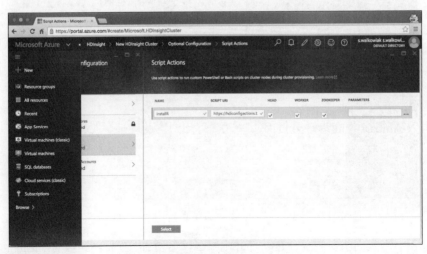

图 4-69　配置 R 的自定义安装脚本

再次单击"选择"按钮接受所有更改并返回到新 HDInsight 集群视图。

（8）我们现在可以单击"创建"按钮开始部署集群。根据集群的位置和具体配置，它可能需要 20 分钟～1 小时的时间。

4.3.1.5 启动 HDInsight 集群并探索 Ambari

部署完成后，你会跳转到 HDInsight 集群视图，可以从中轻松连接到集群、其仪表盘和高级设置以及管理控制。

（1）在 HDInsight 集群视图中，单击 All settings 链接（或位于顶部控件中的设置按钮），然后选择集群登录选项卡，仔细检查你之前设置的集群登录用户名（在我们的示例中是管理员）和远程地址（见图 4-70）。

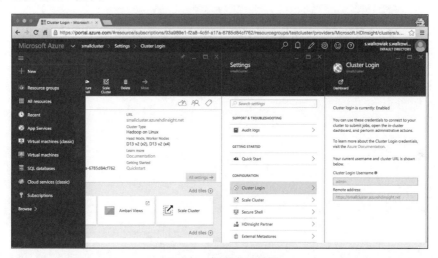

图 4-70 集群登录设置

（2）返回到 HDInsight 集群视图，单击顶部控制中的 Dashboard 按钮或快速链接部分中的 Cluster Dashboard 瓷片，然后单击 HDInsight Cluster Dashboard 瓷片（见图 4-71）。

单击进入 Ambari 仪表盘登录页面，输入集群用户名的凭证（见图 4-72）。

在 Ambari 仪表板中，你可以检查集群的所有服务的多个性能指标。在默认情况下，其中一些已准备好，如图 4-73 所示。

你还可以编辑和配置与 Hadoop 部署的各个工具和组件相关的所有设置和选项。然而，本书的主题内容只包括 Ambari 中几个度量和配置选项的简短描述。但是，你可停留观察一会儿，浏览一下 Ambari 仪表盘。

图 4-71　HDInsight 集群仪表盘入口

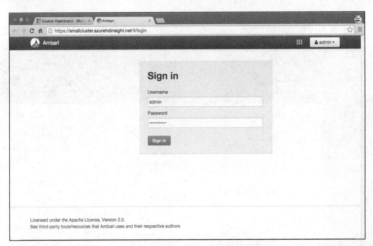

图 4-72　Ambari 登录界面

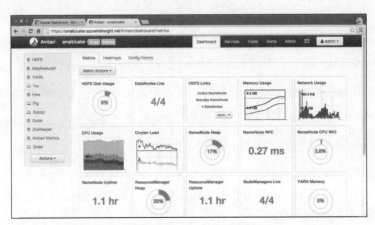

图 4-73　Ambari 仪表盘

4.3.1.6　连接到 HDInsight 群集并安装 RStudio Server

在这个阶段，我们可以通过 ssh 连接到集群并安装 RStudio Server。如前所述，我们的集群已经安装了当前版本 R 核心文件并即可使用。你可以直接从命令行使用标准库 R，但是对于用户来说，使用一个用户友好的交互式 GUI 从 R 客户端运行 R 脚本会更容易一些，例如 RStudio Server。此外，这让用户不仅可以直接从 R 控制台在集群上运行 MapReduce 作业，而且还能对 R 对象执行其他类型的分析，并创建静态和交互式数据可视化：

（1）在新的终端窗口中使用标准 ssh 命令连接到 HDInsight 集群。在通过 ssh 连接到集群之前，你需要获取集群头节点的主机名。请注意，此主机名与通过 HDInsight Cluster 视图的主要 Essentials 窗口可用的 URL 不同。对于群集，我们可以通过单击 HDInsight 群集中的所有设置链接，并从设置窗格中的配置选项中选择安全 Shell（Secure Shell）选项卡来获取主机名，如图 4-74 所示。

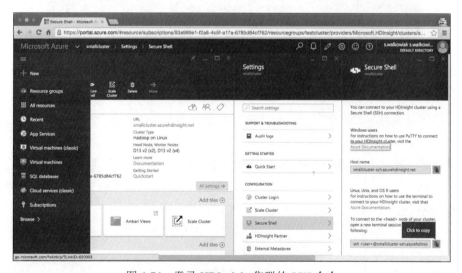

图 4-74　登录 HDInsight 集群的 SSH 命令

从安全 Shell 窗口可以看到，在当前情况下，我们应该使用 ssh <user> @ smallcluster-ssh.azurehdinsight.net 从 shell/Terminal 访问集群。

```
$ ssh swalko@smallcluster-ssh.azurehdinsight.net
```

如果提示你是否确定要继续，然后在提示时为用户名提供密码，请输入 yes。通过验证后，你应该连接到集群的头节点。

（2）在安装 RStudio Server 之前，请检查你的核心 R 是否工作。为了这样做，你只需简单地调用 R GUI 通过从 shell/Terminal 键入以下命令。

```
$ R
```

如果你可以看到类似于图 4-75 中所示的欢迎消息和 R 信息输出，则意味着核心 R 的安装成功。

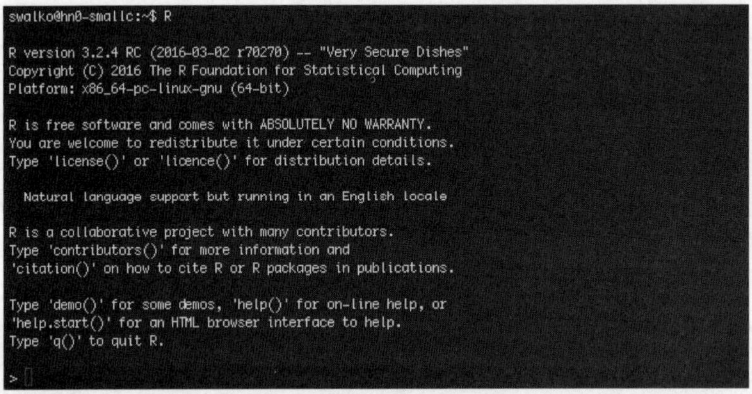

```
swalko@hn0-smallc:~$ R

R version 3.2.4 RC (2016-03-02 r70270) -- "Very Secure Dishes"
Copyright (C) 2016 The R Foundation for Statistical Computing
Platform: x86_64-pc-linux-gnu (64-bit)

R is free software and comes with ABSOLUTELY NO WARRANTY.
You are welcome to redistribute it under certain conditions.
Type 'license()' or 'licence()' for distribution details.

  Natural language support but running in an English locale

R is a collaborative project with many contributors.
Type 'contributors()' for more information and
'citation()' on how to cite R or R packages in publications.

Type 'demo()' for some demos, 'help()' for on-line help, or
'help.start()' for an HTML browser interface to help.
Type 'q()' to quit R.

>
```

图 4-75　R 终端启动界面

你可以使用 q()函数暂时退出 R 并返回 shell/Terminal。

（3）登录到集群后，你现在可以安装需要的 R 软件包。请注意，当我们使用 HDInsight 集群的自定义脚本安装核心 R 时，已经安装了一些支持 Hadoop 生态系统中的数据管理和处理的软件包（例如 rmr2 和 rhdfs）及其依赖关系。因此，我们不需要担心 rJava 和其他包，它们已经自动安装好了。然后可以继续安装 RStudio Server。由于我们的操作系统是 Linux Ubuntu 14.04，请访问 RStudio Server 下载页面，并执行多行 Linux 命令以下载并安装它。

```
$ sudo apt-get install gdebi-core
...
$ wget https://download2.rstudio.org/rstudio-server-0.99.891-amd64.deb
...
$ sudo gdebi rstudio-server-0.99.891-amd64.deb
...
```

4.3.1.7　为端口 8787 添加新的入站安全规则

现在已经安装了 RStudio Server，但是我们仍然无法通过浏览器访问它。因此，我们需要为端口 8787 添加新的入站安全规则。按照以下步骤实现。

（1）从左侧菜单中选择资源组选项，并选择包含 HDInsight 集群的资源组，这里是

testcluster。此时将出现一个新的测试集群窗格，其中包含分配给该组的所有资源的列表。选择名为 clusterns 的网络安全组（具有盾牌形状的图标的资源），如图 4-76 所示。

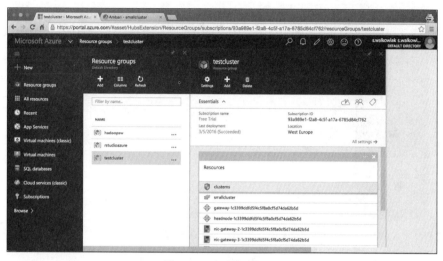

图 4-76　安全规则入口

（2）从所选网络安全组的 Essentials 视图中，单击所有设置链接，然后单击设置视图中的入站安全规则，如图 4-77 所示。

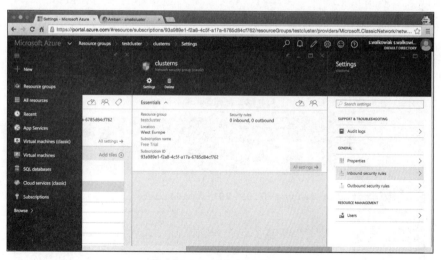

图 4-77　入站安全规则视图

（3）在入站安全规则中，单击顶部控制面板中的添加按钮，然后填写表单以添加新的入站安全规则。给它一个名称（例如 rstudio），保持默认的优先级和 Source，将协议更改为 TCP。源端口范围和目标将保持不变，但是请在目标端口范围字段中输入 8787。确保"操作"的突出显示选项设置为"允许"。完成后单击"OK"按钮,如图 4-78 所示。

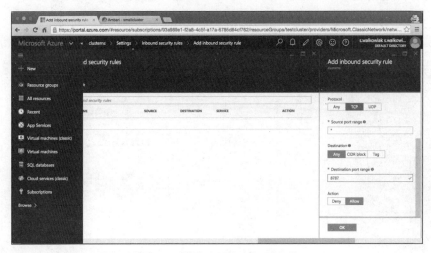

图 4-78　新建入站安全规则表单

这将创建一个新的安全规则,并更新当前的网络安全组。

4.3.1.8　编辑头节点的虚拟网络的公共 IP 地址

尽管配置了入站安全规则,但我们仍然无法通过浏览器连接到 RStudio 服务器。为此,我们需要安装 RStudio Server 的节点(要精确的头节点)获取一个公共 IP 地址。

(1)单击资源组(左侧的菜单面板),选择包括 HDInsight 集群的资源组,这里使用 testcluster。单击资源列表的磁贴以显示与此资源组相关的所有资源和服务(见图 4-79)。

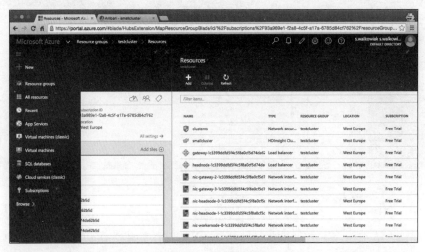

图 4-79　资源组列表

（2）由于列表很长，需要知道我们要为哪个特定服务编辑公共 IP 地址。找到它的方法是在 shell/Terminal 窗口中键入 ifconfig 命令（相当于 Windows 的 ipconfig），并使用 SSH检查我们当前连接的头节点的私有 IP 地址（见图 4-80）。

$ ifconfig

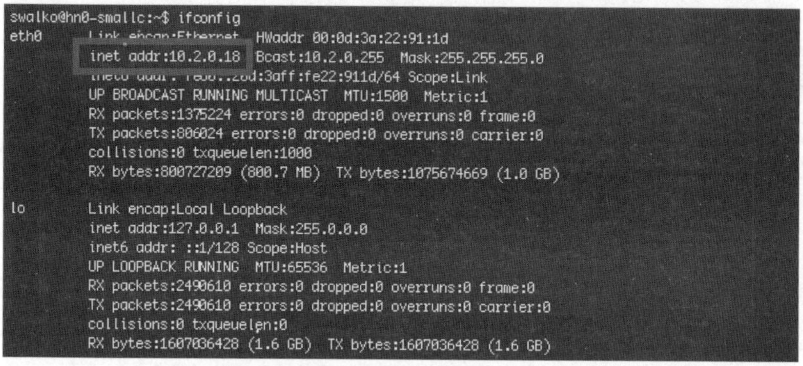

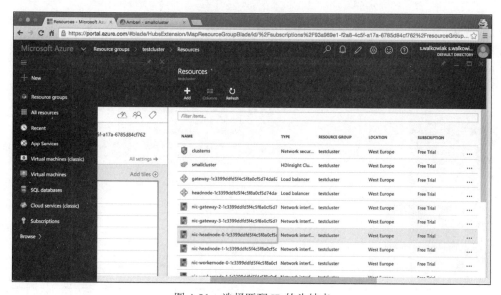

图 4-80　ifconfig 查看头节点的私有 IP 地址

（3）从上面的输出，我们得到头节点的私有 IP 地址 10.2.0.18。单击匹配的 IP 地址的头节点的名称（通常是头节点 0），如图 4-81 所示。

图 4-81　选择匹配 IP 的头结点

（4）这里将显示头节点的 Essentials 信息，我们可以看到头节点没有设置公共 IP 地址。单击"All settings"链接，并从常规配置选项的菜单中选择 IP 地址（见图 4-82）。

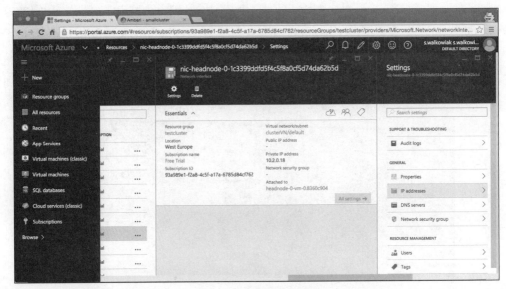

图 4-82　选择匹配 IP 地址

（5）在"IP 地址"视图中，确保为"公共 IP 地址"设置选择"已启用"。单击 IP 地址
选项卡，然后选择新建，如图 4-83 所示。

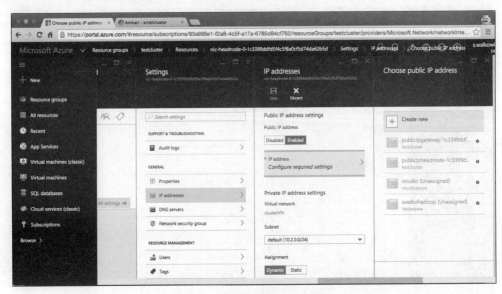

图 4-83　新建新的公共 IP 地址

（6）在"创建公共 IP 地址"视图中，给 IP 地址设置命名，例如 rstudio，然后单击下
面的"确定"按钮继续。

（7）此时，你将返回到 IP 地址视图，其中应包括所做的所有更改，现在你可以通过单击顶部控制菜单中的"保存"按钮来保存更改（见图 4-84）。

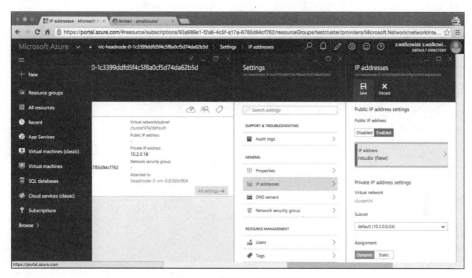

图 4-84　保存 IP 地址更改

这将为头节点创建一个新的公共 IP 地址，并更新网络接口。

（8）要检查分配给头节点的公共 IP 地址，请关闭所有其他连续视图返回 Essentials 视图，然后单击"所有设置"链接和"IP 地址"选项卡。在 IP 地址视图中，你应该看到分配给头节点的公网 IP 地址（见图 4-85）。

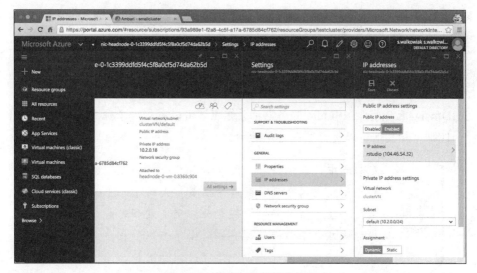

图 4-85　查看头节点的公共 IP

（9）要查看是否可以通过浏览器连接到 RStudio Server，请将浏览器指向 http://<headnode_public_IP_address>:8787。在我们的例子中，IP 地址是 http://104.46.54.32:8787（见图 4-86）。

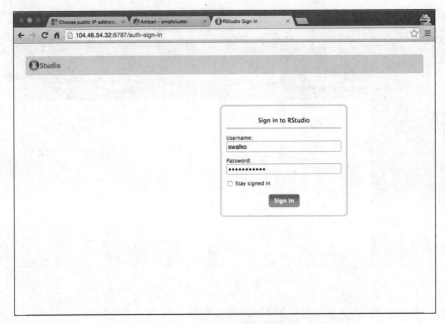

图 4-86　访问公网 IP 登录 Rstudio

成功了！你现在可以输入 SSH 连接到集群的登录凭证，以登录到新的 RStudio 服务器会话。

本节介绍了有关使用 RStudio Server 安装的 HDInsight 设置和配置。在下一节中，我们将使用 RStudio，对智能电表的数据集上执行多个 MapReduce 任务。

4.3.2　智能电表数据分析示例——在 HDInsight 集群上使用 R

在 HDInsinght 上登录 RStudio 服务器后，你应该可以看到一个标准的 RStudio GUI，其中有一个控制台和其他可以进行数据处理的窗口。

在本节中，我们将在大约 414000000 行的大型数据集和能量需求研究项目的 4 个变量（大约 12GB）的大型数据集上执行一些数据聚合、交叉表和其他分析，我们将在本章前面简要介绍。由于数据量相当大，不能开放访问，因此我们无法通过网站进行共享，但你可以通过在 UK Data Service 注册并获取完整数据集。数据集包含了英国 2007 年～2010 年超过 14000 个家庭的代表性样本以 30 分钟间隔读取的电表数据。但在使用该文件之前，应准备数据，以使其不包含变量名称的标题。为了分析的目的，我们还添加了第 5 个变量抄表的 HOUR。我们使用 R 的 lubridate 包已经从 ADVANCEDATETIME 变量中提取了的时间。然后，将整个 data.frame 导出到一个可用于 Hadoop 处理的单独文件（例如，elec_noheader.csv）。你可以通过从 Packt 网站下载的 R 脚本来复制所有这些数据准备过程。确保在服务器或虚拟机上执行所有任务，并具有至少 64 GB 的 RAM 和 100 GB 的可用硬盘驱动器空间。因此，你应该最终得到一个单独的 csv 文件，约有 414000000 行和 5 列数据，大小约为 13.5 GB。

一旦登录到 RStudio，我们必须确保 HADOOP_CMD 和 HADOOP_STREAMING 变量设置正确。

```
> cmd <- system("which hadoop", intern=TRUE)
> cmd
[1] "/usr/bin/hadoop"
> Sys.setenv(HADOOP_CMD=cmd)
> stream <- system("find /usr -name hadoop-streaming*jar", intern=TRUE)
...#output truncated
> stream
```

stream 的输出结果如图 4-87 所示。

```
> stream
[1] "/usr/hdp/2.3.3.1-7/hadoop-mapreduce/hadoop-streaming.jar"
[2] "/usr/hdp/2.3.3.1-7/hadoop-mapreduce/hadoop-streaming-2.7.1.2.3.3.1-7.jar"
[3] "/usr/hdp/2.3.3.1-7/oozie/share/lib/mapreduce-streaming/hadoop-streaming-2.7.1.2.3.3.1-7.jar"
attr(,"status")
[1] 1
```

图 4-87　stream 的输出

```
> Sys.setenv(HADOOP_STREAMING=stream[1])
```

我们应该快速检查作业是否成功完成。

```
> Sys.getenv("HADOOP_CMD")
[1] "/usr/bin/hadoop"

> Sys.getenv("HADOOP_STREAMING")
[1] "/usr/hdp/2.3.3.1-7/hadoop-mapreduce/hadoop-streaming.jar"
```

加载 rmr2 和 rhdfs 包。

```
> library (rmr2)
...#output truncated
> library (rhdfs)
...#output truncated
```

开始 HDFS 连接。

```
> hdfs.init()
...#output truncated
```

上述命令中的一些可能会产生较短或稍长的输出，其中包含有关加载依赖关系的详细信息，或者还可能包含一些警告消息，但通常它们不是任何关注的原因，因此我们可能会在此时忽略它们。

为了获取数据，打开一个新的终端窗口，并使用以前提供的脚本在本地和虚拟机之间进行数据传输。在我们的例子中，data 文件夹位于本地机器的桌面上，shell/Terminal 命令将如下所示。

```
$ scp -r  ~/Desktop/data/swalko@smallcluster-ssh.azurehdinsight.net:~/
```

然后，你应该在头节点上的本地区域上看到一个数据文件夹。该文件夹包含两个文件：一个没有标题（没有变量标签/名称）的数据 csv 文件和一个包含输入格式变量名称和变量类型的小型 csv 文件。

你现在应该将 R 工作目录设置为数据文件夹，同时将两个文件传输到头节点。

```
> getwd()
[1] "/home/swalko"
> setwd("/home/swalko/data")
```

提取工作目录中数据文件的完整路径。

```
> file <- dir(getwd(), pattern = "_noheader.csv", full.names = TRUE)
> file
[1] "/home/swalko/data/elec_noheader.csv"
```

现在我们可以将文件放入 HDFS。在这样做之前，应该首先在 HDFS 上创建一个新的目录。

```
> hdfs.mkdir("elec/data")
[1] TRUE
```

将数据传输到 HDFS 上的 elec/data 目录。该过程可能需要几秒，所以请耐心等待，直到看到 TRUE 输出。

```
> hdfs.put(file, "elec/data")
[1] TRUE
```

我们现在可以检查文件是否已正确复制到 HDFS 中。

```
> hdfs.ls("elec/data")
  permission  owner      group        size            modtime
1 -rw-r--r-- swalko supergroup 14443144092 2016-03-06 19:09
                                           file
1 /user/swalko/elec/data/elec_noheader.csv
```

还建议通过提取其到 HDFS 的完整路径来创建文件的快捷方式。

```
> elec.data <- hdfs.ls("elec/data")$file
> elec.data
[1] "/user/swalko/elec/data/elec_noheader.csv"
```

我们现在可以开始准备数据文件的输入格式。请注意，我们需要为数字数据集创建一个输入格式，因为它没有任何标题。重要的是要记住，具有行和列的标准数据集应该上传到 HDFS，而不需要任何变量的名称。节点上的 shuffling 过程可能导致一些变量名被错误地分配给不同的列；因此，我们需要独立于主数据文件创建输入格式。首先，我们将从补充的 input_format.csv 文件中检索变量信息。

```
> elec.format <- read.csv("input_format.csv", sep = ",", header=TRUE,
stringsAsFactors = FALSE)
> str(elec.format)
'data.frame':  1 obs. of  5 variables:
$ ANON_ID        : chr "character"
$ ADVANCEDATETIME: chr "character"
$ HH             : chr "integer"
$ ELECKWH        : chr "numeric"
$ HOUR           : chr "integer"
```

从上面的输出可以看出，我们的输入格式非常简单，其实就是一个只有变量名和变量类型的 data.frame。

我们为每个变量提取列的类型，将在下一步中需要这些信息。

```
> colClasses <- as.character(as.vector(elec.format[1, ]))
> colClasses
[1] "character" "character" "integer"   "numeric"   "integer"
```

最后，我们可以使用 make.input.format()函数为 Hadoop 处理创建一个输入格式，你应该从本章以前的部分中熟悉这一点。由于我们的数据采用 csv 格式，我们将其包含在函数的格式参数中，还将定义分隔符（sep）。另外，我们将利用在上一步中创建的列类型对象（colClasses），提取所有变量的名称并将其传递给 col.names 参数。

```
> data.format <- make.input.format(format = "csv", sep = ",",
                                    col.names = names(elec.format),
                                    colClasses = colClasses,
                                    stringsAsFactors = FALSE)
```

现在可以继续进行第一次 MapReduce 的工作，但是开始我们将只运行一个 Mapper 函数。在这次工作中，我们只会在收集电表读数时，以星期的形式（例如星期一、星期二等）提取时间戳。输出的每一行将被分配值 1。这个简单的 Mapper 将使用 R 中的 weekdays( ) 函数把数据的第二列日期转换为工作日。

```
> elec.map <- function(k, v) {
+    timestamp <- v[[2]]
+    wkday <- weekdays(as.Date(timestamp, format = "%d%b%y"))
+    keyval(wkday, 1)
+}
```

我们可以使用熟悉的 mapreduce()函数初始化 MapReduce 作业，其中指定了数据的 HDFS 路径（elec.data），其输入格式（data.format）和 mapper 函数（elec.map）：

```
> mr <- mapreduce(elec.data, input.format = data.format, map = elec.map)
```

从 R 控制台可以很方便地观察任务的进度。YARN 提交应用程序并启动 MapReduce 作业，如图 4-88 所示。

同时，你可以使用浏览器从资源管理器控制应用程序。在我们的例子中，可以访问 https://smallcluster. azurehdinsight.net/yarnui/hn/cluster/apps/RUNNING，如图 4-89 所示。

```
WARNING: Use "yarn jar" to launch YARN applications.
packageJobJar: [] [/usr/hdp/2.3.3.1-7/hadoop-mapreduce/hadoop-streaming-2.7.1.2.3.3.1-7.jar]
/tmp/streamjob7498273722666106155.jar tmpDir=null
16/03/06 19:29:37 INFO impl.TimelineClientImpl: Timeline service address: http://hn0-smallc.
bauchabapwtuji1wpnn2paxlfg.ax.internal.cloudapp.net:8188/ws/v1/timeline/
16/03/06 19:29:38 INFO impl.TimelineClientImpl: Timeline service address: http://hn0-smallc.
bauchabapwtuji1wpnn2paxlfg.ax.internal.cloudapp.net:8188/ws/v1/timeline/
16/03/06 19:29:39 INFO mapred.FileInputFormat: Total input paths to process : 1
16/03/06 19:29:39 INFO mapreduce.JobSubmitter: number of splits:27
16/03/06 19:29:39 INFO mapreduce.JobSubmitter: Submitting tokens for job: job_1457287599108_
0002
16/03/06 19:29:40 INFO impl.YarnClientImpl: Submitted application application_1457287599108_
0002
16/03/06 19:29:40 INFO mapreduce.Job: The url to track the job: http://hn0-smallc.bauchabapw
tuji1wpnn2paxlfg.ax.internal.cloudapp.net:8088/proxy/application_1457287599108_0002/
16/03/06 19:29:40 INFO mapreduce.Job: Running job: job_1457287599108_0002
16/03/06 19:29:57 INFO mapreduce.Job: Job job_1457287599108_0002 running in uber mode : fals
e
16/03/06 19:29:57 INFO mapreduce.Job:  map 0% reduce 0%
16/03/06 19:30:21 INFO mapreduce.Job:  map 1% reduce 0%
16/03/06 19:30:24 INFO mapreduce.Job:  map 2% reduce 0%
16/03/06 19:30:25 INFO mapreduce.Job:  map 3% reduce 0%
16/03/06 19:30:27 INFO mapreduce.Job:  map 4% reduce 0%
16/03/06 19:30:28 INFO mapreduce.Job:  map 6% reduce 0%
16/03/06 19:30:31 INFO mapreduce.Job:  map 8% reduce 0%
```

图 4-88 任务的终端输出

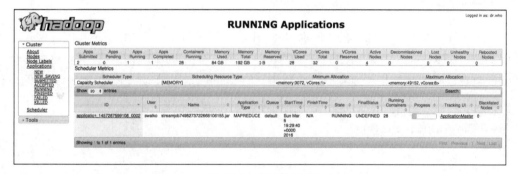

图 4-89 资源管理器

当作业完成后，MapReduce 将在 R 控制台中输出一条消息，以确认成功完成，并生成与性能相关的指标列表，如图 4-90 所示。

```
16/03/06 19:33:00 INFO mapreduce.Job:  map 100% reduce 0%
16/03/06 19:33:04 INFO mapreduce.Job: Job job_1457287599108_0002 completed successfully
16/03/06 19:33:04 INFO mapreduce.Job: Counters: 30
        File System Counters
                FILE: Number of bytes read=0
                FILE: Number of bytes written=3744971
                FILE: Number of read operations=0
                FILE: Number of large read operations=0
                FILE: Number of write operations=0
                WASB: Number of bytes read=14446607529
                WASB: Number of bytes written=3324939256
                WASB: Number of read operations=0
                WASB: Number of large read operations=0
                WASB: Number of write operations=0
```

图 4-90 任务的性能指标列表

最后，还提供输入和输出格式的最终计数器，分别表示数据的读取和写入字节。还会显示有关输出文件的位置，如图 4-91 所示。

```
File Input Format Counters
        Bytes Read=14446551963
File Output Format Counters
        Bytes Written=3324939256
16/03/06 19:33:04 INFO streaming.StreamJob: Output directory: /tmp/filea4c333ead425
```

图 4-91 文件输入输出的信息

结果仅供参考，对大约 13.5GB 的大数据集大约需要 3 分 22 秒才能执行完这个 MapReduce。考虑到单个文件的大小，我们只有两个头和 4 个工作节点来运行任务，这是一个非常好的结果了。

如果你想检查输出的前 50 个键值对，则可以运行以下命令。但请记住，MapReduce 作业的返回输出相当大，因此你可能需要等待一段时间才能获取结果。

```
> head(keys(from.dfs(mr)), n=50)
> head(values(from.dfs(mr)), n=50)
```

我们现在将运行一个简单的 MapReduce 作业，与之前完成的 Mapper 相同，但是这次还将添加一个 Reducer 函数。Reducer 将简单地总结所有出现的工作日，任务将返回每个工作日的电表读数的数量。因为我们将使用相同的 Mapper，这只显示 Reducer 函数的例子。

```
> elec.reduce <- function(k, v) {
+    keyval(k, sum(v))
+}
```

然而，在 HDInsight 中，当使用 Mapper 和 Reducer 运行 MapReduce 任务时，存在已知的 Java 堆空间错误。为了避免这样的问题，请通过设置其他 Hadoop 参数来调整 rmr.options()。在例子中，我们将改变分配给 Mapper 任务的内存。然而，暂时没有明确的解释是什么导致这些问题，建议用户尝试根据具体任务配置此值。

```
> rmr.options(backend = "hadoop",
+            backend.parameters = list(hadoop = list(D =
+            "mapreduce.map.memory.mb=1024")))
```

设置完成后，我们可以初始化 MapReduce 应用程序了。

```
> mr <- mapreduce(elec.data, input.format = data.format, map = elec.map,
reduce = elec.reduce)
```

因为 Mapper 返回了非常多的数据，所以减慢了 Reducer 的速度。因此，Reducer 可能需要一个小时才能完成。MapReduce 作业将数据从 14446551963Byte 减少到只有 2434Byte，如图 4-92 所示。

```
                    File Input Format Counters
                            Bytes Read=14446551963
                    File Output Format Counters
                            Bytes Written=2434
            rmr
                            reduce calls=7
16/03/06 22:31:00 INFO streaming.StreamJob: Output directory: /tmp/fileacb12fdf4c68
```

图 4-92　MapReduce 任务文件输入输出大小

由于我们预告知道输出只包含 7 个键，每个工作日 1 个，我们可以直接从 HDFS 简单地将值提取到 R 控制台。

```
> keys(from.dfs(mr))
[1] "Friday"    "Monday"    "Sunday"    "Tuesday"   "Saturday"
[6] "Thursday"  "Wednesday"
```

同样，还有键值对的实际值。这些值返回每个工作日的电表读数。

```
> values(from.dfs(mr))
[1] 59178172 58002880 58107070 59482118 58978382 60111058
[7] 59976358
```

我们现在可以执行一个稍微复杂，但也更有趣的 MapReduce 任务。我们将计算所有数据点每小时的平均电力消耗。因此，Mapper 将收集小时数（存储在我们的数据的第五列）和半小时耗电量（第四列）。另一方面，Reducer 将返回一个数据帧作为输出，它将包含小时数和小时对应的电力消耗的算术平均值。这两个功能可以写成如下所示的样子。

```
> elec.map <- function(k, v) {
+   keyval(v[[5]], v[[4]])
+ }
> elec.reduce <- function(k, v) {
+   data.frame(hour=k, electricity=mean(v), row.names = k)
+ }
```

我们可以通过 mapreduce()函数以标准方式启动这个 MapReduce 任务。

```
> mr <- mapreduce(elec.data, input.format = data.format, map = elec.map,
reduce = elec.reduce)
```

这一次，任务运行要快得多，已经能在 23 分钟内完成了，如图 4-93 所示。

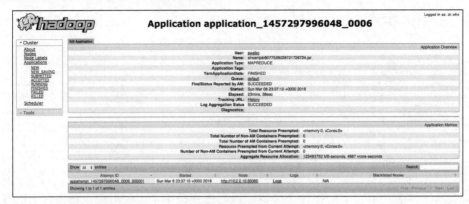

图 4-93　任务运行状态

数据已经减少到 13768Byte，如图 4-94 所示。

```
File Input Format Counters
        Bytes Read=14446551963
File Output Format Counters
        Bytes Written=13768
rmr
        reduce calls=24
16/03/07 00:00:50 INFO streaming.StreamJob: Output directory: /tmp/file7f7b22bf699d
```

图 4-94　文件输入输出的信息

我们希望将 data.frame 作为输出返回，可以在 Reducer 给出的键值对的值中找到它。

```
> values(from.dfs(mr))
    hour electricity
0     0   0.1644723
1     1   0.1625018
2     2   0.1550308
3     3   0.1477970
4     4   0.1490879
5     5   0.1760863
6     6   0.2290345
7     7   0.2625266
8     8   0.2621741
9     9   0.2559816
10   10   0.2522044
11   11   0.2561508
12   12   0.2537384
13   13   0.2428750
14   14   0.2429057
15   15   0.2723253
16   16   0.3349504
17   17   0.3817152
```

```
18    18    0.3866054
19    19    0.3724855
20    20    0.3535727
21    21    0.3200561
22    22    0.2552215
23    23    0.1889879
```

就像任何其他的数据框架一样，我们当然可以将这些值存储到另一个 R 对象中，并在进一步的数据分析或可视化中重新使用它们。

```
> plot1 <- values(from.dfs(mr))
```

例如，我们可以使用 ggplot2 包创建一个简单的线条图，这将显示每个特定小时的平均耗电量。

```
> install.packages("ggplot2")
... #output truncated - installing dependencies
> library(ggplot2)
> ggplot(plot1, aes(x=factor(hour), y=electricity, group=24)) +
+   geom_line(colour="blue", linetype="longdash", size=1.5) +
+   geom_point(colour="blue", size=4, shape=21, fill="white") +
+   xlab("Hour of measurement") +
+   ylab("Units of kilowatt-hours consumed") +
+   ggtitle("A line graph of kilowatt-hour consumed per Hour") +
+   theme_bw()
```

上述代码片段将生成图 4-95 所示的图形。

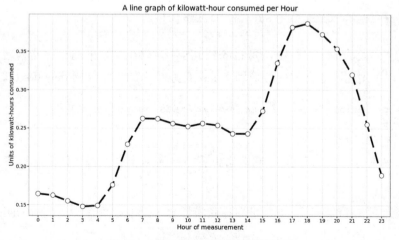

图 4-95　小时电表对数的图形化展示

与 word count 示例中一样，你可以将 MapReduce 作业的输出重定向到 HDFS 上的另一个目标文件夹。为了做到这一点，我们需要通过 make.output.format()函数创建一个输出格式，并在 mapreduce()函数中传入输出格式以及输出目录的路径。

```
> out.form <- make.output.format(format = "csv", sep = ",")
> mr <- mapreduce(elec.data, output = "/user/swalko/output",
+                 input.format = data.format, output.format = out.form,
+                 map = elec.map, reduce = elec.reduce)
```

作业完成后，你可以在使用 mapreduce()函数创建的 HDFS 输出目录中找到输出文件。这也是通过任务信息消息确认的，如图 4-96 所示。

```
            File Input Format Counters
                    Bytes Read=14446551963
            File Output Format Counters
                    Bytes Written=491
        rmr
                    reduce calls=24
16/03/07 01:09:03 INFO streaming.StreamJob: Output directory: /user/swalko/output
```

图 4-96　任务信息中的输出目录

```
> hdfs.ls("output")
 permission  owner       group size          modtime
1 -rw-r--r-- swalko supergroup    0 2016-03-07 01:09
2 -rw-r--r-- swalko supergroup  491 2016-03-07 01:09
                                 file
1   /user/swalko/output/_SUCCESS
2 /user/swalko/output/part-00000

> hdfs.file <- hdfs.ls("output")$file[2]
```

在上述代码段的最后一行中，我们将 HDFS 上的输出文件的路径存储为新的 R 对象。我们现在可以使用它将返回的值传输到本地文件系统中的一个新的 output.txt 文件。

```
> hdfs.get(hdfs.file, "/home/swalko/data/output.txt")
[1] TRUE
```

从那里，我们可以使用 shell/Terminal 窗口中的 scp 命令将文件简单地下载到个人计算机。

这已经到了本章的最后。本章引导你完成了一些或多或少有挑战性的 Hadoop 和 R 相关的任务。

4.4　小结

尽管本章的主要目标是将 R 语言用于 Hadoop 中的数据处理，但在其他章节已经向你展示了大数据分析中使用的众多不同技术和方法。我们只是希望这部分可以起到查漏补缺的作用。

我们之前介绍了 Hadoop 生态系统的多样性，对用户很有用的工具和应用程序、HDFS 和 MapReduce 框架。

然后，我们创建了一个单节点 Hadoop 集群，其中使用 Java 和 R 语言执行了一个简单的单词记数的 MapReduce 练习。另外还展示了如何用 Linux 命令行和 RStudio 服务器管理 HDFS。

最后，我们实现了一些可能无法在市面上已有的多数（如果有的话）R 图书中找到的东西。我们设置并配置了一个完全可操作的多节点 Hadoop 集群，并安装了 R 和 RStudio 服务器。我们对一些真实的大数据进行了实践，大约 414000000 行电力智能电表读数。

在接下来的两章中，我们将使用存储在数据库中的数据。在第 5 章中，我们将探讨与传统的关系数据库管理系统（RDBMS）的 R 语言连接，第 6 章会花一些时间介绍更灵活、非结构化的 NoSQL 数据库，如 MongoDB。当然，我们可以用 R 做更多其他的事情。

第 5 章
R 与关系型数据库管理系统（RDBMS）

在前面的章节中，我们使用 R 语言完成了大量的大数据分析，但是如果没有讨论数据库，这就不是一本完整的书了。确切地说，本章将会带领大家探索 R 和非常流行的关系型数据库管理系统（RDBMS）——即大家熟知的 SQL 数据库——的关联关系。在阅读本章内容之后，你将会掌握以下内容。

（1）设置多个本地或远程的 SQL 数据库，例如 SQLite、PostgreSQL 和 MariaDB/MySQL。

（2）使用特定的 R 包直接查询和管理 SQL 数据库（包括本地的和远程的）。

（3）启动不同版本的完全托管的、高可扩展的亚马逊 RDS 数据库示例，并使用 R 语言查询其中的记录。

在实现上述目标的同时，你将看到各种各样的技术和方法，帮助你安装特定数据库和 R 环境所需的特定组件。此外，由于我们要查询 RDBMS，本章会对结构化查询语言（SQL）做简单介绍。你很会就会看到，从安装一个新数据库开始，到读取数据的过程中，几个基础 SQL 指令在本章中将会非常有用。不过在我们沉浸于实践联系之前，让我们先探讨一下将在本章中使用的数据库的一些特性。

5.1 关系型数据库管理系统（RDBMS）

目前可用的 RDBMS 实在太多，几乎不可能在一个章节中描述所有或者绝大部分 RDBMS。如果你在分析或研究过程中没有使用过任何此类数据库，现在就是探索如何从大数据管理和处理活动中收益的时候了。

5.1.1 常用 RDBMS 简介

为了让你拥有从各种 R 用户可使用的数据库进行选择的品味，我们决定介绍其中 3 种，从 3 个不同场景启动和与 R 连接。

（1）在本地个人计算机。

（2）在本地虚拟机。

（3）数据库在远程服务器，RStudio 安装在本地个人计算机。

我们的选择标准中还包括要求所有数据库都是开源的或者至少是可以免费使用的，有活跃的用户社区进行良好的维护，并且可以在多平台上运行，至少可以在 Mac OS X、Windows 和 Linux 上运行。

在 5.2 节我们将连接到本地 SQLite 数据库。SQLite 可能是最广泛部署的 RDBMS 了，因为它是 Web 浏览器最喜欢用的数据库引擎，或默认作为多个操作系统（如 Mac OS X 或者 Windows 10）的一部分。SQLite 最早出现于 2000 年，它的流行和良好信誉归功于其配置简单，可以很方便地连接到诸如网页浏览器等其他应用。SQLite 可以和其他编程语言（如 R）方便地连接，使其成为多平台应用系统的嵌入式数据库的首选。SQLite 和流行操作系统捆绑，所以我们会将其作为我们本章第一个例子的数据源。即使你使用的不是已经预安装了 SQLite 的 Windows 10 或者 Mac OS X，你也可以下载 SQLite 安装文件并快速安装它。接下来我们将在 SQLite 上创建一个新数据库，并连接到本地运行的 RStudio，用于查询和处理存储在 SQLite 数据库中的数据。

5.3 节将会介绍 MariaDB 及其与 R 的连接。MariaDB 创建于 2009 年，模仿了 MySQL 的功能，是一个强大且受欢迎的开源关系数据库管理系统，于 2008 年被甲骨文公司收购。此项收购启发原 MySQL 创始人创建了一个高度兼容的关系型数据库，即公开免费提供给公众的 GNU GPL。事实上，MariaDB 使用和 MySQL 相同的框架，不过它还包含了几个其他的扩展。从起源开始，它就非常流行，有着快速增长的社区和满怀激情的用户。这种流行源于 MariaDB 是一个跨平台的数据库，有着高可扩展性和良好的性能。在本教程中，我们将指导你完成在运行着 Linux Ubuntu 系统的 Amazon EC2 虚拟机上安装 MariaDB。然后将提供有关如何设置 Ubuntu 与 MariaDB 驱动程序建立连接所需的特定 R 包的有用详细信息，用于连接安装在同一实例上的 RStudio Server 和数据库。

最后，在 5.4 节中，我们将向您展示在亚马逊关系型数据库服务（RDS）上快速部署 PostgreSQL 数据库的方法，RDS 是一个用户友好的、完全托管的、高可扩展的关系型数据库的 AWS 解决方案。PostgreSQL 也是一个著名的、常用的、开源的、跨平台的、基于 SQL 的数据库。它允许用于大量连接其他编程语言（包括 R），安全且可靠。在本教程中，我们将使用本地安装的 RStudio 远程连接 PostgreSQL。我们还将向你介绍其他工具，如 RazorSQL，以便实现与 RDS 的 PostgreSQL 服务器的跨平台连接。

5.1.2   结构化查询语言（SQL）

大多数关系型数据库管理系统使用结构化查询语言（SQL）进行数据管理、处理和查询。虽然首次公开发布是在 20 世纪 80 年代，但如今 SQL 依然在数据库工程师、计算机科学家和每天与数据打交道的人们中间非常受欢迎。事实上，根据现在许多数据分析师所说，有着 R、Python 和 SQL 的混合技能可以帮助你在数据分析领域有一个成功的职业发展。再加一些 Java、Scala 和一点点 C 家族的语言知识，你可以快速成为大数据世界的专家。

SQL 最大的优点是易于学习和理解，因为它的元素大部分的灵感来自于标准而自然的英语，即使是一个毫无 SQL 知识的人，也能很容易理解。SQL 由几个组件构成，可以组成查询语句或更长的语句。它还包括其他编程语言中数值的运算符，例如等于和大于大多数查询语句是从数据库的表中检索数据的 SELECT 操作。下例是一个从名为 table1 的表中查询所有记录的简单例子。

```
SELECT * FROM table1;
```

在大多数案例中，查询语句由分号（;）结尾。极少数使用 USE 或者 EXIT 指令在语句末尾作为结束。

通常你的 SQL 语句会包括不止一个查询。它们还可以包含用于管理和压缩数据的表达式、子句、谓词和其他元素。以下查询是计算订单均值的高级语句的示例。

```
SELECT clientCity, clientCountry, AVG(orderValue) as avgValue
FROM orders
WHERE clientCountry = 'Germany'
GROUP BY clientCity, clientCountry
ORDER BY clientCity;
```

在上面的语句中包括了几段查询。首先，SELECT 命令提取了名为 orders 的表中的两个已存在的变量：clientCity 和 clientCountry。然而，我们还创建并检索了第三个叫作 avgValue 的变量，它表示 orderValue 变量中的所有订单的算数平均值。对 clientCity 和 clientCountry 的每个级别使用 GROUP BY 命令计算平均值。由于我们希望仅显示由德国客户（通过 WHERE 查询定义）发出的订单的记录，所以 SELECT 命令只返回这些记录。最后，所有订单将按照 clientCity 变量按字母顺序排序（通过 ORDER BY 命令）。

结果集如下。

```
clientCity clientCountry avgValue
  Augsburg       Germany  2320.21
    Berlin       Germany  3712.39
   Cologne       Germany  2688.90
   Hamburg       Germany  4101.15
    Munich       Germany  5093.13
 Stuttgart       Germany  4266.91
```

如果想了解更多关于 SQL 查询的知识，随时可以停下本书的阅读，去浏览一些在线的关于 SQL 语言的资源和指南。

请注意，一些关系型数据库可能拥有一些自己特定的类 SQL 指令的实现，这些指令不遵循标准化 SQL 查询。例如，SQLite 数据库拥有一系列点（dot）指令，如.databases、.help、.exit 和其他仅限于 SQlite 使用的指令。另外一些数据库可能不支持一些通用的 SQL 查询，例如 PostgreSQL 不包含 DATEDIFF()方法，该函数是标准 SQL 语句中用于计算两个日期差的。

5.2 用 SQLite 连接 R

在本节中，我们将使用安装在本地个人电脑上的 RStudio 查询 SQLite 数据库。在开始之前，请按照如下步骤配置一个 SQLite 数据库并读入数据。

5.2.1 准备并导入数据到本地 SQLite 数据库

我们之前提到，SQLite 默认安装在一些流行的操作系统中，例如 Mac OS X（从 10.4 版本开始）和 Windows 10。你可以通过终端或者 shell 窗口简单地检查你的机器是否已安装 SQLite。

```
$ sqlite3
SQLite version 3.12.1 2016-04-08 15:09:49
Enter ".help" for usage hints.
Connected to a transient in-memory database.
Use ".open FILENAME" to reopen on a persistent database.
sqlite>
```

如果产生的输出如上，或类似上面的输出，就意味着你的机器已经安装了 SQLite 数据库。

如果因为某些原因你的操作系统没有安装 SQLite，请访问 SQLite 网站以下载安装适合你的操作系统的二进制文件。

一旦安装好了，请在终端或者 shell 中进入包含我们所需数据的目录，如 need_puf_2014.csv。

```
$ cd ~/Desktop/B05396_Ch06_Code/
```

本教程使用的数据是国家能效数据框架：由能源和气候变化部门提供的 2014（NEED）匿名数据集。NEED 数据包括了以家庭为单位的关于英国不同地理位置的天然气和电力年度消耗情况，涵盖了 2005 年～2012 年的数据。

公用文件（PUF）可以从 https://www.gov.uk/government/statistics/national-energy- efficiency-data-framework-need-anonymised-data-2014 下载。NEED PUF 文件采用逗号分隔格式（CSV），大小为 7.48MB，包含一小部分代表性样本，包含 49815 条记录，从 4086448 条完整的大数据数据集记录中提取，大数据集可以通过终端用户许可从之前介绍的用过数据存档下载 https://discover.ukdataservice.ac.uk/catalogue/?sn=7518。

将数据文件放入目标目录后，开启 SQLite，创建一个名为 need_data 的新数据库。

```
$ sqlite3 need_data
```

输入 .databases 可以显示所有当前可用的数据库。

```
sqlite> .databases
seq  name            file
---  --------------- -----------------------------------------------
-------------
0    main
/Users/simonwalkowiak/Desktop/B05396_Ch06_Code/need_data
```

在此阶段，你可以打开数据所在的文件夹，看到一个新的叫作 need_data 的空文件已经被创建在那里了。

然后，设置分隔符为都好，导入 need_puf_2014.csv 文件到新建的名为 need 的表中。

```
sqlite> .separator ","
sqlite> .import need_puf_2014.csv need
```

可以使用.tables 命令查看可用的表。

```
sqlite> .tables
need
```

现在可以再次查看文件夹，need_data 文件现在已经被填入数据了。

可以使用 PRAGMA 指令查看表格的结构。

```
sqlite> PRAGMA table_info('need');
0,HH_ID,TEXT,0,,0
1,REGION,TEXT,0,,0
2,IMD_ENG,TEXT,0,,0
3,IMD_WALES,TEXT,0,,0
4,Gcons2005,TEXT,0,,0
5,Gcons2005Valid,TEXT,0,,0
6,Gcons2006,TEXT,0,,0
7,Gcons2006Valid,TEXT,0,,0
8,Gcons2007,TEXT,0,,0
9,Gcons2007Valid,TEXT,0,,0
10,Gcons2008,TEXT,0,,0
...#output truncated
```

.schema 方法允许我们输出表格的格式。格式是指一个数据库对象的结构，例如变量名、类以及其他表格相关属性。换而言之，格式描述了表格的设计。下段代码片段创建了 need 表的格式。

```
sqlite> .schema need
CREATE TABLE need(
  "HH_ID" TEXT,
  "REGION" TEXT,
  "IMD_ENG" TEXT,
  "IMD_WALES" TEXT,
  "Gcons2005" TEXT,
  "Gcons2005Valid" TEXT,
  "Gcons2006" TEXT,
  "Gcons2006Valid" TEXT,
  "Gcons2007" TEXT,
  "Gcons2007Valid" TEXT,
...#output truncated
);
```

一旦表格创建完成，数据导入成功，我们就可以打开 RStudio 应用并且连接 SQLite 数据库了。

5.2.2 通过 RStudio 连接 SQLite 数据库

在 RStudio 中，请确保你的工作目录已经设置为包含 need_data 文件的目录。假设本章的数据是下载到桌面的话，那么你的 R 工作目录就可以如下设置。

```
> setwd("~/Desktop/B05396_Ch06_Code")
```

由于 R 需要 RSQLite 包和 DBI 包用于连接 SQLite 数据库，我们需要先下载新版本的 DBI 以及它的依赖 Rcpp。请注意，为了从 GitHub 资源库中下载最新的包，你需要首先安装 devtools 包，它可以连接到 GitHub。

```
> install.packages("devtools")
...#output truncated
> devtools::install_github("RcppCore/Rcpp")
...#output truncated
> devtools::install_github("rstats-db/DBI")
...#output truncated
```

然后，安装并加载 RSQLite 包。

```
> install.packages("RSQLite")
...#output truncated
> library(RSQLite)
```

让我们创建一个连接到 SQLite need_data 数据库的连接吧。

```
> con <- dbConnect(RSQLite::SQLite(), "need_data")
> con
<SQLiteConnection>
```

dbListTables()和 dbListFields()函数分别提供关于连接的数据库中可用表的信息和指定表中列的信息。

```
> dbListTables(con)
[1] "need"
> dbListFields(con, "need")
 [1] "HH_ID"          "REGION"          "IMD_ENG"
 [4] "IMD_WALES"      "Gcons2005"       "Gcons2005Valid"
 [7] "Gcons2006"      "Gcons2006Valid"  "Gcons2007"
```

```
[10]  "Gcons2007Valid"   "Gcons2008"        "Gcons2008Valid"
[13]  "Gcons2009"        "Gcons2009Valid"   "Gcons2010"
[16]  "Gcons2010Valid"   "Gcons2011"        "Gcons2011Valid"
[19]  "Gcons2012"        "Gcons2012Valid"   "Econs2005"
[22]  "Econs2005Valid"   "Econs2006"        "Econs2006Valid"
[25]  "Econs2007"        "Econs2007Valid"   "Econs2008"
[28]  "Econs2008Valid"   "Econs2009"        "Econs2009Valid"
[31]  "Econs2010"        "Econs2010Valid"   "Econs2011"
[34]  "Econs2011Valid"   "Econs2012"        "Econs2012Valid"
[37]  "E7Flag2012"       "MAIN_HEAT_FUEL"   "PROP_AGE"
[40]  "PROP_TYPE"        "FLOOR_AREA_BAND"  "EE_BAND"
[43]  "LOFT_DEPTH"       "WALL_CONS"        "CWI"
[46]  "CWI_YEAR"         "LI"               "LI_YEAR"
[49]  "BOILER"           "BOILER_YEAR"
```

我们现在可以使用 dbSendQuery()函数。例如可以从表中检索 FLOOR_AREA_BAND 变量值等于 1 的所有记录。

```
> query.1 <- dbSendQuery(con, "SELECT * FROM need WHERE FLOOR_AREA_BAND
= 1")
> dbGetStatement(query.1)
[1] "SELECT * FROM need WHERE FLOOR_AREA_BAND = 1"
```

如果要提取其中使用的 SQL 查询语句，可以对 dbSendQuery() 函数创建的对象使用 dbGetStatement() 函数，如上所示。

结果集现在可以轻松地抓取到 R 中，请注意，所有查询和数据处理活动都直接在数据库中运行，从而节省了 R 进程的宝贵资源。

```
> query.1.res <- fetch(query.1, n=50)
> str(query.1.res)
'data.frame':  50 obs. of  50 variables:
 $ HH_ID          : chr  "5" "6" "12" "27" ...
 $ REGION         : chr  "E12000003" "E12000007" "E12000007"
"E12000004" ...
 $ IMD_ENG        : chr  "1" "2" "1" "1" ...
 $ IMD_WALES      : chr  "" "" "" "" ...
 $ Gcons2005      : chr  "" "" "" "5500" ...
 $ Gcons2005Valid : chr  "M" "O" "M" "V" ...
...#output truncated
> query.1.res
   HH_ID   REGION IMD_ENG IMD_WALES Gcons2005 Gcons2005Valid
1      5 E12000003       1                                  M
2      6 E12000007       2                                  O
```

```
3       12 E12000007         1                                    M
4       27 E12000004         1                        5500        V
5       44 W99999999                      1          18000        V
...#output truncated
```

查询执行后，我们可以获取其他信息，例如完整的 SQL 语句、结果集的结构以及返回的行数。

```
> info <- dbGetInfo(query.1)
> str(info)
List of 6
 $ statement   : chr "SELECT * FROM need WHERE FLOOR_AREA_BAND = 1"
 $ isSelect    : int 1
 $ rowsAffected: int -1
 $ rowCount    : int 50
 $ completed   : int 0
 $ fields      :'data.frame': 50 obs. of  4 variables:
  ..$ name : chr [1:50] "HH_ID" "REGION" "IMD_ENG" "IMD_WALES" ...
  ..$ Sclass: chr [1:50] "character" "character" "character"
"character" ...
  ..$ type : chr [1:50] "TEXT" "TEXT" "TEXT" "TEXT" ...
  ..$ len  : int [1:50] NA NA NA NA NA NA NA NA NA NA ...
> info
$statement
[1] "SELECT * FROM need WHERE FLOOR_AREA_BAND = 1"
$isSelect
[1] 1
$rowsAffected
[1] -1
$rowCount
[1] 50
$completed
[1] 0
$fields
          name      Sclass type len
1        HH_ID character TEXT  NA
2       REGION character TEXT  NA
3      IMD_ENG character TEXT  NA
4    IMD_WALES character TEXT  NA
5    Gcons2005 character TEXT  NA
...#output truncated
```

完成特定查询后，建议通过清空获取的结果集以释放资源。

```
> dbClearResult(query.1)
[1] TRUE
```

我们现在可以在 need_data SQLite 数据库中的 need 表上执行第二段查询了。这一次我们将根据分类变量的层级分组计算 2012 年的平均电力消耗：电力效率带（EE_BAND）、房产已用时间（PROP_AGE）和房产类型（PROP_TYPE）。该语句还按照 EE_BAND 和 PROP_TYPE 进行升序排序。

```
> query.2 <- dbSendQuery(con, "SELECT EE_BAND, PROP_AGE, PROP_TYPE,
+                        AVG(Econs2012) AS 'AVERAGE_ELEC_2012'
+                        FROM need
+                        GROUP BY EE_BAND, PROP_AGE, PROP_TYPE
+                        ORDER BY EE_BANDs, PROP_TYPE ASC")
```

运行该语句，即在数据库中运行了一串查询。接着，和第一段查询所做的一样，我们需要使用 fetch() 方法将结果导入 R。如果你想要获取所有的记录，请将 n 参数设置为-1。

```
> query.2.res <- fetch(query.2, n=-1)
```

检查使用查询语句创建的结果集的结构和大小是个好主意。

```
> info2 <- dbGetInfo(query.2)
> info2
$statement
[1] "SELECT EE_BAND, PROP_AGE, PROP_TYPE, \n
AVG(Econs2012) AS 'AVERAGE_ELEC_2012' \n                  FROM need \n
GROUP BY EE_BAND, PROP_AGE, PROP_TYPE \n                  ORDER BY
EE_BAND, PROP_TYPE ASC"
$isSelect
[1] 1
$rowsAffected
[1] -1
$rowCount
[1] 208
$completed
[1] 1
$fields
               name    Sclass  type len
1           EE_BAND character  TEXT  NA
2          PROP_AGE character  TEXT  NA
3         PROP_TYPE character  TEXT  NA
4 AVERAGE_ELEC_2012    double  REAL   8
```

从以上的输出可以看出，我们的结果集包含了 208 行数据，其中输出的 fields 属性概述了这些变量。最后我们可以查看一下前 6 行数据。

```
> head(query.2.res, n=6)
  EE_BAND PROP_AGE PROP_TYPE AVERAGE_ELEC_2012
1       1      101       101          2650.000
2       1      102       101         12162.500
3       1      103       101          3137.500
4       1      104       101          4200.000
5       1      105       101          3933.333
6       1      106       101          5246.774
```

在与数据库断开连接之前，你还可以将结果集导出到数据库的新表中。

```
> dbWriteTable(con, "query_2_result", query.2.res)
[1] TRUE
```

新的名为 query_2_result 的表已经创建在 need_data 数据库中了。

```
> dbListTables(con)
[1] "need"            "query_2_result"
```

所有处理完成之后，请确保清除所有最近查询的结果并与数据库断连。

```
> dbClearResult(query.2)
[1] TRUE
> dbDisconnect(con)
[1] TRUE
```

关于 SQLite 数据库连接，并使用 R 语言作为本地运行 SQL 查询的数据源的教程就此结束了。在下一节中，我们将探索如何轻松地部署 MariaDB 数据库到 Amazon EC2 实例中，并与 R 相连。

5.3 在 Amazon EC2 实例中连接 MariaDB 和 R

在本节中，我们将给出在 Amazon EC2 上部署一个带有 RStudio Server 的 Ubuntu 实例。

5.3.1 准备 EC2 实例和 RStudio 服务器

选择可以免费使用的 Linux Ubuntu 实例，并创建具有特别名称的新密钥对（第 6 步），例如 rstudio_mariadb.pem。同一步骤中也介绍了如何为 3306 端口添加另一个自定义的 TCP

规则，这可以使之与 MariaDB 数据库相连。

启动实例并等待，直到 Instance State 变成 running，如图 5-1 所示。

图 5-1　Instance State 示例

一旦开始运行，你就可以通过 ssh 命令到你的新示例上检查它是否可用了。不要忘记进入你防止密钥对的目录并执行 chmod 命令。

```
$ cd Downloads/
$ chmod 400 rstudio_mariadb.pem
```

因为我们创建的是一个 Ubuntu 实例，所以我们需要遵循亚马逊的主用户命名规则，在我们的实例地址之前键入 ubuntu。

```
$ ssh -i "rstudio_mariadb.pem" ubuntu@ec2-52-16-189-227.eu-
west-1.compute.amazonaws.com
```

你现在应该能看到 EC2 实例的标准欢迎消息和关于机器的基本信息了。

在微软 Azure 虚拟机上安装 RStudio Server 并创建一个新用户，在本例中用户名为 swalko。

```
$ sudo adduser swalko
```

完成所有上述说明后，你可以在浏览器中输入 http://IP:8787 来测试 RStudio Server 的连接，这里的 IP 就是你的实例的地址（在本例中就是 http://52.16.189.227:8787）。输入你创建的用户名（在本例中就是 swalko），登录 RStudio Server。

5.3.2　准备 MariaDB 和数据

在此阶段，我们有了已经安装了 RStudio Server 的 EC2 实例。我们也创建了一个叫 swalko 的新用户，可以通过浏览器登录到 RStudio Server 中。当我们用 ubuntu 用户登录到实例之后，需要给 swalko 授权以直接通过 ssh 用同样的密钥对（rstudio_mariadb.pem）登录到实例。这很小的一步对以后管理 MariaDB 数据库很有帮助。为了执行以上任务，请逐个执行以下代码（如果你创建了不同的用户名，请使用你自己的用户名替换 swalko ）。

```
$ sudo cp -r /home/ubuntu/.ssh /home/swalko/
$ cd /home/swalko/
$ sudo chown -R swalko:swalko .ssh
```

退出实例并尝试用 swalko 用户重新登入。

```
$ logout
$ ssh -i "rstudio_mariadb.pem" swalko@ec2-52-16-189-227.eu-
west-1.compute.amazonaws.com
```

一切都很顺利，你可以看到实例的欢迎信息。由于用户访问的正确配置，你现在可以将数据文件从本地计算机复制到 EC2 实例的 /home/swalko/ 目录中。请注意，我们目前没有将数据输入到数据库，因为我们还没安装数据库呢。我们只需将数据从本地计算机移动到虚拟机中，打开一个新终端并执行以下指令。

```
$ scp -r -i "rstudio_mariadb.pem" ~/Desktop/data/need_puf_2014.csv
swalko@ec2-52-16-189-227.eu-west-1.compute.amazonaws.com:~/
```

以上代码要求 swalko 用户拥有 rstudio_mariadb.pem 文件的密钥对的权限（之前已经设置过了）。它还假定我们的数据文件存储在本地计算机的~/Desktop/data/目录中，并且我们希望将之移动到 swalko 用户主目录 /home/swalko/。请确保响应的调整目录。

以下说明将指导你完成安装 MariaDB 数据库，并将数据读入数据库。

返回你之前 ssh 到实例的终端窗口，请确保再次以 ubuntu 用户登录到虚拟机。

```
$ ssh -i "rstudio_mariadb.pem" ubuntu@ec2-52-16-189-227.eu-
west-1.compute.amazonaws.com
```

从欢迎信息中查看一下 Ubuntu 的版本（在本例中是 14.04.3 LTS）。或者可以通过在终端中使用以下命令获取此信息。

```
$ lsb_release -d
```

或者是以下命令。

```
$ cat /etc/lsb-release
```

Ubuntu 发行版信息对于获取正确版本的 MariaDB 至关重要。下载正确的 MariaDB 安装包，并单击查看存储库配置工具连接（See our repository configuration tool），该链接在下载页面的顶部。如图 5-2 所示。

图 5-2　下载页面的查看存储库配置工具

进入该页面之后，选择你的 Ubuntu 发行版的正确版本，然后选择合适的 MariaDB 版本。我们选择最新的稳定版本 10.1。此时会弹出一些信息教你如何在 Ubuntu 上安装 MariaDB，如图 5-3 所示。

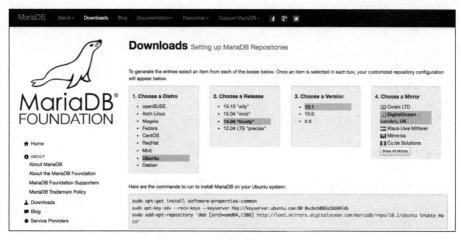

图 5-3　下载 MariaDB

以下是提供的指导，我们首先需要安装 software- properties-common 包。它们可能已经包含在实例中了，不过再检查一次也不为过。

```
$ sudo apt-get install software-properties-common
```

为 MariaDB 实例包导入一个公钥。

```
$ sudo apt-key adv --recv-keys --keyserver
hkp://keyserver.ubuntu.com:80 0xcbcb082a1bb943db
```

添加 MariaDB 资源链接。

```
$ sudo add-apt-repository 'deb [arch=amd64,i386]
http://lon1.mirrors.digitalocean.com/mariadb/repo/10.1/ubuntu trusty main'
```

完成以上步骤之后，我们可以开始真正的安装了。

```
$ sudo apt-get update
$ sudo apt-get install mariadb-server
```

此时你可能会看到是否要继续安装的提示，请按回车键或者输入 y，然后按回车键继续。很快，你会看到要求为 root 用户提供一个新密码的提示。它将拥有管理 MariaDB 数据库的所有权限。键入你的密码。

几秒钟之后 MariaDB 就应该安装好了。你可以通过以下命令来检查 MariaDB 的版本号。

```
$ mysql -V
```

现在可以开启 MariaDB 了。

```
$ sudo service mysql start
```

开启之后，可以以 root 用户身份登录 MariaDB 命令端。

```
$ mysql -uroot -p
```

输入之前指定的 root 用户的密码以授权登录。如果登录正确，你现在应该可以看到图 5-4 所示的输出的欢迎信息。

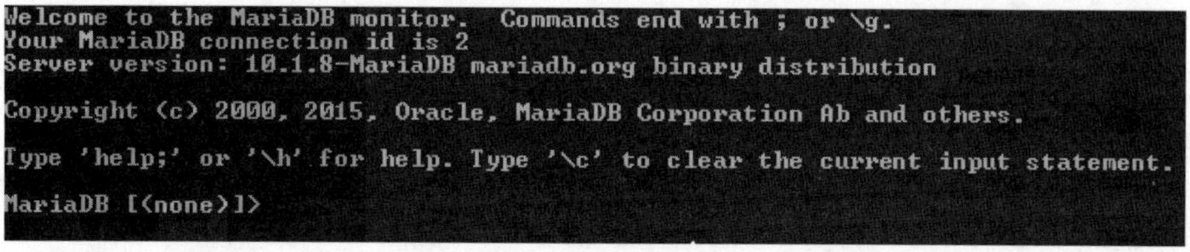

图 5-4　欢迎信息

恭喜，你已经在装有 RStudio Server 的 Linux-Ubuntu Amazon EC2 实例上安装好 MariaDB 了。我们还将数据从本机移到了虚拟机上。因此，在我们开始考虑如何连接 MariaDB 和 R 环境之前，只有几个简单的任务了。

（1）创建一个数据库和一张表用于存储数据。

（2）授予 swalko 用户读写和管理数据库的权限。

（3）将数据从 /home/swalko/ 目录移动到数据库中。

上述步骤都很容易，因为 MariaDB 的命令和你已经很熟悉的 MySQL 可以说没什么区别。正如之前讲过的，MariaDB 很大程度上是建立在 MySQL 框架的基础之上的，它们的操作方式非常相似。因此我们给出以下指令，并全面解释上述任务如何完成。

一旦以 root 身份登录了 MariaDB，就可以查看所有可用的数据库了。

```
MariaDB [(none)]> SHOW databases;
+--------------------+
| Database           |
+--------------------+
| information_schema |
| mysql              |
| performance_schema |
+--------------------+
3 rows in set (0.00 sec)
```

我们可以使用 CREATE 指令创建一个新的名为 data1 的数据库。

```
MariaDB [(none)]> CREATE database data1;
Query OK, 1 row affected (0.00 sec)
MariaDB [(none)]> SHOW databases;
+--------------------+
| Database           |
+--------------------+
| data1              |
| information_schema |
```

```
| mysql              |
| performance_schema |
+--------------------+
4 rows in set (0.01 sec)
```

选择 data1 数据库，我们要在该数据库下创建一个名为 need 的表。

```
MariaDB [(none)]> USE data1
Database changed
MariaDB [data1]>
```

如你所见，该 MariaDB 指令实时显示选中的数据库 data1（在框内）。你可以随时检查。

```
MariaDB [data1]> SELECT database();
+------------+
| database() |
+------------+
| data1      |
+------------+
1 row in set (0.00 sec)
```

目前 data1 数据库是空的，可以通过 SHOW tables 命令确认一下。

```
MariaDB [data1]> SHOW tables;
Empty set (0.00 sec)
```

我们现在创建一张名为 need 的新表，格式如下。

```
MariaDB [data1]> CREATE TABLE need(
    -> hh_id INTEGER,
    -> region VARCHAR(25),
    -> imd_eng VARCHAR(25),
    -> imd_wales VARCHAR(25),
    -> gcons2005 VARCHAR(25),
    -> gcons2005valid VARCHAR(25),
    -> gcons2006 VARCHAR(25),
    -> gcons2006valid VARCHAR(25),
    -> gcons2007 VARCHAR(25),
    -> gcons2007valid VARCHAR(25),
    -> gcons2008 VARCHAR(25),
    -> gcons2008valid VARCHAR(25),
    -> gcons2009 VARCHAR(25),
    -> gcons2009valid VARCHAR(25),
    -> gcons2010 VARCHAR(25),
```

```
    -> gcons2010valid VARCHAR(25),
    -> gcons2011 VARCHAR(25),
    -> gcons2011valid VARCHAR(25),
    -> gcons2012 VARCHAR(25),
    -> gcons2012valid VARCHAR(25),
    -> econs2005 VARCHAR(25),
    -> econs2005valid VARCHAR(25),
    -> econs2006 VARCHAR(25),
    -> econs2006valid VARCHAR(25),
    -> econs2007 VARCHAR(25),
    -> econs2007valid VARCHAR(25),
    -> econs2008 VARCHAR(25),
    -> econs2008valid VARCHAR(25),
    -> econs2009 VARCHAR(25),
    -> econs2009valid VARCHAR(25),
    -> econs2010 VARCHAR(25),
    -> econs2010valid VARCHAR(25),
    -> econs2011 INTEGER,
    -> econs2011valid VARCHAR(25),
    -> econs2012 VARCHAR(25),
    -> econs2012valid VARCHAR(25),
    -> e7flag2012 VARCHAR(25),
    -> main_heat_fuel INTEGER,
    -> prop_age INTEGER,
    -> prop_type INTEGER,
    -> floor_area_band INTEGER,
    -> ee_band INTEGER,
    -> loft_depth INTEGER,
    -> wall_cons INTEGER,
    -> cwi VARCHAR(25),
    -> cwi_year VARCHAR(25),
    -> li VARCHAR(25),
    -> li_year VARCHAR(25),
    -> boiler VARCHAR(25),
    -> boiler_year VARCHAR(25));
Query OK, 0 rows affected (0.02 sec)
```

在之前的调用中，我们已经指定了每个变量的数据类型。输出通知我们有零行受到影响，因为我们只是创建了数据结构，没有读入数据。你可以使用 DESCRIBE 指令检查 data1 数据库表的格式。

```
MariaDB [data1]> DESCRIBE need;
... #output truncated
```

现在我们可以上传数据到我们创建的 need 表。因为数据存储在/home/swalko/目录中，我们首先必须为数据库创建一个新用户，并赋予其读写权限。为了保持简单化，我们将新用户命名为 swalko 并为其标识密码，例如 Password1。

```
    MariaDB [data1]> CREATE USER 'swalko'@'localhost' IDENTIFIED BY
'Password1';
    Query OK, 0 rows affected (0.00 sec)
```

我们将为 swalko 用户赋予在 data1 数据库中新创建这张表的所有权限。

```
    MariaDB [data1]> GRANT ALL PRIVILEGES ON data1.need TO
'swalko'@'localhost' IDENTIFIED BY "Password1" with grant option;
    Query OK, 0 rows affected (0.00 sec)
```

刷新所有权限。

```
MariaDB [data1]> FLUSH PRIVILEGES;
Query OK, 0 rows affected (0.00 sec)
```

退出 root 用户的登录，以及 ubuntu 用户在 EC2 实例上的登录。

```
MariaDB [data1]> EXIT
Bye
$ logout
```

现在以 swalko 用户重新 ssh 到实例上，以 swalko 用户登录 MariaDB，密码是之前设置的 Password1。

```
    $ ssh -i "rstudio_mariadb.pem" swalko@ec2-52-16-189-227.eu-
west-1.compute.amazonaws.com
    ... #output truncated
    $ mysql -p
```

检查你是否有 need 表的访问权限。

```
MariaDB [(none)]> SHOW databases;
+--------------------+
| Database           |
+--------------------+
| data1              |
| information_schema |
+--------------------+
2 rows in set (0.00 sec)
```

```
MariaDB [(none)]> USE data1
Database changed
MariaDB [data1]> SHOW tables;
+-----------------+
| Tables_in_data1 |
+-----------------+
| need            |
+-----------------+
1 row in set (0.00 sec)
MariaDB [data1]> DESCRIBE need;
...#output truncate
50 rows in set (0.00 sec)
```

一切看起来都正常了。我们现在可以使用存储在/home/swalko/目录的数据，并将之上传到 need 表中了。

```
    MariaDB [data1]> LOAD DATA LOCAL INFILE
'/home/swalko/need_puf_2014.csv'
    -> INTO TABLE need
    -> FIELDS TERMINATED BY ','
    -> LINES TERMINATED BY '\n'
    -> IGNORE 1 ROWS;
Query OK, 49815 rows affected (1.27 sec)
Records: 49815  Deleted: 0  Skipped: 0  Warnings: 0
```

输出确认所有 49815 条记录都成功复制到了 data1 数据库的 need 表中。

我们现在可以退出 MariaDB，退出以 swalko 用户登录的实例了。

```
MariaDB [data1]> EXIT
Bye
$ logout
```

我们现在已经完成了 MariaDB 的所有基本准备工作，以及我们将在 R 部分使用的数据。5.3.3 节将指导你完成一些在 EC2 上连接 RStudio 和 MariaDB 之前的棘手但是重要的步骤。

5.3.3　连接 MariaDB 和 RStudio

在我们连接 MariaDB 和 RStudio 之前，我们需要安装一些 R 包，包括 rJava 在内。首先，使用 ubuntu 用户 ssh 到 EC2 实例。

```
    $ ssh -i "rstudio_mariadb.pem" ubuntu@ec2-52-16-189-227.eu-
west-1.compute.amazonaws.com
```

我们需要在 Ubuntu 上安装 Oracle Java 8 库（每行输入之后都会在命令行有一些输出，不过此处略过了）。

```
$ sudo add-apt-repository ppa:webupd8team/java
$ sudo apt-get update
$ sudo apt-get install oracle-java8-installer
```

安装完成后，在命令行中运行 java -version 可以让我们检查安装是否成功。

```
$ java -version
java version "1.8.0_77"
Java(TM) SE Runtime Environment (build 1.8.0_77-b03)
Java HotSpot(TM) 64-Bit Server VM (build 25.77-b03, mixed mode)
```

可以安装以下包以自动配置 Java 环境变量。

```
$ sudo apt-get install oracle-java8-set-default
```

现在我们可以用以下命令安装 rJava 包了。

```
$ sudo R CMD javareconf
$ sudo apt-get install r-cran-rjava
```

要检查安装是否成功，最好是登录到之前提过的 http://IP:8787，RStudio Server 从 R 控制面板导入 rJava。

```
> library(rJava)
```

如果安装失败了，退出登录 RStudio Server，打开终端或者 shell，手动复制 libjvm.so 文件到/usr/lib/目录中。

```
$ sudo updatedb
$ locate libjvm.so
$ sudo ln -s /usr/lib/jvm/java-8-oracle/jre/lib/amd64/server/libjvm.so /
usr/lib/
```

上面代码的最后一行的目录需要按照你的 libjvm.so 文件所在目录进行相应修改。

我们还需要为 Ubuntu 上的 MariaDB 安装一些必要的库，请注意在 MySQL 中，这些库是 libmysqlclient-dev。

```
$ sudo apt-get install libmariadbclient-dev
```

完成之后，我们就可以开始安装 RMySQL 包的 DBI 包的新版本了。在这之前我们还得下载安装 Ubuntu 的 OpenSSL、Curl、LibSSH2 库和 R 的 devtools 包。

```
$ sudo apt-get install libssl-dev
$ sudo apt-get install libcurl4-openssl-dev
$ sudo apt-get install libssh2-1-dev
$ sudo Rscript -e 'install.packages("devtools", repos =
"http://cran.r-project.org/")'
```

这些安装可能需要几分钟的时间。安装完成之后我们使用 GitHub 资源库安装 R 的新版本的 Rcpp 和 DBI 包。

```
$ sudo Rscript -e 'devtools::install_github("RcppCore/Rcpp")'
$ sudo Rscript -e 'devtools::install_github("rstats-db/DBI")'
```

最后安装 RMySQL 包以及其他 R 包，例如 dplyr 和 ggplot2，可能会在连接 MariaDB 数据库的时候有用。

```
$ sudo Rscript -e 'install.packages(c("RMySQL", "dplyr", "ggplot2"),
repos = "http://cran.r-project.org/")'
```

然而，如果你使用的是免费的 Amazon EC2 实例，安装 dplyr 和 ggplot2 包很可能会失败，因为内存太小了。如果安装失败了，你会看到图 5-5 所示的非零返回值错误信息。

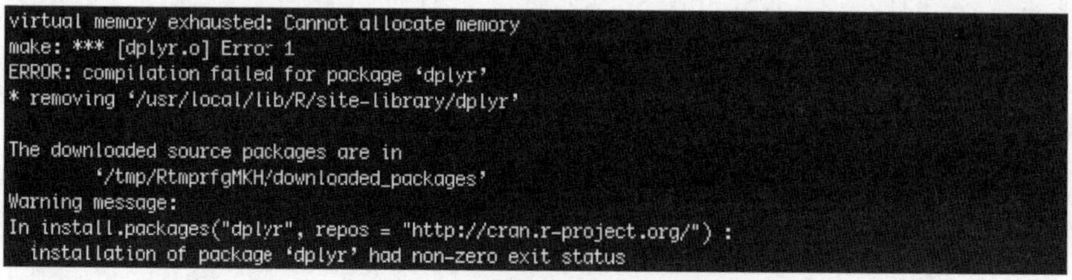

图 5-5　非零返回值错误信息

在此情况下，请确保增加交换文件的大小。首先确认虚拟机上已经启动了交换文件。

```
$ swapon -s
Filename          Type     Size Used  Priority
```

如果以上所示没有任何细节输出，你需要使用以下命令运行交换文件。

```
$ sudo dd if=/dev/zero of=/swapfile bs=1024 count=512k
524288+0 records in
524288+0 records out
```

```
536870912 bytes (537 MB) copied, 8.27689 s, 64.9 MB/s
$ sudo mkswap /swapfile
Setting up swapspace version 1, size = 524284 KiB
no label, UUID=66c0cb3c-26d4-42fd-bf46-27be8f1bcd9d
$ sudo swapon /swapfile
```

从输出可见，我们已经创建了指定大小的交换文件（第一句运行输出），并且已经分配了 ID 字符串（第二句运行输出）。此时如果再次键入 swapon -s 命令，就会看到交换文件已经启动了。

```
$ swapon -s
Filename          Type     Size Used  Priority
/swapfile         file     524284 0   -1
```

现在让我们再次安装 dplyr 包。

```
$ sudo Rscript -e 'install.packages("dplyr", repos =
"http://cran.r-project.org/")'
```

几分钟后，dplyr 包应该就已经成功安装了。你现在可以按照同样步骤安装 ggplot2 包。

```
$ sudo Rscript -e 'install.packages("ggplot2", repos =
"http://cran.r-project.org/")'
```

在此阶段，我们已经在 RStudio Server 中准备好了所有的工具和库，并可以直接从 R 环境中查询 MariaDB。

在浏览器中键入 http://IP:8787，登录到 RStudio Server（在本例中用户名为 swalko，你应该使用自己之前定义的用户名）。因为我们已经安装了 RMySQL 包，我们只需要将之加载到 R 对话中即可。这也会加载所需的 DBI 包。

```
> library(RMySQL)
Loading required package: DBI
```

为了能够查询数据库，我们首先要在 MariaDB 中创建一个 data1 数据库的连接。

```
> conn <- dbConnect(RMySQL::MySQL(), user = "swalko",
+                password = "Password1",
+                host = "localhost",
+                dbname = "data1")
```

上述代码将 R 与 MariaDB/ MySQL 相连，然而在生产环境中使用显示凭证是非常不安全的。你可能需要创建一个名为.my.cnf 的配置文件保存数据库的名字、用户名和密码（以及其他所需），可以使用 nano 编辑器创建它。通过 swalko 用户 ssh 到实例后，输入如下指令。

```
$ nano ~/.my.cnf
```

nano 编辑器启动后，在其中键入如下几行。

```
[dt1]
database=data1
user=swalko
password=Password1
```

第一行方括号中的值表示 RMySQL 包的 dbConnect() 函数的组（group）选择值。按 Ctrl + X 键退出 nano 编辑器，然后按代表 Yes 的 Y 键并回车以保存文件。从现在开始，你可以在 R 中使用以下更安全的方法连接到 data1 数据库。

```
> conn <- dbConnect(RMySQL::MySQL(), group = "dt1",
+                    host = "localhost")
```

你可能注意到了，组（group）参数在 .my.cnf 文件中将值 dt1 设置在方括号中。

我们可以使用 summary() 函数创建连接进行确认。

```
> summary(conn)
<MySQLConnection:0,1>
  User:    swalko
  Host:    localhost
  Dbname: data1
  Connection type: Localhost via UNIX socket
Results:
```

dbGetInfo() 函数提供了有关 MariaDB 连接的一些更详细的输出。

```
> dbGetInfo(conn)
...#output truncated
```

现在我们可以分别使用 dbListTables()和 dbListFields()函数获取数据库中的表的名字及其所有字段（变量）了。

```
> dbListTables(conn)
[1] "need"
> dbListFields(conn, "need")
 [1] "hh_id"            "region"            "imd_eng"
```

```
  [4] "imd_wales"       "gcons2005"         "gcons2005valid"
  [7] "gcons2006"       "gcons2006valid"    "gcons2007"
 [10] "gcons2007valid"  "gcons2008"         "gcons2008valid"
 [13] "gcons2009"       "gcons2009valid"    "gcons2010"
 [16] "gcons2010valid"  "gcons2011"         "gcons2011valid"
 [19] "gcons2012"       "gcons2012valid"    "econs2005"
 [22] "econs2005valid"  "econs2006"         "econs2006valid"
 [25] "econs2007"       "econs2007valid"    "econs2008"
 [28] "econs2008valid"  "econs2009"         "econs2009valid"
 [31] "econs2010"       "econs2010valid"    "econs2011"
 [34] "econs2011valid"  "econs2012"         "econs2012valid"
 [37] "e7flag2012"      "main_heat_fuel"    "prop_age"
 [40] "prop_type"       "floor_area_band"   "ee_band"
 [43] "loft_depth"      "wall_cons"         "cwi"
 [46] "cwi_year"        "li"                "li_year"
 [49] "boiler"          "boiler_year"
```

让我们测试我们是否可以计算 need 表中的记录总数这一简单查询。

```
> query.1 <- dbSendQuery(conn, "SELECT COUNT(*) AS records FROM need")
```

例如 dbGetStatement()、dbColumnInfo()和 dbGetInfo()这些标准的 RMySQL 函数，在 MariaDB 中也是支持的。

```
> dbGetStatement(query.1)
[1] "SELECT COUNT(*) AS records FROM need"
> dbColumnInfo(query.1)
     name Sclass   type length
1 records double BIGINT     21
> dbGetInfo(query.1)
$statement
[1] "SELECT COUNT(*) AS records FROM need"
$isSelect
[1] 1
...#output truncated
```

我们可以使用 dbFetch() 函数将结果以 data.frame 对象的形式传入 R。

```
> query.1.res <- dbFetch(query.1, n=-1)
> query.1.res
  records
1   49815
```

如往常一样，在从数据库获取聚合或处理过的数据之后，我们需要通过对 MySQLResult 对象运行 dbClearResult() 函数来释放与结果集相关联的资源。

```
> dbClearResult(query.1)
[1] TRUE
```

让我们对 MariaDB 的 data1 数据库中的 need 表执行第二个查询。我们将根据电力效率带（ee_band）、房产已用时间（prop_age）和房产类型（prop_type）来计算 2012 年的平均电力消耗（ECons012）。结果将按电力效率带和房产类型进行升序排列。

```
> query.2 <- dbSendQuery(conn, "SELECT EE_BAND, PROP_AGE, PROP_TYPE,
+                        AVG(Econs2012) AS AVERAGE_ELEC_2012
+                        FROM need
+                        GROUP BY EE_BAND, PROP_AGE, PROP_TYPE
+                        ORDER BY EE_BAND, PROP_TYPE ASC")
```

dbColumnInfo() 函数可以再次向我们提供关于结果集的预期结构的一些有用信息。

```
> dbColumnInfo(query.2)
              name  Sclass    type length
1           EE_BAND integer INTEGER     11
2          PROP_AGE integer INTEGER     11
3         PROP_TYPE integer INTEGER     11
4 AVERAGE_ELEC_2012  double  DOUBLE     23
```

我们现在可以以标准方式获取结果（注意以下输出只是部分结果，原始结果集包含 208 行数据）。

```
> query.2.res <- dbFetch(query.2, n=-1)
> query.2.res
  EE_BAND PROP_AGE PROP_TYPE AVERAGE_ELEC_2012
1       1      102       101         12162.500
2       1      106       101          5246.774
3       1      101       101          2650.000
4       1      104       101          4200.000
5       1      105       101          3933.333
6       1      103       101          3137.500
...#output truncated
```

查询数据之后，需要释放资源并关闭和 MariaDB 的连接。

```
> dbClearResult(query.2)
[1] TRUE
> dbDisconnect(conn)
[1] TRUE
```

使用 RMySQL 包连接 MariaDB 与连接 MySQL 数据库几乎一样，这两个数据库可以互换使用，这取决于你的偏好。两者的唯一区别是数据库服务器的类型、库和在虚拟机的操作系统上不同的安装需求。

为了使本教程的这一部分更加精彩，我们现在将尝试使用由 Hadley Wickham 创作和维护的 dplyr 包连接 MariaDB。我们之前没有介绍使用 dplyr 与 SQLite 连接，不过它通常适用于大多数开源数据库。使用它，可以不需要掌握 SQL 查询语句。不过 dplyr 也支持复杂的查询，下一节将会介绍这部分。

dplyr 已经安装好了，因此我们只需要用标准的方法将 R 包导入即可。

```
> library(dplyr)
...#output truncated
```

在 R 中使用 dplyr 连接 MariaDB 时，可以使用之前创建的 MySQL 配置文件~/.my.cnf 进行身份验证（仅指用户名和密码）。在本例中用户名和密码都是 NULL。

```
> dpl.conn <- src_mysql(dbname = 'data1',
+                       host = 'localhost',
+                       user = NULL,
+                       password = NULL,
+                       group = 'dt1')
```

调用连接的名字（dpl.conn 对象），我们可以查看使用的服务器类型、数据库的地址和可用表。

```
> dpl.conn
src:  mysql 10.1.13-MariaDB-1~trusty [swalko@localhost:/data1]
tbls: need
```

tbl() 函数使用创建的连接并提供引用表的快照。

```
> need.data <- tbl(dpl.conn, "need")
> need.data
Source: mysql 10.1.13-MariaDB-1~trusty [swalko@localhost:/data1]
From: need [49,815 x 50]
    hh_id    region imd_eng imd_wales gcons2005 gcons2005valid
```

	(int)	(chr)	(chr)	(chr)	(chr)	(chr)
1	1	E12000007	1		35000	V
2	2	E12000002	4		19000	V
3	3	E12000002	4		22500	V
4	4	E12000005	1		21000	V
5	5	E12000003	1			M
6	6	E12000007	2			O
7	7	E12000006	3		12000	V
8	8	E12000005	5		18500	V
9	9	E12000007	4		35000	V
10	10	E12000003	2		28000	V

```
.. ... ... ...
Variables not shown: gcons2006 (chr), gcons2006valid (chr),
  gcons2007 (chr), gcons2007valid (chr), gcons2008 (chr),
  gcons2008valid (chr), gcons2009 (chr), gcons2009valid
  (chr), gcons2010 (chr), gcons2010valid (chr), gcons2011
  (chr), gcons2011valid (chr), gcons2012 (chr),
  gcons2012valid (chr), econs2005 (chr), econs2005valid
  (chr), econs2006 (chr), econs2006valid (chr), econs2007
  (chr), econs2007valid (chr), econs2008 (chr),
  econs2008valid (chr), econs2009 (chr), econs2009valid
  (chr), econs2010 (chr), econs2010valid (chr), econs2011
  (int), econs2011valid (chr), econs2012 (chr),
  econs2012valid (chr), e7flag2012 (chr), main_heat_fuel
  (int), prop_age (int), prop_type (int), floor_area_band
  (int), ee_band (int), loft_depth (int), wall_cons (int),
  cwi (chr), cwi_year (chr), li (chr), li_year (chr), boiler
  (chr), boiler_year (chr)
```

你还可以通过使用通用的 str()函数获取关于 need.data tbl_mysql 对象的更详细的输出。

```
> str(need.data)
...#output truncated
```

我们将对 NEED 数据执行一个更高级的 SQL 查询。我们将根据地理区域（region）和房产类型（prop_type）计算 2005～2012 年的平均电力消耗。我们将按照区域和房产类型排序。

dplyr 包要求所有程序按顺序执行。因此，我们首先需要为表格显式设置分组变量（region 和 prop_type）。

```
> by.regiontype <- group_by(need.data, region, prop_type)
> by.regiontype
```

```
Source: mysql 10.1.13-MariaDB-1~trusty [swalko@localhost:/data1]
From: need [49,815 x 50]
Grouped by: region, prop_type
    hh_id      region imd_eng imd_wales gcons2005 gcons2005valid
    (int)       (chr)   (chr)     (chr)     (chr)          (chr)
1       1 E12000007       1              35000              V
2       2 E12000002       4              19000              V
3       3 E12000002       4              22500              V
4       4 E12000005       1              21000              V
...#output truncated
```

请注意，前面输出包含全部两个添加到表格结构中的分组变量（第三行）。此分组表已存储为一个新的 tbl_mysql 对象，它被命名为 by.regiontype。这个新的分组对象将会被用于计算每年（2005～2012 年）平均电力消耗。

```
> avg.elec <- summarise(by.regiontype,
+                       elec2005 = mean(econs2005),
+                       elec2006 = mean(econs2006),
+                       elec2007 = mean(econs2007),
+                       elec2008 = mean(econs2008),
+                       elec2009 = mean(econs2009),
+                       elec2010 = mean(econs2010),
+                       elec2011 = mean(econs2011),
+                       elec2012 = mean(econs2012))
```

最后，我们会按照区域和房产类型对结果表进行排序。默认情况下，arrange() 函数会按照升序对值进行排序。

```
> avg.elec <- arrange(avg.elec, region, prop_type)
> avg.elec
Source: mysql 10.1.13-MariaDB-1~trusty [swalko@localhost:/data1]
From: <derived table> [?? x 10]
Arrange: region, prop_type
Grouped by: region
        region prop_type elec2005 elec2006 elec2007 elec2008
         (chr)     (int)    (dbl)    (dbl)    (dbl)    (dbl)
1    E12000001       101 5341.386 5196.255 5298.689 4862.547
2    E12000001       102 3840.788 3757.433 3733.164 3523.888
3    E12000001       103 3734.703 3816.210 3890.868 3676.256
4    E12000001       104 3709.131 3701.773 3617.465 3372.784
5    E12000001       105 3337.374 3346.970 3278.114 3144.276
6    E12000001       106 3009.375 3010.417 2954.167 2934.635
7    E12000002       101 5276.891 5531.513 5415.006 5123.770
8    E12000002       102 4384.243 4346.923 4261.663 3912.655
```

```
9  E12000002        103 3809.194 4140.323 3954.597 3741.290
10 E12000002        104 3726.642 3715.623 3693.892 3473.204
..     ...          ...      ...       ...       ...       ...
Variables not shown: elec2009 (dbl), elec2010 (dbl), elec2011
  (dbl), elec2012 (dbl)
Warning message:
In .local(conn, statement, ...) :
  Decimal MySQL column 8 imported as numeric
```

这是我们查询结果的简略输出。你可能想知道为什么我们使用查询（query）这个词，但是我们没有使用一个 SQL 指令。其实这确实就是个查询。dplyr 包非常用户友好，它不要求用户理解和指导结构化查询语言，尽管这种知识对于查询会是很大的帮助，可以看懂一些报错信息，然而 dplyr 包在后台封装了一些常用功能，例如 group_by()、summarise() 和 arrange() 等。如果你对这些实现感到好奇，可以使用 show_query() 或者更推荐使用 explain() 方法打印其 SQL 查询和执行计划。示例如下。

```
> show_query(avg.elec)
...#output truncated
> explain(avg.elec)
<SQL>
SELECT 'region', 'prop_type', 'elec2005', 'elec2006', 'elec2007',
'elec2008', 'elec2009', 'elec2010', 'elec2011', 'elec2012'
  FROM (SELECT 'region', 'prop_type', AVG('econs2005') AS 'elec2005',
AVG('econs2006') AS 'elec2006', AVG('econs2007') AS 'elec2007',
AVG('econs2008') AS 'elec2008', AVG('econs2009') AS 'elec2009',
AVG('econs2010') AS 'elec2010', AVG('econs2011') AS 'elec2011',
AVG('econs2012') AS 'elec2012'
  FROM 'need'
  GROUP BY 'region', 'prop_type') AS 'zzz1'
  ORDER BY 'region', 'region', 'prop_type'
<PLAN>
  id select_type        table type possible_keys  key key_len
1  1     PRIMARY  <derived2>  ALL          <NA> <NA>    <NA>
2  2     DERIVED        need  ALL          <NA> <NA>    <NA>
    ref  rows                          Extra
1 <NA> 49386              Using filesort
2 <NA> 49386 Using temporary; Using filesort
```

重点强调，这里的所有处理都发生在数据库中，不会影响 R 的性能。我们想将数据库中的结果集拉到 R 中成为一个 data.frame 对象。确切地说，因为我们用两个变量进行分组，所以我们的新对象是一个分组数据帧（grouped_df）。

```
> elec.df <- collect(avg.elec)
...#output truncated
> elec.df
Source: local data frame [60 x 10]
Groups: region [10]
      region prop_type elec2005 elec2006 elec2007 elec2008
       (chr)     (int)    (dbl)    (dbl)    (dbl)    (dbl)
1  E12000001       101 5341.386 5196.255 5298.689 4862.547
2  E12000001       102 3840.788 3757.433 3733.164 3523.888
3  E12000001       103 3734.703 3816.210 3890.868 3676.256
4  E12000001       104 3709.131 3701.773 3617.465 3372.784
5  E12000001       105 3337.374 3346.970 3278.114 3144.276
6  E12000001       106 3009.375 3010.417 2954.167 2934.635
7  E12000002       101 5276.891 5531.513 5415.006 5123.770
8  E12000002       102 4384.243 4346.923 4261.663 3912.655
9  E12000002       103 3809.194 4140.323 3954.597 3741.290
10 E12000002       104 3726.642 3715.623 3693.892 3473.204
..       ...       ...      ...      ...      ...      ...
Variables not shown: elec2009 (dbl), elec2010 (dbl), elec2011
  (dbl), elec2012 (dbl)
```

为了将 grouped_df 转换为 R 自己的 data.frame，我们可以简单地使用 R 的 as.data.frame()。

```
> elec <- as.data.frame(elec.df)
> elec
      region prop_type elec2005 elec2006 elec2007 elec2008
1  E12000001       101 5341.386 5196.255 5298.689 4862.547
2  E12000001       102 3840.788 3757.433 3733.164 3523.888
3  E12000001       103 3734.703 3816.210 3890.868 3676.256
4  E12000001       104 3709.131 3701.773 3617.465 3372.784
5  E12000001       105 3337.374 3346.970 3278.114 3144.276
6  E12000001       106 3009.375 3010.417 2954.167 2934.635
...#output truncated
```

当然，大量聚合的电力消耗数据没什么意义。如果想要以图形方式呈现该数据，你需要将数据从 wide 转换为 narrow/long 格式。这可以通过 reshape() 函数实现。

```
> elec.l <- reshape(elec,
+     varying = c("elec2005", "elec2006", "elec2007", "elec2008",
+                 "elec2009", "elec2010", "elec2011", "elec2012"),
+     v.names = "electricity",
+     timevar = "year",
+     times = c("2005", "2006", "2007", "2008",
```

```
+                "2009", "2010", "2011", "2012"),
+          direction = "long")
```

参数变量是你希望将 wide 变为 long 格式的变量。简单来说，varying 选项中的变量将被转为单变量，变量名为 timevar。变量标签将被作为新变量的类别值，不过你可以在 times 参数中重新标签。v.names 变量设置新变量的名字，取代了平均每年电力消耗的值。生成的 data.frame 如下所示。

```
> head(elec.l, n=6)
          region prop_type year electricity id
1.2005 E12000001       101 2005    5341.386  1
2.2005 E12000001       102 2005    3840.788  2
3.2005 E12000001       103 2005    3734.703  3
4.2005 E12000001       104 2005    3709.131  4
5.2005 E12000001       105 2005    3337.374  5
6.2005 E12000001       106 2005    3009.375  6
```

我们还可以对 region 和 prop_type 变量的标签进行进一步整理，使其更加人性化和用户友好。因此，我们将根据 NEED 数据集（https://www.gov.uk/government/statistics/national-energy-efficiency-data-framework-need-anonymised-data-2014）的数据字典文件重新标记这两个变量的值。

```
> elec.l <- within(elec.l, {
+   region[region=="E12000001"] <- "North East"
+   region[region=="E12000002"] <- "North West"
+   region[region=="E12000003"] <- "Yorkshire and The Humber"
+   region[region=="E12000004"] <- "East Midlands"
+   region[region=="E12000005"] <- "West Midlands"
+   region[region=="E12000006"] <- "East of England"
+   region[region=="E12000007"] <- "London"
+   region[region=="E12000008"] <- "South East"
+   region[region=="E12000009"] <- "South West"
+   region[region=="W99999999"] <- "Wales"
+ })
> elec.l <- within(elec.l, {
+   prop_type[prop_type==101] <- "Detached house"
+   prop_type[prop_type==102] <- "Semi-detached house"
+   prop_type[prop_type==103] <- "End terrace house"
+   prop_type[prop_type==104] <- "Mid terrace house"
+   prop_type[prop_type==105] <- "Bungalow"
+   prop_type[prop_type==106] <- "Flat (incl. maisonette)"
+ })
> head(elec.l, n=6)
```

```
            region            prop_type year electricity id
1.2005 North East        Detached house 2005    5341.386  1
2.2005 North East   Semi-detached house 2005    3840.788  2
3.2005 North East      End terrace house 2005   3734.703  3
4.2005 North East      Mid terrace house 2005   3709.131  4
5.2005 North East             Bungalow 2005     3337.374  5
6.2005 North East Flat (incl. maisonette) 2005  3009.375  6
```

最终，使用 ggplot2 包，我们可以以更多方式可视化获得的结果。

```
> library(ggplot2)
> ggplot(elec.1, aes(x=year, y=electricity, group=factor(prop_type),
colour=factor(prop_type))) +
+   geom_line() + geom_point() +
+   facet_wrap(~region, nrow = 2) +
+   scale_colour_discrete(name="Property Type") +
+   theme(axis.text.x = element_text(angle = 90),
+       panel.grid.major=element_line(colour = "white"),
+       panel.grid.minor=element_blank(),
+       panel.background=element_rect(fill = "#f6f7fb"),
+       strip.background = element_rect(colour = "#f6f7fb", fill =
"#d6e8ff"))
```

前面的代码产生了所有年份的 NEED 数据中的平均电力消耗的多线图，展现每个地理区域变量（facet_wrap(~region, nrow = 2)）的值，最终输出如图 5-6 所示。

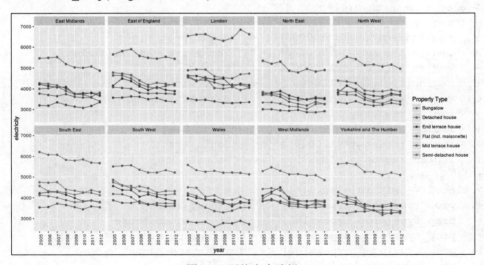

图 5-6 平均电力消耗

我们可以清楚地观察到数据中的一些模式，例如独立式住宅几年中消耗的平均电量比其他类型的多。这一点也不意外，我们认为独立式住宅通常包含更多的房间，不保温，并且居住着更多的居民。然而，令人惊讶的是大多数家庭的电力消耗都有逐年降低的趋势。我们只能推测这背后的原因。是人们更环保了吗？是人们太忙了不怎么在家了吗？或许，是因为电价上涨从而人们用的更少了？

在 5.4 节中，我们将会使用 R 远程查询另一个有趣的数据集，该数据集存储在 Amazon 关系型数据库服务器（RDS）上的 PostgreSQL 数据库中。

5.4　连接 Amazon RDS 上的 PostgreSQL 和 R

上面两节中描述的启动各种开源 SQL 数据库的方法只是 R 连接这些数据库中存储的数据的一种方法。Amazon RDS 提供了一种用于数据库管理的高可扩展的解决方案。事实上，Amazon RDS 可能是最简单的、最快的 SQL 数据库部署方案，因为它只需要很少的用户配置。它还支持远程 RStudio 连接，确保用户可以从本地计算机舒适、快速地连接到云端数据库。

5.4.1　启动一个 Amazon RDS 数据库实例

在 Amazon RDS 上设置和启动数据库实例通常非常用户友好。以下说明将指导你完成此过程，并帮助你创建一个小的免费使用的（从 2016 年 4 月开始）具有 PostgreSQL 数据库的 **t2.micro** RDS 实例。

（1）打开 AWS 官网，并使用你创建 Amazon AWS 账户时设置的凭据登录控制台。在控制台的主仪表盘中，单击顶部菜单栏的服务选项卡，将鼠标悬停在数据库上，然后选择 RDS，如图 5-7 所示。

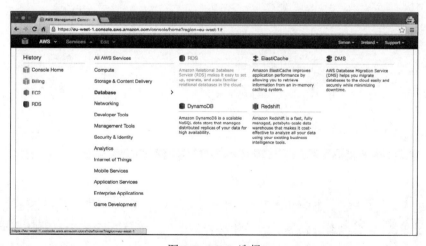

图 5-7　RDS 选择

（2）在 RDS 仪表盘终，单击位于屏幕中间的立即开始（Get started Now）按钮，如图 5-8 所示。

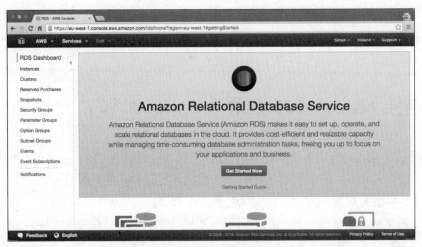

图 5-8　RDS 仪表盘

（3）进入下一步，你可以在其中选择首选数据库引擎。如你所见，有很多选择，包括 MySQL 和 MariaDB。这一次，我们将选择 PostgreSQL 这个非常流行的开源并可靠的新关系数据库管理系统。单击选择（Select）按钮以确认你的选择，如图 5-9 所示。

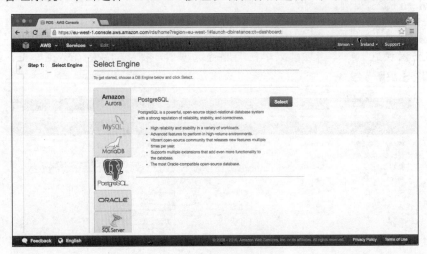

图 5-9　选择 PostgreSQL

（4）进入下一个屏幕，询问你是否计划将此数据库用于生产目的。如果你仅打算将此数据库实例用于测试和开发工作，请务必选择开发/测试选项。选择生产可能会花费你很多很多钱，当你在测试 Amazon RDS 时可不会希望这样。单击下一步（Next Step）按钮，如图 5-10 所示。

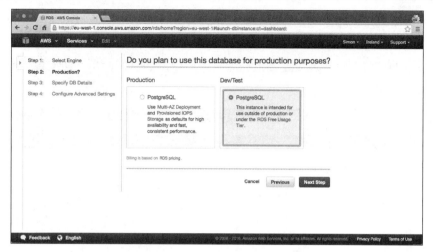

图 5-10 单击下一步

（5）我们现在可以制定我们数据库的详细信息了。如果你想要保持使用免费版的，请确保你理解了免费 DB 实例的规则和要求。在 2016 年 4 月，Amazon RDS 免费应用可以是一个高达 20GB 的单 db.t2.micro 实例。如果你的选择超出免费的限制，那么你将要支付额外的费用。在实例详单的表格中，请确保保留 **postgresql-license** 作为选择的可许证。我们会继续使用默认的 **9.4.7DB** 引擎版本。在数据库实例类中，我们也会继续使用免费的推荐设置，并选择单 CPU 和 1GB 内存的 **db.t2.micro**。这是个很小的实例，如果数据集很大，就需要选择更大的数据库实例了，但是从测试的目的来看，使用本章提供的样例数据集，一个 **db.t2.micro** 实例就很好用了。在多可用区部署选项上选择否，保留 SSD 作为存储类型，但是选择 20GB 的分配存储，这是免费使用的上限，如图 5-11 所示。

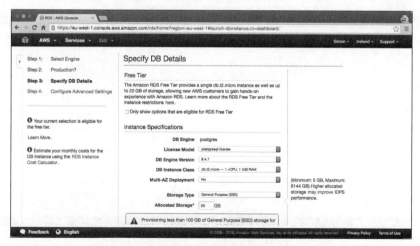

图 5-11 选择配置

（6）在设置表单的指定数据库详细信息屏，输入一个唯一的数据库实例标识符、主用户名和主密码。我们键入了 database1 作为数据库实例标识符，swalko 作为主用户名，请确保记住你设置的这些值，在之后连接数据库时需要使用到它们。当一切准备就绪后，单击下一步按钮，如图 5-12 所示。

图 5-12　数据库配置

（7）在高级配置屏中，在网络及安全表单中选择创建新的虚拟私有云（VPC）。在公开访问选项中选择是。其余配置不需要特别更改。在数据库选项表单中，输入数据库名字（我们在此输入的是 data1，记住输入的名字，稍后需要用到），如图 5-13 所示。

图 5-13　数据库高级配置

　　保持数据库端口等其他数据库选项、备份、监控和维护的选择不变。单击立即启动数据库（Launch DB Instance）按钮完成配置，如图 5-14 所示。

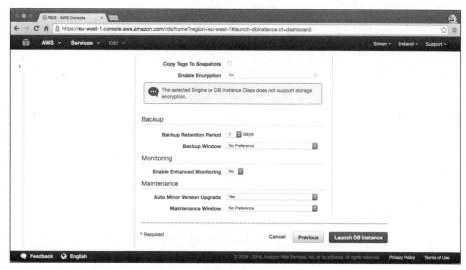

图 5-14　其他配置保持不变

（8）此时，你的数据库实例将会开始创建，你会看到一个确认页面，如图 5-15 所示。

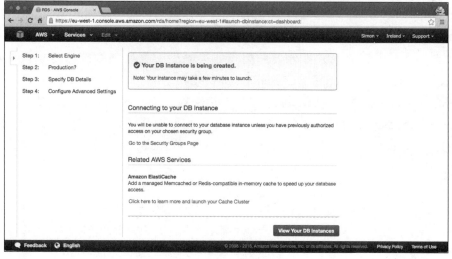

图 5-15　数据库创建

　　单击查看你的数据库实例以跳转到 RDS 仪表盘，在此你可以管理新创建的数据库实例。在数分钟后，实例将创建完成，如图 5-16 所示。

图 5-16 实例即将创建完成

希望启动 RDS 数据库实例不是太难。在 5.4.2 节中我们将开始准备数据，并使用一个非常有用的第三方工具 RazorSQL 将其导入数据库。

5.4.2 准备并上传数据到 Amazon RDS 上

对于偏好在 Mac OS X 上使用数据库的用户而言，从本地计算机管理数据库可能会有点麻烦，因为 Microsoft Visual Studio 和 SQL Server Management Studio 没有 OS X 的版本。特别是如果你在 Azure SQL 或者 Amazon RDS 上创建了一个云操作 SQL 服务器，数据库管理会变得很困难。因此，推荐 Mac OS X 用于下载安装 OS X 可用的 SQL 客户端。不幸的是，最好用的都是收费的。Mac OS X 上最好用的、质量最好的 SQL 客户端是一款基于 Java 的名为 **RazorSQL** 的应用，可以从 RazorSQL 官网下载，该应用 2016 年 4 月的价格是每个用户 100 美元，不过它有 30 天的免费试用期，你可以使用它来完成这些测试。RazorSQL 提供了非常用户友好的数据库管理特性，提供大量预安装的连接，允许用户快速地连接、插入和查询绝大部分关系型和非关系型数据库的数据，包括但不仅限于 MySQL、MariaDB、MonetDB、Cassandra、MS SQL Server、MongoDB、SQL Azure、PostgreSQL、Teradata 和 SQLite 等。该工具也有 Windows 和 Linux 版，是 SQL Server Management Studio 和 Microsoft Visual Studio 的很好的替代品。言尽于此，我们将使用 RazorSQL 应用准备和上传诗句到 Amazon RSD 的 PostgreSQL 数据库中。本篇指导会让其变得容易些。

在本教程中，我们将使用基于在线可用的大型开放访问数据文件的另一个示例数据集。此次，我们的样本将来自驾驶员和车辆标准局（DVSA）提供的匿名 MOT 测试和结果数据。MOT 是对在英国注册的所有车辆的安全和废气排放量的年检。如果车辆未通过 MOT 测试，它就不能在全国的道路上行驶。

2013 年全年的完整数据大小为 3.41GB，然而从 2005 年到 2013 年的所有数据文件都捆绑在一个 8.7GB 的 ZIP 文件中。当然，原始文件太大了，无法在我们的 RDS 实例中使用，所以我们提供了一个仅包含十万行数据的大小为 10.9MB 的小样本 mot_small_sample.csv 文件，可以从 Packt 出版网站下载到。

首先，我们可以设置 RazorSQL 与我们之前创建的 Amazon RDS 数据库实例的连接。

（1）下载 RazorSQL 的适合你自己的操作系统的一个版本，按标准方法安装。一旦加载该应用，就会看到图 5-17 所示的页面。

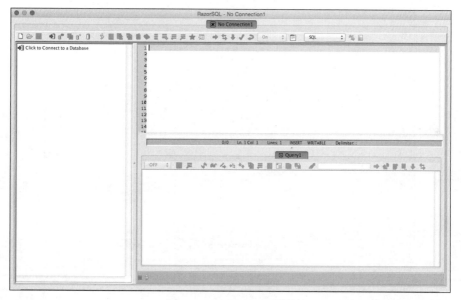

图 5-17　RazonSQL 界面

（2）为了连接 RazorSQL 和我们的数据库，单击左侧面板中以连接到数据库链接。将出现一个新的空连接向导窗口，如图 5-18 所示。

（3）单击添加链接配置文件选项卡。将显示一个新的屏幕，其中包含可选择的数据库可用连接。从数据库类型列表中选择 **PostgreSQL**，并单击继续（Continue）按钮，如图 5-19 所示。

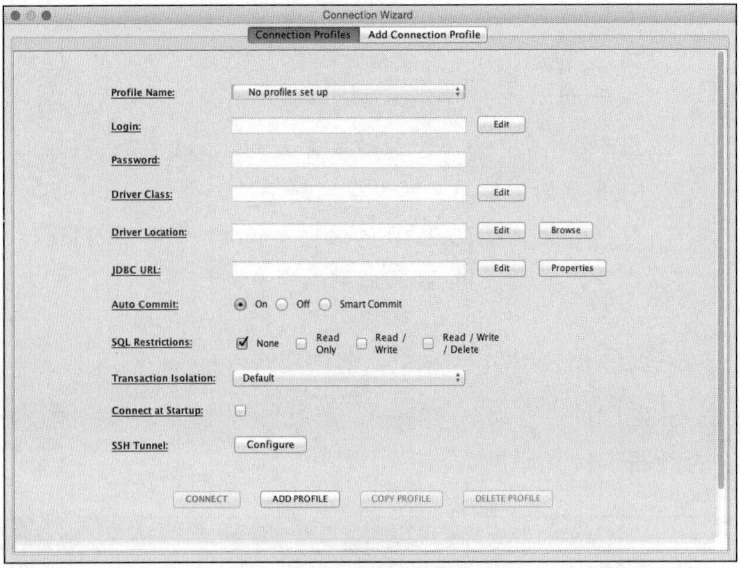

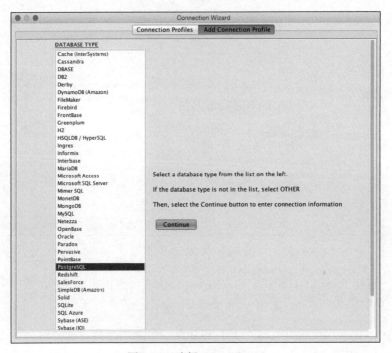

图 5-18　空连接向导窗口

图 5-19　选择 PostgreSQL

（4）现在将转到一个新的添加链接配置文件窗口，我们可以填写与 PostgreSQL 数据库创建连接所需的信息。首先提供配置文件名称，如 postgresql_rds。在身份验证表单中，输入之前为实例设置的登录名和密码（我们的主用户名是 swalko）。

在数据库信息部分，提供数据库的主机或者 IP 地址（对于 RDS 而言，格式为 DBIdentifier. XYS.eu-west-1.rds.amazonaws.com，在本例中是 database1.cgsn1orvgmc4.eu-west-1.rds. amazonaws.com）。默认情况下，PostgreSQL 的端口是 5432，我们将在对应的字段中重新输入。最后协商数据库名称（我们的例子中是 data1）。不要忘记检查左侧边栏的连接类型。如前所述，为了方便起见，RazorSQL 自带了大量的驱动程序，我们选择其中一个（用星号表示）。其他字段和选项都可以保留默认值。准备就绪后，单击配置文件窗口底部的连接（CONNECT）按钮，如图 5-20 所示。

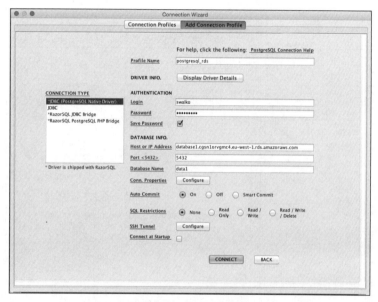

图 5-20　数据库配置

（5）一两秒后，RazorSQL 将连接我们在 Amazon RDS 上配置的 RazorSQL 数据库。连接后，你将会看到主 RazorSQL 窗口的微妙变化，数据库 data1 出现在了左侧目录树中，屏幕顶部显示了对于 postgresql_rds 连接配置文件的引用。

现在 RazorSQL 应用已经成功连接 PostgreSQL，如图 5-21 所示。下一个任务是使用 CSV 格式的示例数据集创建一张表。

（6）为了初始化导入数据的过程，单击左侧 data1 数据库并单击红框标出的带有蓝色下翻箭头的小图标，如图 5-22 所示。

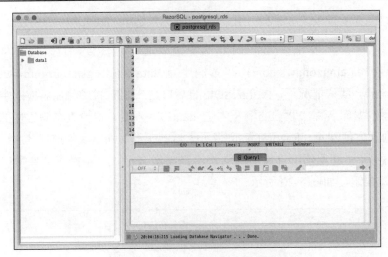

图 5-21　连接上 RazorSQL 数据库后

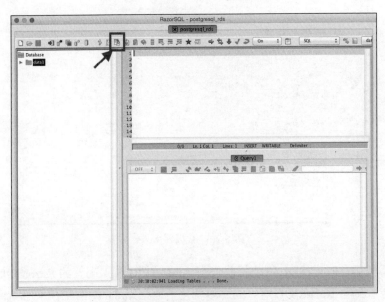

图 5-22　初始化数据

（7）出现新的导入数据库屏幕。因为我们的数据是逗号分隔的 CSV 格式，选择导入逗号分隔文件，如 CSV 文件旁边的单选按钮。在模式栏中，选择开发（public）。最后，单击创建新表旁边的单选按钮，在下面的字段中将提供数据库的表的名称，我们起名为 mot。单击下一步按钮，如图 5-23 所示。

在下一个窗口中，选择<COMMA>（逗号）作为正确的分隔符，单击浏览按钮导航到本地计算机的数据文件。由于文件的第一行是标题信息，所以我们在分隔文件开始行旁边的字段中输入 2。再勾选插入数据不包含列名、没有值时自动填充空值。一切就绪，单击下一步按钮，如图 5-24 所示。

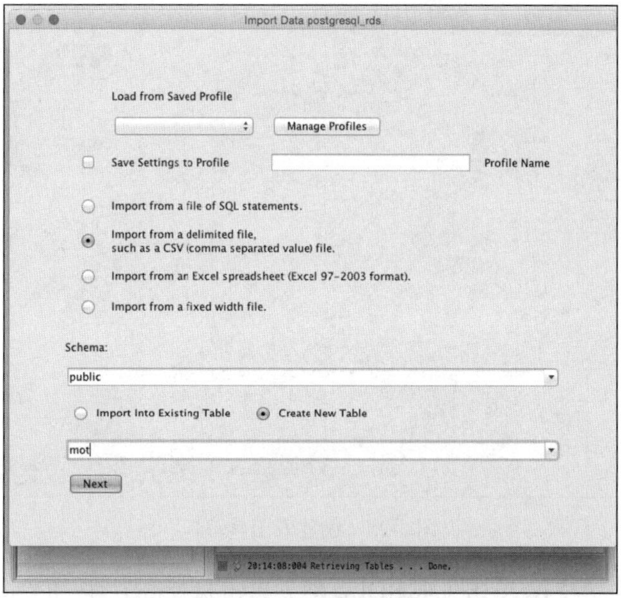

图 5-23　数据导入配置

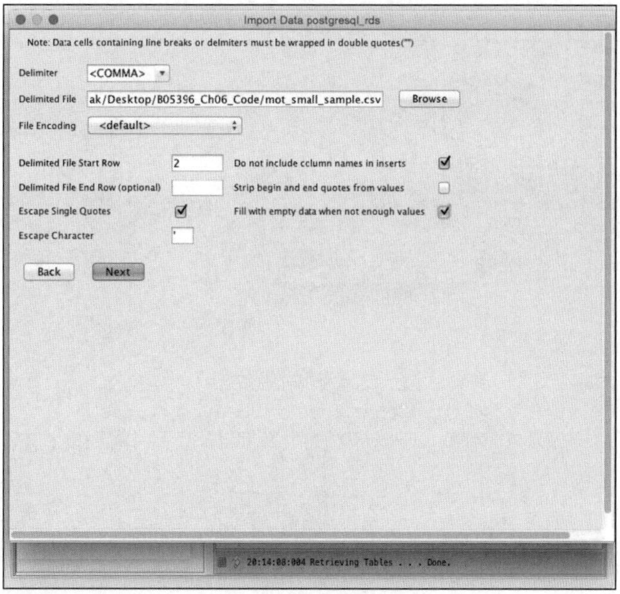

图 5-24　数据导入

（8）在将数据导入 mot 表之前，RazorSQL 将显示一个创建表工具窗口，其中包含数据中找到的所有列、列名、数据类型和数据长度，如图 5-25 所示。

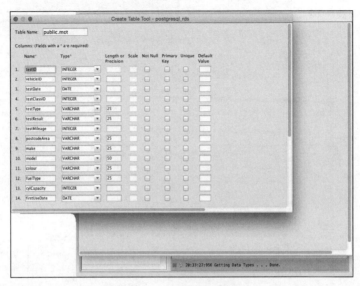

图 5-25　创建表工具窗口

如果看起来都没问题，单击生成 SQL，然后单击执行 SQL 按钮。将弹出一个确认的新窗口，单击 OK 按钮继续，如图 5-26 所示。

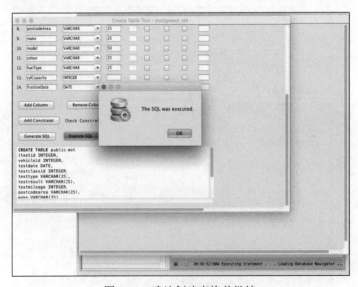

图 5-26　确认创建表格并继续

（9）导入数据窗口将会显示所有导入到表格的变量，单击下一步以继续，如图 5-27 所示。

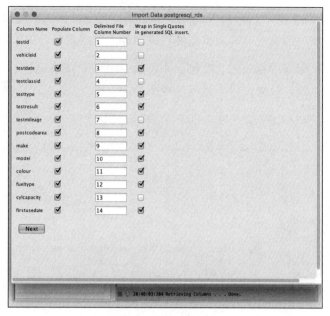

图 5-27 导入数据窗口

（10）最后，出现了 SQL 导入代码。选择批量执行并将每个网络呼叫的状态数设置为 500，单击执行按钮以继续执行，如图 5-28 所示。数据导入作业将完成初始化（如果要将填充的 SQL 代码保存到文件中，请确保选择仅保存文件单选按钮）。

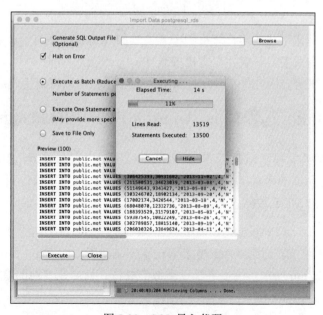

图 5-28 SQL 导入代码

数据导入 Amazon RDS 的 data1 PostgreSQL 数据库的 mot 表大约需要两三分钟的时间。完成后，单击确认窗口消息中的确定按钮然后关闭导入数据窗口，如图 5-29 所示。

你可以通过在数据库的目录树（左侧）中搜索 mot 表，或者运行一个非常简单的查询来获取表中的记录总数，以验证导入过程是否成功。

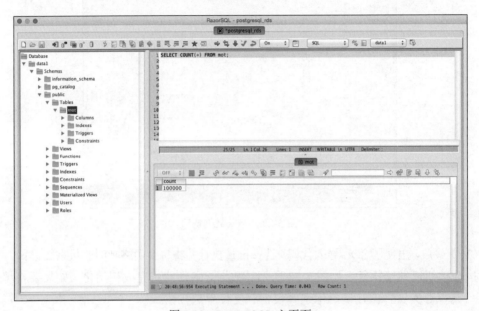

图 5-29　PostgreSQL 主页面

我们已经基本完成了从本地计算机的个人安装的 RStudio 到 PostgreSQL 数据库的连接。在此阶段，我们只需要下载并在本机安装 PostgreSQL。请记住 PostgreSQL 目前是一个开源的、免费的平台，因此你在使用此数据库时不用担心许可费用问题。

5.4.3　从 RStudio 远程查询 Amazon RDS 上的 PostgreSQL

如果你的计算机安装了最新版本的 RStudio，以及在 Amazon RDS 上管理和运行 PostgreSQL 数据库所需的所有工具和应用程序，那你现在就可以远程查看、处理、查询和分析我们之前导入的 MOT 数据。

在创建从 RStudio 到 PostgreSQL 的远程连接之前，要先确保你的计算机上安装了用于 R 的 devtools 软件包。在安装 devtools 之前需要安装新版本的 Rcpp 和 DBI 包。我们之前在 Amazon EC2 Ubuntu 操作系统上进行过类似的操作。只要在本地的 RStudio 中运行以下命令就可以安装 Rcpp 和 DBI 包了。

```
> devtools::install_github("RcppCore/Rcpp")
...#output truncated
> devtools::install_github("rstats-db/DBI")
...#output truncated
```

如果你在安装 DBI 包时遇到任何问题，建议你去除所有使用到 DBI 包的软件包，以及之前安装过的旧版本 DBI 包。然后使用上述命令重新安装 DBI 包。一旦安装完这两个包，就下载并安装 RPostgres 包，用于连接 R 和 PostgreSQL 数据库。

```
> devtools::install_github("rstats-db/RPostgres")
...#output truncated
```

在 RStudio 中导入 DBI 和 RPostgres。

```
> library(DBI)
> library(RPostgres)
```

在远程连接 PostgreSQL 数据库之前，请确保记住启动 Amazon RDS 实例时需要使用的所有凭据。你需要在 dbConnect() 函数中使用它们。以我们例子的值为例，连接方法如下（请根据自己的凭证调整所有参数）。

```
> con <- dbConnect(RPostgres::Postgres(), dbname = 'data1',
+                  host = 'database1.cgsn1orvgmc4.eu-
west-1.rds.amazonaws.com',
+                  port = 5432,
+                  user = 'swalko',
+                  password = 'Password1')
```

conPqConnection 对象存储有关 RStudio 和 PostgreSQL 数据库连接有关的信息。

```
> con
<PqConnection> data1@database1.cgsn1orvgmc4.eu-
west-1.rds.amazonaws.com:5432
```

我们可以使用标准 dbListTables() 命令列出数据库中所有表。

```
> dbListTables(con)
[1] "mot"
```

输出值帮助我们确认上一节中执行的数据导入成功，这样我们就可以远程访问 mot 表格了。

RPostgres 包不能很好地描述表。例如 dbListFields() 函数会返回一个错误值，这意味着你需要在查询表之前就知道表的结构。不过这个功能很快就会有了。

```
> dbListFields(con, "mot")
Error in (function (classes, fdef, mtable)  :
    unable to find an inherited method for function 'dbListFields' for
signature '"PqConnection", "character"'
```

不过你可以直接从 R/RStudio 中运行 SQL 查询。例如，在下例中我们会计算样本中所有车辆的 MOT 测试结果的频率。

```
> query.1 <- dbSendQuery(con, "SELECT make, testresult,
+                     COUNT(*) AS count
+                     FROM mot
+                     GROUP BY make, testresult
+                     ORDER BY make, testresult ASC")
```

上述语句创建了 query.1 对象，保存了有关执行查询的信息。

```
> query.1
<PqResult>
  SQL  SELECT make, testresult,
                    COUNT(*) AS count,
                    FROM mot,
                    GROUP BY make, testresult,
                    ORDER BY make, testresult ASC
  ROWS Fetched: 0 [complete]
       Changed: 0
```

与支持 SQL 数据库的其他 R 包类似，RPostgres 可以延迟查询。可以使用熟悉的 dbFetch() 函数从数据库中拉结果集。

```
> query.1.res <- dbFetch(query.1, n = -1)
> query.1.res
            make testresult count
1          ABARTH         F     1
2          ABARTH         P     5
3            ADLY         P     1
4           AIXAM         P     5
5             AJS         P     4
6      ALFA ROMEO       ABR     4
7      ALFA ROMEO         F    89
8      ALFA ROMEO         P   175
```

```
9            ALFA ROMEO       PRS     27
10              APRILIA       ABR      1
...#output truncated
> dbClearResult(query.1)
[1] TRUE
```

在第二个例子中，我们可以仅估算 MOT 测试中的失败值，并创建一个新的平均里程的列（avg_miles）。这会帮助我们更早地发现哪些车辆更容易在 MOT 测试中失败。

```
> query.2 <- dbSendQuery(con, "SELECT make, testresult,
+                        COUNT(*) AS count,
+                        AVG(testmileage) AS avg_miles
+                        FROM mot
+                        WHERE testresult = 'F'
+                        GROUP BY make, testresult
+                        ORDER BY avg_miles DESC")
> query.2.res <- dbFetch(query.2, n = -1)
> query.2.res
                   make testresult count  avg_miles
1              METROCAB          F      2 318089.50
2             CARBODIES          F      5 268627.80
3     LONDON TAXIS INT          F     36 239215.53
4         ISUZU TRUCKS          F      3 183176.67
5                 IVECO          F     53 128849.68
6            IVECO-FORD          F      2 127822.00
7               LEYLAND          F      1 116182.00
8                   LDV          F     63 113946.57
9                 VOLVO          F    337 110105.41
10             MERCEDES          F    773 106594.80
11                 AUDI          F    500 104877.09
12           LAND ROVER          F    468 102991.18
13                 SAAB          F    131  99426.88
14           VOLKSWAGEN          F   1820  98700.80
15                ISUZU          F     22  97631.86
16             DAIHATSU          F     49  97255.61
17                  BMW          F    783  96176.70
18           MITSUBISHI          F    261  95913.33
19               TOYOTA          F    667  93330.67
20             CHRYSLER          F     74  92662.66
...#output truncated
> dbClearResult(query.2)
[1] TRUE
> dbDisconnect(con)
[1] TRUE
```

我们的样本数据输出包含 128 种车辆。基于获得的结果，我们可以看到，以平均值来看，有些低频品牌在达到很高的里程时 MOT 测试会失败。这些车大多数是用于长途货运的，例如卡车、或频繁使用的车，例如出租或者租赁服务车。

在少量适合查询 PostgreSQL 数据库的 R 包中，之前介绍过的 dplyr 值得单独对待。它使用 RPostgreSQL 连接 PostgreSQL，因此在安装和加载 dplyr 包之前，请先确保安装了 RPostgreSQL。

```
> install.packages("RPostgreSQL")
...#output truncated
> library(RPostgreSQL)
> install.packages("dplyr")
...#output truncated
> library(dplyr)
...#output truncated
```

为了使用 dplyr 包与远程数据库建立连接，我们需要在 src_postgres() 函数中提供所有基本凭证。

```
> dpl.conn <- src_postgres(dbname = 'data1',
+                          host = 'database1.cgsn1orvgmc4.eu-
west-1.rds.amazonaws.com',
+                          port = 5432,
+                          user = 'swalko',
+                          password = 'Password1')
> dpl.conn
src:  postgres 9.4.7 [swalko@database1.cgsn1orvgmc4.eu-
west-1.rds.amazonaws.com:5432/data1]
tbls: mot
```

src_postgres 连接对象（dpl.conn）存储了连接和 PostgreSQL 版本的详细信息和可用表名。它们可以使用 tbl() 函数作为 tbl_postgres 对象检索。

```
> mot.data <- tbl(dpl.conn, "mot")
> mot.data
Source: postgres 9.4.7 [swalko@database1.cgsn1orvgmc4.eu-
west-1.rds.amazonaws.com:5432/data1]
From: mot [100,000 x 14]
      testid vehicleid   testdate testclassid testtype testresult
1  295651455 12103486 2013-01-22           4        N          P
2  297385751  2987701 2013-09-11           4        N        PRS
3  302850213 18092246 2013-12-09           4        N        ABR
```

```
 4 306425393 30931602 2013-11-02              4        N        P
 5 211580531 34623039 2013-03-08              4        N        P
 6  51149643  9343427 2013-05-08              4        PR       P
 7 303246702 18902134 2013-09-20              4        N        F
 8  17002174  3420544 2013-03-18              4        N        P
 9  68048070 12332736 2013-08-09              4        N        P
10 188393529 31579107 2013-05-03              4        N        P
..       ...      ...        ...            ...      ...      ...
Variables not shown: testmileage (int), postcodearea (chr), make
    (chr), model (chr), colour (chr), fueltype (chr), cylcapacity
    (int), firstusedate (date)
```

就像上述示例的 dplyr 一样，我们只展示了全部数据集的小型快照。所有查询都是延迟型的，只有在特定数据集需要被拉到 R 工作空间时才会被执行。这会节省大量资源，并允许超出内存大小的数据集，而不需要将所有数据加载到 R 会话中。然而你可以使用很有用的 glimpse() 函数查看数据和数据结构。

```
> glimpse(mot.data)
Observations: 100000
Variables:
$ testid        (int) 295651455, 297385751, 302850213, 30642539...
$ vehicleid     (int) 12103486, 2987701, 18092246, 30931602, 34...
$ testdate      (date) 2013-01-22, 2013-09-11, 2013-12-09, 2013...
$ testclassid   (int) 4, 4, 4, 4, 4, 4, 4, 4, 4, 4, 4, 4, 4, 4,...
$ testtype      (chr) "N", "N", "N", "N", "N", "PR", "N", "N",...
$ testresult    (chr) "P", "PRS", "ABR", "P", "P", "P", "F", "P...
$ testmileage   (int) 42135, 85557, 0, 74548, 113361, 75736, 95...
$ postcodearea  (chr) "YO", "TS", "HU", "SR", "DD", "TR", "NW",...
$ make          (chr) "HYUNDAI", "VOLVO", "RENAULT", "FORD", "S...
$ model         (chr) "GETZ GSI", "V50 SE", "SCENIC DYN VVT", "...
$ colour        (chr) "BLUE", "GREEN", "BLACK", "BLUE", "SILVER...
$ fueltype      (chr) "P", "P", "P", "P", "D", "D", "P", "P", "...
$ cylcapacity   (int) 1341, 1798, 1598, 1596, 1896, 2401, 1975,...
$ firstusedate  (date) 2005-09-09, 2005-09-30, 2007-12-31, 2001...
```

在第一个查询示例中，我们将计算每个失败的 MOT 测试的平均里程数，但是我们只会导出超过 50 辆 MOT 测试失败的数据。我们会按照里程数降序排列输出结果。

首先，仅选择失败的 MOT 记录。

```
> mot.failed <- filter(mot.data, testresult == "F")
> mot.failed
Source: postgres 9.4.7 [swalko@database1.cgsn1orvgmc4.eu-
west-1.rds.amazonaws.com:5432/data1]
```

```
From: mot [23,594 x 14]
Filter: testresult == "F"
      testid vehicleid    testdate testclassid testtype testresult
1  303246702  18902134 2013-09-20           4        N          F
2   59387545  10822249 2013-04-26           4        N          F
3     320181    106195 2013-02-11           4        N          F
4  307090812  25673696 2013-11-14           4        N          F
5  185589215  31186307 2013-06-17           4        N          F
...#output truncated
```

从输出可以看出，过滤后的记录数量从原来的 100000 条减少到 23594 条。我们可以对过滤后的 mot.failed 数据进行分组，以便计算每种车辆的平均里程。平均里程估算可以使用 summarise() 函数实现。

```
> by.make <- group_by(mot.failed, make)
> avg.mileage <- summarise(by.make,
+                              count = n(),
+                              avg = mean(testmileage))
```

最后，我们取出所有至少有 50 个失败 MOT 的数据并按照平均里程数降序排列。

```
> avg.mileage <- arrange(filter(avg.mileage, count >= 50), desc(avg))
> avg.mileage
Source: postgres 9.4.7 [swalko@database1.cgsn1orvgmc4.eu-
west-1.rds.amazonaws.com:5432/data1]
From: <derived table> [?? x 3]
Filter: count >= 50
Arrange: desc(avg)
         make count        avg
1       IVECO    53 128849.68
2         LDV    63 113946.57
3       VOLVO   337 110105.41
4    MERCEDES   773 106594.80
5        AUDI   500 104877.09
6  LAND ROVER   468 102991.18
7        SAAB   131  99426.88
8  VOLKSWAGEN  1820  98700.80
9         BMW   783  96176.70
10 MITSUBISHI   261  95913.33
..         ...   ...        ...
```

如前所述，我们可以使用 explain() 查看 dplyr 如何翻译、计划和执行 SQL 查询。

```
> explain(avg.mileage)
<SQL>
SELECT "make", "count", "avg"
FROM (SELECT "make", count(*) AS "count", AVG("testmileage") AS "avg"
FROM "mot"
WHERE "testresult" = 'F'
GROUP BY "make") AS "_W1"
WHERE "count" >= 50.0
ORDER BY "avg" DESC
<PLAN>
Sort  (cost=2694.05..2694.14 rows=36 width=47)
  Sort Key: (avg(mot.testmileage))
  -> HashAggregate  (cost=2692.13..2692.76 rows=36 width=11)
      Group Key: mot.make
      Filter: ((count(*))::numeric >= 50.0)
      -> Seq Scan on mot  (cost=0.00..2456.00 rows=23613 width=11)
          Filter: ((testresult)::text = 'F'::text)
```

在数据处理的最后，我们可以使用 collect()函数抓取数据到 R 会话中并以 tbl_df 对象存储。

```
> mileage.df <- collect(avg.mileage)
> mileage.df
Source: local data frame [36 x 3]
         make count      avg
1       IVECO    53 128849.68
2         LDV    63 113946.57
3       VOLVO   337 110105.41
4    MERCEDES   773 106594.80
5        AUDI   500 104877.09
...#output truncated
```

在使用 dplyr 在 PostgreSQL 数据库上运行 SQL 查询的第二个示例中，我们将计算成功通过或未通过 MOT 测试的车辆的平均车龄和里程数。像之前一样，我们将只展示每组至少有 50 个车辆的分组并按照字母顺序排序。这比之前的练习更棘手，因为这需要我们知道如何在 PostgreSQL 中计算两个日期的间隔时间以及如何执行内联。

几分钟不活动后，你可能会和数据库断开连接。请重运行以下命令以重启和 PostgreSQL 服务器的连接。

```
    > dpl.conn <- src_postgres(dbname = 'data1',
    +                          host = 'database1.cgsn1orvgmc4.eu-
west-1.rds.amazonaws.com',
    +                          port = 5432,
```

```
+                               user = 'swalko',
+                               password = 'Password1')
> mot.data <- tbl(dpl.conn, "mot")
```

一旦再次连接成功，我们就可以过滤数据只选择通过或者未通过 MOT 测试的记录。

```
> mot.pf <- filter(mot.data, testresult == "F" | testresult == "P")
> mot.pf
Source: postgres 9.4.7 [swalko@database1.cgsn1orvgmc4.eu-
west-1.rds.amazonaws.com:5432/data1]
From: mot [91,912 x 14]
Filter: testresult == "F" | testresult == "P"
      testid vehicleid     testdate testclassid testtype testresult
1  295651455  12103486 2013-01-22          4        N         P
2  306425393  30931602 2013-11-02          4        N         P
3  211580531  34623039 2013-03-08          4        N         P
4   51149643   9343427 2013-05-08          4        PR        P
5  303246702  18902134 2013-09-20          4        N         F
...#output truncated
```

现在要创建一个新变量（age in days），用于展示两个日期的差值，即 MOT 测试的日期（testdate）和第一个使用特定车辆的日期（firstusedate）。请注意，在我们的查询中，我们显式地标注日期变量的数据类型。tbl() 命令中的 sql() 函数允许我们使用 dplyr 运行特定的 SQL 查询。

```
> age <- tbl(dpl.conn, sql("SELECT testid, vehicleid, testdate::date -
firstusedate::date as age from mot"))
> age
Source: postgres 9.4.7 [swalko@database1.cgsn1orvgmc4.eu-
west-1.rds.amazonaws.com:5432/data1]
From: <derived table> [?? x 3]
      testid vehicleid  age
1  295651455  12103486 2692
2  297385751   2987701 2903
3  302850213  18092246 2170
4  306425393  30931602 4346
5  211580531  34623039 3812
...#output truncated
```

输出对象 age 是一个 3 列的名为 tbl_postgres 的数据结构，我们可以随后连接（通过 testid 和 vehicleid 两个变量）过滤后的包含成功和未通过 MOT 测试的 mot.pf 子集。这可以通过 inner_join() 函数实现。

```
> mot.combined <- inner_join(mot.pf, age, by = c("testid",
"vehicleid"))
```

我们需要计算每个通过和未通过 MOT 测试的品牌的平均里程数和车龄，可以使用 group_by()函数对 mot.combined 对象中的 make 和 testresult 变量进行分组。

```
> by.maketest <- group_by(mot.combined, make, testresult)
```

我们现在可以计算感兴趣的统计数据。

```
> avg.agemiles <- summarise(by.maketest,
+                           count = n(),
+                           age = mean(age/365.25),
+                           mileage = mean(testmileage))
```

最后，我们可以过滤我们结果集的记录，输出 50 条聚合结果并按照字母顺序排序。

```
> avg.agemiles <- arrange(filter(avg.agemiles, count >= 50),
desc(make))
> avg.agemiles
Source: postgres 9.4.7 [swalko@database1.cgsn1orvgmc4.eu-
west-1.rds.amazonaws.com:5432/data1]
From: <derived table> [?? x 5]
Filter: count >= 50
Arrange: desc(make)
Grouped by: make
         make testresult count        age     mileage
1  ALFA ROMEO          F    89  10.766921   85060.93
2  ALFA ROMEO          P   175   9.756464   73652.82
3     APRILIA          P    57   9.584015   15558.89
4        AUDI          F   500   9.880728  104877.09
5        AUDI          P  2055   7.757449   83533.96
6         BMW          F   783  10.158958   96176.70
7         BMW          P  2920   8.554350   78044.34
8   CHEVROLET          F    51   6.279395   47046.96
9   CHEVROLET          P   253   5.625667   35588.53
10   CHRYSLER          P   203   9.221135   81411.67
..        ...        ...   ...        ...        ...
```

正如我们预期的一样，未通过 MOT 测试的车辆普遍的平均车龄和里程数比通过 MOT 测试的车辆要长。然而，逐一比较这些数值，可以发现有些车辆，例如雪佛兰比诸如阿尔法罗密欧或者宝马之类的车能在通过 MOT 测试下安全运行的里程数更少。

如果你想要深入研究实现这种计算的 SQL，可以使用 explain() 函数。由于此函数的调用需要的时间很长，本章节就不介绍了。

```
> explain(avg.agemiles)
...#output truncated
```

随着本练习的结束，本章介绍 R 和 SQL 数据库的内容就结束了。虽然我们在 R 包和开源数据库上的选择余地很大，但是希望本章的教程可以帮助你掌握一些在关系型数据库管理系统中处理大数据的知识。

5.5 小结

本章伊始，我们简单地介绍了关系型数据库管理系统和结构化查询语句的基础知识。帮助你掌握管理 RDBMS 所需的基本技能。

然后，我们开始进行实践练习，探索 R 与关系型数据库连接的一些技术。首先介绍了如何使用 SQLite 数据库本地查询和处理数据，然后详细地介绍了与安装在 Amazon 弹性计算云实例上的 MariaDB（以及非常类似的 MySQL）的连接，最后我们远程分析了存储的数据并通过 Amazon 关系型数据库服务器实例管理 PostgreSQL 数据库。

看完本章所有的章节和教程，就可以了解到 R 是一个可以方便地处理和分析存储在传统 SQL 操作的数据库中的大量、超出内存大小的数据集的工具。

在下一章中，我们将继续介绍 R 与数据库的连接，不过这次我们将探索诸如 MongoDB 和 HBase 等的非关系型、NoSQL 数据库的世界。

第 6 章
R 与非关系型数据库

在第 5 章中，我们展示了 R 与传统关系型 SQL 数据库的良好合作。在大多数业务场景中，特别是处理标准的二维矩形数据，依然使用着关系型数据库。然而最近，一系列新的非关系型数据库或者说 NoSQL 数据库已经快速涌现，主要是为了响应不断增长的应用程序生态系统的需求，收集和处理不同类型的数据，这类数据更灵活并且没有固定格式。在物联网动态发展的这个时代，这些数据库特别引人瞩目。许多 NoSQL 数据库的增长，特别是开放源代码数据库的发展，也受到极度活跃的社区开发人员的热烈支持，其中许多是同时使用 R 的用户。在本章中，我们将引导你学习许多教程，以实现以下目标。

- 了解数据模型，基本的 NoSQL 命令以及 MongoDB 聚合管道框架。
- 在 Linux Ubuntu 虚拟机上安装并运行 MongoDB。
- 连接到远程 EC2 的 MongoDB 上并使用 R 的 rmongodb、RMongo 和 mongolite 包处理数据（包括复杂的 NoSQL 查询）。

我们将首先介绍什么是 NoSQL 数据库，以及相关使用案例，然后我们将介绍如何启动和操作一个非常流行的名为 MongoDB 的非关系型数据库系统。在本章的末尾，我们将简单介绍如何安装和连接 HBase。

6.1 NoSQL 数据库简介

我们已经在第 5 章了解了传统的**关系型数据库管理系统（Relational Database Management Systems，RDBMS）**的基本特征和特点。我们还很清楚它的局限性和具体要求，例如它需要预定义好数据格式，可垂直拓展，这导致其数据增长需要不断对硬件进行升级，并且它们通常不支持非结构化或分层数据。

非关系型或者说 NoSQL 数据库尝试填补这些差距，并在一些方面做得更加专业。在 6.1.1 中我们将简单介绍几个 NoSQL 数据库及其相关用例。

流行非关系型数据库简介

要说 NoSQL 数据库和 SQL 数据库压根不是一回事，可能有点过分简化了。然而这种说法在某种程度上是对的，以下特征可以向刚开始接触数据库的数据科学家们介绍非关系型数据库和关系型数据库之间的差异。

（1）一般来说，NoSQL 数据库是没有标准的预定义数据格式的非关系型和分布式文档集合、键值对、XML、图形或其他数据格式。简单来说，它们可能不遵循标准 SQL 表的典型二维矩阵结构。该功能使得 NoSQL 数据库相比关系型数据库有了很大的进步，有了更大的灵活性和性能提升的优势。

（2）它们被设计出来用于处理大量的数据，且往往是水平可扩展的。它们使用的服务器数量可以根据实际流量和处理敷在轻松增减。这种灵活性在工业界十分重要，因为工业界的需求可能每天都会变化，甚至一天多变。

（3）NoSQL 数据库试图组织和处理大量不同类型、格式、速度和长度的信息。许多非关系型数据库专门用于处理非结构化数据、时间序列、文本数据等，这些数据来自各种不同的数据源，数据格式千差万别。不要忘记，一些 NoSQL 数据库已经成为（近）实时分析和流数据处理的行业标准解决方案，特别是金融、银行、零售和各种现代社交媒体应用，其中处理大量数据的速度至关重要。

（4）谈了这么多优点，NoSQL 数据库也不是毫无缺点，其中 NoSQL 查询表现就是其中之一。首先，用于管理和查询数据的命令和方法在不同的 NoSQL 数据库之间会各不相同，这使得数据科学家甚至数据库架构师难以在可用数据库系统之间快速切换。其次，一般来说，NoSQL 的可用函数比标准的 SQL 查询函数少很多，这意味 NoSQL 不能很好地处理复杂的查询。然而，这方便已经开始改善，一些非关系型数据库（如 MongoDB）已经提供了非常动态、快速和高表达性的 NoSQL 实现。

如上所述，不同的 NoSQL 数据库专注于数据管理和处理的不同方面。下面我们将介绍大数据行业流行的非关系型数据库，其中两个，即 MongoDB 和 HBase，我们将在本章进行进一步探讨。

- **MongoDB：** 一个基于文档的 NoSQL 数据库，它的名字来源于 humongous（巨大的），它通过水平可扩展性方便了大数据的处理。MongoDB 的文档以 BSON 格式（流行的 JSON 的二进制表示形式）存储，它们是包含共享索引的相关文档组。它具有动态模式，提供不改变原数据的灵活性。它的查询语言可能不如 SQL 简单，但是非常有表现力。此外，在很多驱动程序中都可以使用编程语言处理它，包括 R。处理速度快这一特性使得它是（近）实时分析的好选择。许多 MongoDB 用户来自于零售、营销和金融服务业。MongoDB 是一个开源项目，具有良好的社区支持，在应用程序和 Web 开发人员以及商业中都非常受欢迎。

- **HBase**：一个非关系型、键值对数据库，提供了高度优化的存储，没有默认的数据格式。HBase 是一个开源的 Apache 项目，运行在 Hadoop 分布式文件系统之上，通常作为 Hadoop MapReduce 作业的输入或输出。虽然 HBase 不能使用 SQL 命令进行查询，但它可以通过 Java API 和其他 API（例如 REST、Avro 或 Thrift）提供链接，允许开发人员使用其他语言（如 R）连接和管理数据。HBase 数据库非常适合在非结构化或多维数据的大型数据池上进行快速、高吞吐量的读写操作，例如用在全球消息服务中或者大规模时间序列分析中。

- **CouchDB**：另一个 Apache 开源项目，是一个基于文档的数据库，其功能与 MongoDB 非常相似，然而它与 MongoDB 在数据存储（CouchDB 是最终一致性，而 MongoDB 是严格一致性）和可用应用程序方面有所不同。CouchDB 更适合用于需要同步更新和更改的移动应用程序或离线工具，而 MongoDB 适合在服务器上进行处理。此外，用户一方面发现 MongoDB 的数据查询更加容易、更加用户友好。另一方面，CouchDB 需要为每个试图创建单独的 MapReduce 作业。

- **Cassandra**：又一个 Apache 项目，是一个基于 Java 的开源、容错的非关系数据库，就像 HBase 一样，属于键值对存储这个家族。它以公认的高性能而闻名并广受欢迎，并被领先的技术巨头，包括苹果、Netflix、Instagram 和 eBay 使用。它使用自己的 Cassandra 查询语言（CQL），由类 SQL 命令组成，用于查询数据。通过多个驱动程序，它可以轻松地连接到其他应用程序或编程语言，包括 R。

- **Neo4j**：可能是图像存储的 NoSQL 数据库中最有名的，用于显示便于和未标记的点和边之间的关系及其属性。由于缺乏索引的邻接关系，所以它的处理速度很快，并具有高度可扩展性。它用于社交网络、基于图形的搜索引擎、图形可视化和欺诈检测应用程序。

以上 5 个数据库是广受数据库工程师和架构师欢迎的选择，当然还有很多其他 NoSQL 数据库可能更适合个人业务和研究目的。其中很多正在由非常充满活力的贡献者社区开发。常用的 NoSQL 数据库通常都有与 R 语言和其他语言之间的良好的接口。在 6.2 节中我们将介绍使用 R 查询 MongoDB 中存储的数据。

6.2　用 R 操作 MongoDB

在简短的介绍之后，你现在可以了解各种 NoSQL 数据库的基本特性了。在本节中，我们将探讨 MongoDB 的特点和应用。

6.2.1　MongoDB 简介

MongoDB 是非关系型数据存储系统的例子之一，并且支持许多数据处理和分析框架，如复杂的聚合操作，甚至 MapReduce 作业。所有这些操作都是通过 MongoDB NoSQL 查询进行的，这是标准查询关系型数据库的 SQL 语言的一个替换。你很快就会发现，MongoDB NoSQL 命令非常富有表现力、易于学习。大多数用户遇到的唯一问题就是复杂的聚合和查询的语法很复杂（BSON 格式），我们会在之后的章节中探讨此部分内容。

MongoDB 数据模型

使用 MongoDB 的 NoSQL 编写非常复杂的聚合操作的困难之一是其存储数据及其记录或者说集合和文档，是遵循 MongoDB 命名约定，以 BSON 格式存储的。然而这也使得用户可以根据应用程序中的文档之间的实际关系来灵活的设计数据结构。MongoDB 提供了两个代表这些关系的数据模型。

- 引用，也称为规范化数据模型。

- 内嵌文档。

引用（或者说规范化数据模型）可能包含数个可以通过共享索引链接在一起的单独的文档。在图 6-1 的示例中，设计为规范化数据模型的集合由 4 个独立的文档组成，这些文档保存医疗病人的局部的互不相关的信息，这些文件可以通过 ID1 这个共享索引来提取和链接，ID1 是存储病人姓氏的主要标识号。

规范化数据模型允许用户轻松地将各种文档通过通用的 ID 进行连接。在集合中设计文档结构的这种灵活性还意味着，对于大型数据集，查询可以被限制在特定的请求的文档中，并且不需要处理整个数据集。另一方面，这可以大大提高操作的速度和性能。

MongoDB 中引用的另一个优点是，可以使用新的输入信息连续、动态地更新数据，而无须在添加新数据时重新构建集合模式。这种方法在现代近实时应用中特别有用，这些应用常常频繁更新和更改其结构。标准化数据模型的明显缺点是在创建可以互相链接的文档时，某些字段（例如我们前面示例中的 patient_id）会重复，这导致很多的资源用于存储重复数据,并且还可能导致在检索文档上花费更多的时间。

如果不想向规范化数据模型的两个缺点妥协,用户可以转向更传统的内嵌文档,基于上文使用的医疗病人记录的内嵌数据模型的示例如图 6-2 所示。

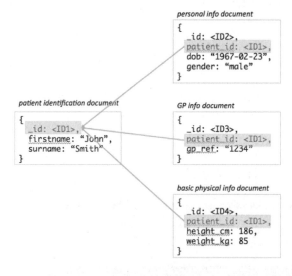

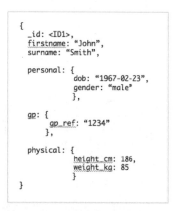

图 6-1　引用结构设计 　　　　　　　　　图 6-2　内嵌文档

顾名思义,在内嵌模型中,所有单个文档都内嵌到另一个文档中,并且不会在不改变集合模式的情况下分离。只要文档的结构保持不变,这个设计就没有问题。不过如果数据需求发生了变化,就必须重新整理集合以及数据结构以适应修改。

在了解了 MongoDB 中表示数据关系的两个模型的基础知识之后,你现在可以进一步了解如何在服务器上启动 MongoDB,以及如何使用 MongoDB 执行类 SQL 命令来处理和查询数据。

6.2.2　在 Amazon EC2 上安装 MongoDB 并与 R 连接

在本节中,我们将在安装了 Linux Ubuntu 操作系统的 Amazon EC2 上安装 MongoDB 数据库。为实现这一目标,你首先需要启动一个新的(例如免费级的)安装了 Ubuntu 的 EC2 实例。有两种方法,其一你可以创建一个新的实例,其二你可以重用第 5 章中创建的虚拟机。如果你选择创建一个全新的实例,你还需要按照第 5 章的介绍安装 JDK 以及为 R 安装 rJava 包。第 5 章中有详细的安装说明。不过,重用第 5 章的实例会简单得多,它已经预配置了大部分基本的 Ubuntu 库和几个有用的 R 包。接下来创建一个快捷方式以节省时间,并且会继续使用第 5 章的 Amazon EC2 虚拟机来工作。

如果你在第 5 章结尾处停止了实例，请确保在继续之前重新启动该实例。在重启虚拟机后，它会被分配一个新的公共 DNS 地址，你需要用它作为 ubuntu 用户的 ssh 目标进入该实例。打开一个新的终端，然后 cd 到存储实例密钥对 pem 文件的目录（在我们的例子中是 download 文件夹，文件名是 rstudio_mariadb.pem）。

```
$ cd Downloads/
$ ssh -i "rstudio_mariadb.pem" ubuntu@ec2-52-19-205-207.eu-
west-1.compute.amazonaws.com
```

当出现提示时，输入 yes 并按回车键进行确认。现在你应该看到实例的欢迎信息，显示该虚拟机的一些基本信息。

在这个阶段，我们需要导入 MongoDB 的公钥。在本章的数据处理中，我们将使用 3.2 版的 MongoDB 社区版，它是该数据库的一个开源版本。

```
$ sudo apt-key adv --keyserver hkp://keyserver.ubuntu.com:80 --recv EA312927
```

输入上述命令后，你将看到图 6-3 所示的输出。

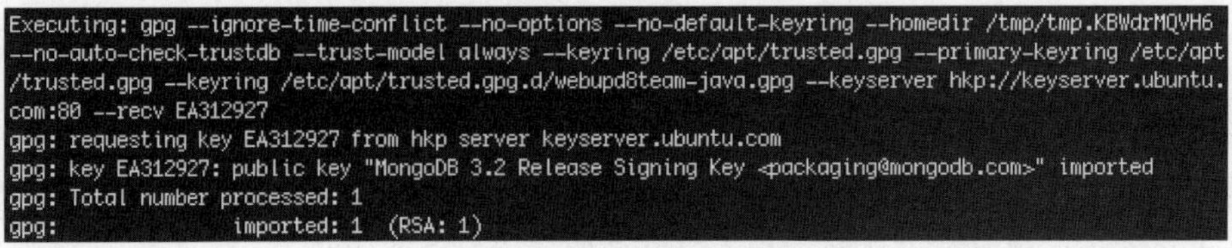

```
Executing: gpg --ignore-time-conflict --no-options --no-default-keyring --homedir /tmp/tmp.KBWdrMQVH6
--no-auto-check-trustdb --trust-model always --keyring /etc/apt/trusted.gpg --primary-keyring /etc/apt
/trusted.gpg --keyring /etc/apt/trusted.gpg.d/webupd8team-java.gpg --keyserver hkp://keyserver.ubuntu.
com:80 --recv EA312927
gpg: requesting key EA312927 from hkp server keyserver.ubuntu.com
gpg: key EA312927: public key "MongoDB 3.2 Release Signing Key <packaging@mongodb.com>" imported
gpg: Total number processed: 1
gpg:               imported: 1  (RSA: 1)
```

图 6-3　导入 MongoDB 公钥

我们现在可以为所使用的 14.04 版本的 Ubuntu 创建一个 MongoDB 的列表文件。

```
$ echo "deb http://repo.mongodb.org/apt/ubuntu trusty/mongodb-org/3.2
multiverse" | sudo tee /etc/apt/sources.list.d/mongodb-org-3.2.list
```

一旦完成之后，我们就需要更新本地 Ubuntu 库。

```
$ sudo apt-get update
...#output truncated
```

几秒之后，稳定版本的 MongoDB 就安装完成了。

```
$ sudo apt-get install -y mongodb-org
```

MongDB 文件在 Ubuntu Amazon EC2 实例上下载并安装可能还需要几秒。安装完成后，你可以使用以下命令启动 MongoDB。

```
$ sudo service mongod start
```

输出结果类似如下一行。

```
mongod start/running, process 1211
```

如果你的输出进程号与上文不同，请不要担心。输出结尾处的数字仅仅取决于实例上运行的进程的数量和顺序。

你可以使用 Nano 编辑器打开 mongod.log 文件以查看目前安装的 MongoDb 版本号以及运行的端口号。

```
$ nano /var/log/mongodb/mongod.log
```

在 Nano 编辑器中，你应该看到图 6-4 所示的条目。

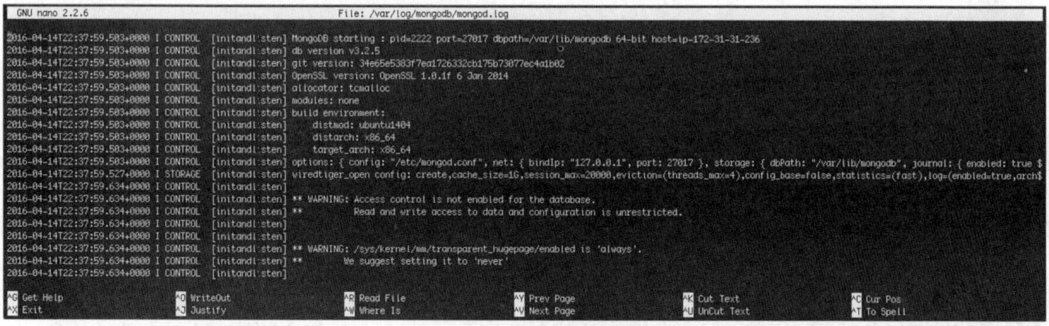

图 6-4　Nano 编辑器

文件提供了几个有用的细节，从内容中我们可以清楚地看到，MongoDB 使用的是 27017 端口，这是 MongoDB 的默认端口，其数据库版本为 3.2.5。要离开 Nano 编辑器，请按 Ctrl+X 组合键，因为我们没有编辑任何内容，可以直接按 N 键关闭编辑器，而不保存任何修改。

使用 mongo 命令，就可以进入 MongoDB shell，其中可以执行所有查询或数据管理。

```
$ mongo
```

登录后你将看到一些欢迎和警告通知，如图 6-5 所示。

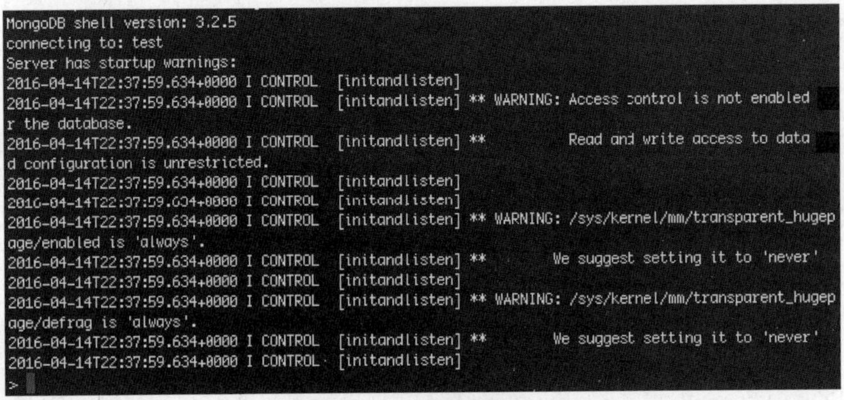

图 6-5　登录后的通知

要退出 MongoDB shell，只需要输入 quit()命令即可。

```
> quit()
```

请注意 MongoDB shell 和 R 控制台看起来很像。另外，MongoDB 的一些方法，例如 quit()，与 R 的方法非常相似。

6.2.3　使用 MongoDB 和 R 处理大数据

在本节中，我们开始考虑用 R 连接 MongoDB。如果在第 5 章中运行了 EC2 实例，那么它应该已经安装了 RStudio Server 环境。如果你刚刚创建了一个新的 Amazon 虚拟机，请确保遵循前一章的说明，并安装 R 和 RStudio Server，包括 JDK 和 R 使用的 rJava 包。另外，请确保 libssl 和 libssl2 库已经安装好。如果这两个库不存在，你可以使用以下命令安装。

```
$ sudo apt-get install libssl-dev libsasl2-dev
...#output truncated
```

上述安装一旦完成，就可以开始安装几个 R 包来配置 R 环境。这些 R 包将用于通过 R 控制台直接控制 MongoDB 中存储和管理的数据。这些包包括 mongolite、rmongodb 和 RMongo。

```
$ sudo Rscript -e 'install.packages(c("mongolite", "RMongo", "rmongodb"),
repos="https://cran.r-project.org/")'
...#output truncated
```

此外，我们可以安装一些可能有用的 R 包（请注意，如果你使用了第 5 章的 EC2 实例，则可能已经安装了其中某些包）。

```
$ sudo Rscript -e 'install.packages(c("Rcpp", "RJSONIO", "bitops",
"digest", "functional", "stringr", "psych", "plyr", "reshape2", "caTools",
"R.methodsS3", "Hmisc", "memoise", "lazyeval", "rjson", "ggplot2",
"jsonlite", "data.table", "lubridate"), repos =
"http://cran.r-project.org/")'
...#output truncated
```

安装过程需要几分钟。安装完成后，你的 MongoDB 和 RStudio Server 就完全配置好可以使用了。

接下来的 6.2.3.1 节将一步步指导你如何将数据导入 MongoDB，以及使用 MongoDB shell 命令来执行查询和处理数据。

6.2.3.1　将数据导入 MongoDB 和基本的 MongoDB 指令

通过 ssh 以 ubuntu 用户的身份连接到实例，登录 MongoDB 并查看当前的数据库和集合。

```
> show dbs
local   0.000GB
```

由于我们刚刚安装了 MongoDB 数据库，所以目前本地数据库或者其他数据库中都没有数据。退出 MongoDB 并导入数据。

```
> quit()
```

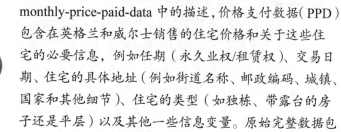

本节使用的数据是土地注册付款价格数据，由英国土地注册处定期发布，并可根据公开政府许可证公开使用。根据数据下载地址 https://data.gov.uk/dataset/land-registry-monthly-price-paid-data 中的描述，价格支付数据（PPD）包含在英格兰和威尔士销售的住宅价格和关于这些住宅的必要信息，例如任期（永久业权/租赁权）、交易日期、住宅的具体地址（例如街道名称、邮政编码、城镇、国家和其他细节）、住宅的类型（如独栋、带露台的房子还是平层）以及其他一些信息变量。原始完整数据包含近 2500 万条数据（截至 2016 年 4 月），涵盖 1995 年 1 月至今的数据。数据文件每月更新。由于整个数据集的规模大于免费级的 t2.micro Amazon EC2 实例的配额，

> 我们将仅使用 2015 年的 PPD 数据。它提供了足够复杂的变量和数据类型。你可以从 https://data.gov.uk/dataset/land-registry-monthly-price-paid-data 下载 2015 年的价格支付数据。滚动到 2015 年的部分，选择 2015 年价格支付数据——YTD（**2015 Price Paid Data – YTD**），CSV 格式的，单击右边的箭头，然后单击下拉菜单中的下载按钮。2015 年 PPD 文件的大小为 169MB，不到 100 万行。

将数据下载到一个目录，记住目录名，在新的终端窗口中，cd 到存储连接虚拟机的键值对的 pem 文件的目录（例如，Downloads 文件夹）。

```
$ cd Downloads/
```

将下载的数据文件从特定位置（如~/Desktop/B05396_Ch07_Code 目录）复制到你选择的 Amazon EC2 实例的本地目录中。如果你遵循第 5 章的说明的话，你可能已经设置过了。在本书的例子中，用户名是 swalko（请替换下文代码中的目录和用户名）。

```
$ scp -r -i "rstudio_mariadb.pem" ~/Desktop/B05396_Ch07_Code/pp-2015.csv
swalko@ec2-52-19-205-207.eu-west-1.compute.amazonaws.com:~/
```

从本地上传数据到 EC2 实例需要花费几分钟的时间（取决于你的网络连接速度）。

另外，由于数据文件缺少变量名，我们提供了一个名为 pp-2015-variables.csv 的新文件用于提供变量名，你可以从 Packt 出版社网站本书相关页面下载提供的包含 R 脚本和数据文件的文件夹。

准备一个包含变量名的文件

如果你希望将来为自己的数据准备一个类似的文件，请确保每个变量名放在同一行并保存（可以使用 Microsoft Excel，也可以在 R 中操作）为 csv（逗号分隔值）格式。如果你使用的是非 Windows 机器，请确保以 Windows 逗号分隔的格式保存文件——它是标准的 Windows 友好的 CSV 文件。注意，如果在非 Windows 操作系统中使用 Excel 格式保存数据，文件中可能会跳过除了最后一个变量的所有数据。在完整的标准操作系统格式的例如 CSV 或者 TXT 格式中也会发生这种情况。

一旦准备好了，将存储变量名的文件复制到 Amazon EC2 虚拟机的 swalko（或另一个之前创建的你喜欢的用户）区域下。

```
$ scp -r -i "rstudio_mariadb.pem" ~/Desktop/B05396_Ch07_Code/pp-2015-
variables.csv swalko@ec2-52-19-205-207.eu-west-1.compute.amazonaws.com:~/
```

上传完成后，在旧终端窗口（ubuntu 用户已经登录的窗口）中，输入以下命令将数据导入 MongoDB。

```
$ mongoimport --db houses --collection prices --type csv --fieldFile
/home/swalko/pp-2015-variables.csv --file /home/swalko/pp-2015.csv
```

简单介绍一下前面语句的结构。mongoimport 命令顾名思义是用于导入数据到 MongoDB 中的，确切地说，数据将被上传到一个名为 houses 的新数据库，它也将创建名为 price 的集合（译注：相当于 MySQL 中的表）。通过使用选项 -type，我们制定变量名称和数据文件的格式（两者都是 CSV 格式）。--fieldFile 仅指向包含变量标签的文件的位置，而--file 选项指向数据文件的完整路径。运行该命令后，会产生图 6-6 所示的输出。

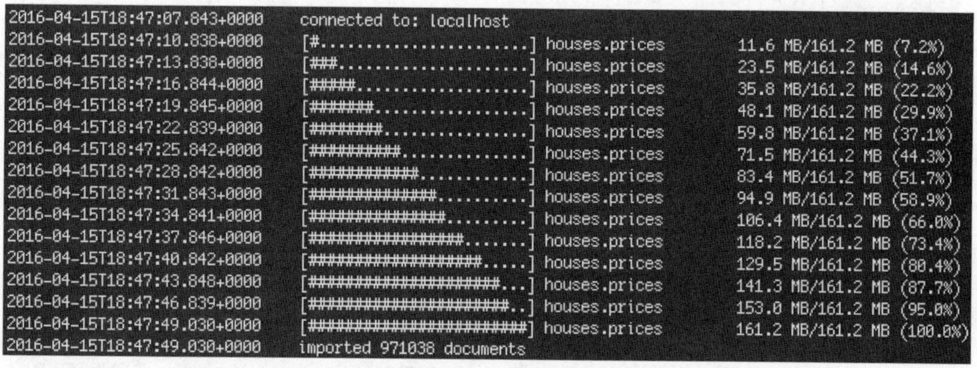

```
2016-04-15T18:47:07.843+0000    connected to: localhost
2016-04-15T18:47:10.838+0000    [#.....................] houses.prices     11.6 MB/161.2 MB (7.2%)
2016-04-15T18:47:13.838+0000    [###...................] houses.prices     23.5 MB/161.2 MB (14.6%)
2016-04-15T18:47:16.844+0000    [####..................] houses.prices     35.8 MB/161.2 MB (22.2%)
2016-04-15T18:47:19.845+0000    [######................] houses.prices     48.1 MB/161.2 MB (29.9%)
2016-04-15T18:47:22.839+0000    [#######...............] houses.prices     59.8 MB/161.2 MB (37.1%)
2016-04-15T18:47:25.842+0000    [#########.............] houses.prices     71.5 MB/161.2 MB (44.3%)
2016-04-15T18:47:28.842+0000    [##########............] houses.prices     83.4 MB/161.2 MB (51.7%)
2016-04-15T18:47:31.843+0000    [############..........] houses.prices     94.9 MB/161.2 MB (58.9%)
2016-04-15T18:47:34.841+0000    [#############.........] houses.prices    106.4 MB/161.2 MB (66.0%)
2016-04-15T18:47:37.846+0000    [###############.......] houses.prices    118.2 MB/161.2 MB (73.4%)
2016-04-15T18:47:40.842+0000    [#################.....] houses.prices    129.5 MB/161.2 MB (80.4%)
2016-04-15T18:47:43.848+0000    [##################....] houses.prices    141.3 MB/161.2 MB (87.7%)
2016-04-15T18:47:46.839+0000    [####################..] houses.prices    153.0 MB/161.2 MB (95.0%)
2016-04-15T18:47:49.030+0000    [######################] houses.prices    161.2 MB/161.2 MB (100.0%)
2016-04-15T18:47:49.030+0000    imported 971038 documents
```

图 6-6 mongoimport 命令输出

输出的最后一行确认导入文档的最终行数（我们的数据为 971038）。

现在我们可以重新登录 MongoDB shell，并检查是否已经成功创建了名为 houses 的新数据库以及名为 prices 的集合。

```
$ mongo
...#output truncated
> show dbs
houses  0.134GB
local   0.000GB
```

show dbs 命令的结果证实名为 houses 的新数据库已经创建，总大小为 0.134GB。我们可以明确指示在接下来的操作中使用这个数据库。

```
> use houses
switched to db houses
```

我们还可以通过调用 show collections 语句查看在 houses 数据库中存储的集合。

```
> show collections
prices
```

你可以使用以下命令轻松检查集合中的文档（条目记录）数量。

```
> db.prices.find().count()
971038
```

上文的查询是一个标准的 MongoDB shell 语句，它包含与 SQL 中的 SELECT 方法一样功能的 find() 函数，还包括 count() 函数，类似于 R 的 length() 函数，它用于计算数据的行数，其输出是 MongoDB 的文档总数。

现在，也是练习一些更复杂的 MongoDB 查询的好时机。例如如何查询第 100 个文档的单条记录如何查询。此时，我们需要跳过匹配文档的前 99 条记录，并使用 limit() 函数将结果限制为只有一条记录，这实际输出的是我们需要的第 100 条文档。

```
> db.prices.find().skip(99).limit(1)
{ "_id" : ObjectId("571146f1a533ea616ef91883"), "uniqueID" :
"{49B60FF0-2827-4E8A-9087-6B3BE97D810F}", "price" : 500000, "transferDate"
: "2015-07-06 00:00", "postcode" : "N13 5TD", "propType" : "T", "oldNew" :
"N", "tenure" : "F", "PAON" : 18, "SAON" : "", "street" : "CRAWFORD
GARDENS", "locality" : "", "town" : "LONDON", "district" : "ENFIELD",
"county" : "GREATER LONDON", "ppdCat" : "A", "recordStatus" : "A" }
```

从上文可以看出，输出包括一个名为_id 的索引变量，它是一个默认的 MongoDB 索引字段，它在导入数据时自动分配给集合中的每个文档。

现在，我们来计算 2015 年在曼彻斯特（Manchester）的土地注册处数据库中已经注册了多少个住宅。

```
> db.prices.find({town: "Manchester"}).count()
```

曼彻斯特输出的条目数是空。请注意 town 变量的拼写，MongoDB 是大小写敏感的，所以我们需要输入全部大写的曼彻斯特（MANCHESTER）。

```
> db.prices.find({town: "MANCHESTER"}).count()
15973
```

我们可能想要总结英格兰和威尔士每个郡的平均房价，并按照最贵的郡到最便宜的郡排序。在这种情况下，我们将使用 MongoDB 的汇总管道框架。

```
> db.prices.aggregate([ { $group : { _id: "$county", avgPrice: { $avg:
"$price" } } }, { $sort: { avgPrice: -1 } }])
{ "_id" : "GREATER LONDON", "avgPrice" : 635409.3777145812 }
{ "_id" : "WINDSOR AND MAIDENHEAD", "avgPrice" : 551625.1565737051 }
{ "_id" : "SURREY", "avgPrice" : 504670.81007234025 }
{ "_id" : "WOKINGHAM", "avgPrice" : 470926.5928970733 }
{ "_id" : "BUCKINGHAMSHIRE", "avgPrice" : 451121.9522551808 }
{ "_id" : "HERTFORDSHIRE", "avgPrice" : 412466.64173755137 }
{ "_id" : "OXFORDSHIRE", "avgPrice" : 393092.78162926744 }
{ "_id" : "BRACKNELL FOREST", "avgPrice" : 387307.5234061525 }
{ "_id" : "WEST BERKSHIRE", "avgPrice" : 379225.775168979 }
{ "_id" : "READING", "avgPrice" : 373193.85240310075 }
{ "_id" : "BRIGHTON AND HOVE", "avgPrice" : 365359.7676169984 }
{ "_id" : "ISLES OF SCILLY", "avgPrice" : 356749.77777777775 }
{ "_id" : "POOLE", "avgPrice" : 343563.04866850324 }
{ "_id" : "BATH AND NORTH EAST SOMERSET", "avgPrice" : 338789.1119791667 }
{ "_id" : "HAMPSHIRE", "avgPrice" : 335520.61001046794 }
{ "_id" : "WEST SUSSEX", "avgPrice" : 333314.89596505347 }
{ "_id" : "CAMBRIDGESHIRE", "avgPrice" : 306048.801517067 }
{ "_id" : "MONMOUTHSHIRE", "avgPrice" : 301507.2670191672 }
{ "_id" : "ESSEX", "avgPrice" : 300157.60139321594 }
{ "_id" : "DORSET", "avgPrice" : 298921.8835030079 }
Type "it" for more
```

我们可以通过在 MongoDB 提示符号后输入命令 it，获得更多英格兰和威尔士的信息。几次输入之后，你将获得按照 2015 年支付的每个郡的平均住宅价格信息。

```
> it
{ "_id" : "TORFAEN", "avgPrice" : 141739.59360730593 }
{ "_id" : "COUNTY DURHAM", "avgPrice" : 134352.2187266849 }
{ "_id" : "MERTHYR TYDFIL", "avgPrice" : 132071.93098958334 }
{ "_id" : "CAERPHILLY", "avgPrice" : 131986.50344827585 }
{ "_id" : "STOKE-ON-TRENT", "avgPrice" : 130703.83509234828 }
{ "_id" : "NORTH EAST LINCOLNSHIRE", "avgPrice" : 128346.43109831345 }
{ "_id" : "HARTLEPOOL", "avgPrice" : 127779.55261371352 }
{ "_id" : "CITY OF KINGSTON UPON HULL", "avgPrice" : 125241.97961238358 }
```

```
{ "_id" : "NEATH PORT TALBOT", "avgPrice" : 123241.74938574938 }
{ "_id" : "RHONDDA CYNON TAFF", "avgPrice" : 120097.68402684564 }
{ "_id" : "BLACKPOOL", "avgPrice" : 109637.72557077625 }
{ "_id" : "BLAENAU GWENT", "avgPrice" : 89731.54028436019 }
```

最后，我们将汇总 Essex 的每种房型和每个城镇的房价信息。和之前一样，我们会按照平均付款价格降序排列结果，将结果限制在只输出前 10 名均价最高的数据。

```
> db.prices.aggregate([ { $match: { county: "ESSEX" } }, { $group : { _id:
{ town: "$town", propType: "$propType" }, avgPrice: { $avg: "$price" } } },
{ $sort: { avgPrice: -1 } }, { $limit: 10 }])
{ "_id" : { "town" : "LOUGHTON", "propType" : "O" }, "avgPrice" :
2094992.375 }
{ "_id" : { "town" : "CHELMSFORD", "propType" : "O" }, "avgPrice" :
2010153.9259259258 }
{ "_id" : { "town" : "EPPING", "propType" : "O" }, "avgPrice" :
1860545.7142857143 }
{ "_id" : { "town" : "BRENTWOOD", "propType" : "O" }, "avgPrice" :
1768124.8421052631 }
{ "_id" : { "town" : "CHIGWELL", "propType" : "O" }, "avgPrice" : 1700000 }
{ "_id" : { "town" : "HOCKLEY", "propType" : "O" }, "avgPrice" : 1504721 }
{ "_id" : { "town" : "COLCHESTER", "propType" : "O" }, "avgPrice" :
1416718.9090909092 }
{ "_id" : { "town" : "WICKFORD", "propType" : "O" }, "avgPrice" :
1216833.3333333333 }
{ "_id" : { "town" : "FRINTON-ON-SEA", "propType" : "O" }, "avgPrice" :
1052118 }
{ "_id" : { "town" : "BUCKHURST HILL", "propType" : "O" }, "avgPrice" :
1034000 }
```

Essex 最贵的住宅类型是 "O"，意思是 "其他"。这个类别包含没有被正式认定为独栋、半独栋或平层的房屋、公寓和豪宅的房屋类型。它们可能会包含一些其他未分类的类型（如酒店或者农舍等）。这些类型可能会使得结果出现倾斜，因此我们需要确保通过在之前运行的查询中的 redact 方法中增加排除子语句以排除这些类型。

```
> db.prices.aggregate([ { $match: { county: "ESSEX" } }, { $redact: {
$cond: { if: { $eq: [ "$propType", "O" ] }, then: "$$PRUNE", else:
"$$DESCEND" } } },{ $group : { _id: { town: "$town", propType: "$propType"
}, avgPrice: { $avg: "$price" } } }, { $sort: { avgPrice: -1 } }, { $limit:
10 }])
{ "_id" : { "town" : "CHIGWELL", "propType" : "D" }, "avgPrice" :
1016799.9230769231 }
{ "_id" : { "town" : "LONDON", "propType" : "D" }, "avgPrice" :
```

```
948331.6666666666 }
{ "_id" : { "town" : "LOUGHTON", "propType" : "D" }, "avgPrice" :
884204.6702127659 }
{ "_id" : { "town" : "BUCKHURST HILL", "propType" : "D" }, "avgPrice" :
845851.0645161291 }
{ "_id" : { "town" : "INGATESTONE", "propType" : "D" }, "avgPrice" :
812831.4032258064 }
{ "_id" : { "town" : "EPPING", "propType" : "D" }, "avgPrice" :
753521.4864864865 }
{ "_id" : { "town" : "ROYSTON", "propType" : "D" }, "avgPrice" :
705833.3333333334 }
{ "_id" : { "town" : "ONGAR", "propType" : "D" }, "avgPrice" :
679749.0566037736 }
{ "_id" : { "town" : "BRENTWOOD", "propType" : "D" }, "avgPrice" :
664917.34375 }
{ "_id" : { "town" : "ROMFORD", "propType" : "D" }, "avgPrice" :
652149.9666666667 }
```

从上述示例中可以看出，查询有时会变得非常复杂，有时会难以阅读和理解。然而，MongoDB 汇总管道非常强大且迅速，它可以快速而灵活地聚合或计算，在几秒之内响应用户的需求。在 6.2.3.2 节中，我们将尝试对 MongoDB 中存储的相同数据执行类似的操作，不过这次直接使用 RStudio Server 的控制台。

6.2.3.2 使用 R 中的 rmongodb 操作 MongoDB

我们将开始介绍主持连接 MongoDB 的 R 包——rmongodb 包，其通过 MongoDB C 语言驱动提供连接接口。该包由 MongoDB, Inc., MongoSoup 的 Markus Schmidberger 和 Dmitriy Selivanov 担任维护开发人员。rmongodb 的 CRAN 链接地址是 https://cran.r-project.org/src/contrib/Archive/rmongodb，该项目的 GitHub 资源地址是 https://github.com/mongosoup/rmongodb。

在本章开头我们已经在虚拟机上安装了该软件包，通过使用 Amazon EC2 实例的公共地址登录到 RStudio Server 上（在本例中是 http://52.19.205.207:8787，并提供正确的凭据）。成功登录后，依次加载 rJava 包和 rmongodb 包。

```
> library(rJava)
> library(rmongodb)
...#output truncated
```

使用 mongo.create() 函数创建在 localhost 运行的 MongoDB 服务器连接。

```
> m <- mongo.create()
> m
[1] 0
attr(,"mongo")
<pointer: 0x3351280>
attr(,"class")
[1] "mongo"
attr(,"host")
[1] "127.0.0.1"
attr(,"name")
[1] ""
attr(,"username")
[1] ""
attr(,"password")
[1] ""
attr(,"db")
[1] "admin"
attr(,"timeout")
[1] 0
```

你可以通过 mongo.is.connected()函数轻松地检查连接是否正常工作。

```
> mongo.is.connected(m)
[1] TRUE
```

我们现在可以通过 MongoDB 创建的连接中获取所有数据库的名称。

```
> mongo.get.databases(m)
[1] "houses"
```

名为 houses 的数据库是可用的，所以我们可以尝试找出存储所有 PPD 的集合是否存在。

```
> mongo.get.database.collections(m, "houses")
character(0)
```

mongo.get.database.collections()函数返回了一个空字符向量，不过不要担心，这并不意味着数据没有被导入 MongoDB。实际上，这是个已知的 bug，无法正确识别指定数据库的名字。有一个解决方法可以让你通过以下语句来获取集合的名字。

```
> mongo.command(mongo = m, db = "houses", command =
list(listCollections=1))
   cursor : 3
     id : 18     0
```

```
    ns : 2     houses.$cmd.listCollections
    firstBatch : 4
     0: 3
      name : 2      prices
      options : 3
...#output truncated
```

从输出结果可以看出，集合的名字叫 prices。

此时，你可以开始查询数据。首先，使用 mongo.count()函数运行一个非常简单的操作来计算指定集合中的文档数量。注意 rmongodb 函数（db.collection）中使用的数据库和集合名的格式。

```
> mongo.count(m, "houses.prices")
[1] 971038
```

mongo.count()函数在使用 R 处理大数据时非常有用，因为它还可以用于计算特定查询的输出的长度，而不需要将结果导入到 R 环境后再计算。例如，我们可以估计在 Surrey 中查找所有独栋的查询的返回文档条数。

```
> mongo.count(m, "houses.prices", query = '{"county":"SURREY",
"propType":"D"}')
[1] 6040
```

对于分类变量，列出其所有值通常很有用。在 rmongodb 包中，我们可以通过 mongo.distinct()或者 mongo.get.values()方法来实现。例如，如果我们想要列出 county 变量中所有郡的名字，可以使用以下两个语句。

```
> mongo.distinct(m, "houses.prices", "county")
  [1] "WARWICKSHIRE"          "NORFOLK"
  [3] "STAFFORDSHIRE"         "GREATER LONDON"
  [5] "DEVON"                 "WINDSOR AND MAIDENHEAD"
  [7] "DERBYSHIRE"            "BLACKPOOL"
  [9] "KENT"                  "SOUTHAMPTON"
...#output truncated
> mongo.get.values(m, "houses.prices", "county")
  [1] "WARWICKSHIRE"          "NORFOLK"
  [3] "STAFFORDSHIRE"         "GREATER LONDON"
  [5] "DEVON"                 "WINDSOR AND MAIDENHEAD"
  [7] "DERBYSHIRE"            "BLACKPOOL"
  [9] "KENT"                  "SOUTHAMPTON"
...#output truncated
```

county 变量中共有 112 个郡。

我们现在可以取出萨里郡中的第一条文档。使用 mongo.find.one() 函数，就可以完成该功能，例如可以很容易从输出中看到该记录中的房屋在哪个小镇。

```
> surrey <- mongo.find.one(m, "houses.prices", '{"county":"SURREY"}')
> surrey
  _id : 7      571146f1a533ea616ef91854
  uniqueID : 2    {C9C0A867-C3AD-4285-A661-131809006279}
  price : 16    350000
  transferDate : 2    2015-09-17 00:00
  postcode : 2     GU2 8BL
  propType : 2     S
  oldNew : 2     N
  tenure : 2     F
  PAON : 16     172
  SAON : 2
  street : 2     ALDERSHOT ROAD
  locality : 2
  town : 2    GUILDFORD
  district : 2     GUILDFORD
  county : 2     SURREY
  ppdCat : 2     A
  recordStatus : 2    A
```

上条命令输出的房屋位于 Guildford。此外，你可能对字段旁边的数字感兴趣，它们表示数据的类型，例如 2 表示一个字符串，16 表示整数。

返回的 surrey 对象是一个 BSON 数据结构，不建议在 R 中使用该结构。我们可以将其转换为更适合的 list 结构。

```
> mongo.bson.to.list(surrey)
$`_id`
{ $oid : "571146f1a533ea616ef91854" }
$uniqueID
[1] "{C9C0A867-C3AD-4285-A661-131809006279}"
$price
[1] 350000
$transferDate
[1] "2015-09-17 00:00"
$postcode
[1] "GU2 8BL"
...#output truncated
```

从 list 中，你可以使用标准的方式轻松地取得 R 中所需的值。

如前所述，BSON 不是非常用户友好，因此你可以使用 list 来创建特定的查询，如下所示。

```
> query1 <- mongo.bson.from.list(list("county"="SURREY", "propType"="D"))
> query1
county : 2      SURREY
propType : 2      D
```

上述前置查询可以很容易地应用在 find()方法中。

```
> surrey <- mongo.find.one(m, "houses.prices", query = query2)
> surrey
  _id : 7       571146f1a533ea616ef91973
  uniqueID : 2      {00CFB7C3-0AED-4B17-8BA6-0F7CF8B510B6}
  price : 16      600000
  transferDate : 2      2015-02-27 00:00
  postcode : 2      RH19 2LY
  propType : 2      D
  oldNew : 2      N
  tenure : 2      F
  PAON : 2       HIGH BANK
  SAON : 2
  street : 2      FURZEFIELD CHASE
  locality : 2      DORMANS PARK
  town : 2      EAST GRINSTEAD
  district : 2      TANDRIDGE
  county : 2      SURREY
  ppdCat : 2      A
  recordStatus : 2      A
```

你可能刚刚注意到，我们可以在 find() 查询中输入多个条件。上例返回独栋（"propType"="D"）并且位于萨里郡（("county"="SURREY")的第一条符合的文档。

使用类似的方法，我们可以使用 buffer 函数创建一个 BSON 对象。首先，我们需要创建一个空的 buffer。

```
> mbuf1 <- mongo.bson.buffer.create()
> mbuf1
[1] 0
attr(,"mongo.bson.buffer")
<pointer: 0x51b9c30>
attr(,"class")
[1] "mongo.bson.buffer"
```

然后将查询追加到这个 buffer 上。

```
> mongo.bson.buffer.append(mbuf1, "county", "SURREY")
[1] TRUE
```

最后，我们可以从 buffer 函数中创建一个查询，并应用于 find()函数中。

```
> query3 <- mongo.bson.from.buffer(mbuf1)
> query3
  county : 2     SURREY
> surrey <- mongo.find.one(m, "houses.prices", query = query3)
> surrey
  _id : 7     571146f1a533ea616ef91854
  uniqueID : 2    {C9C0A867-C3AD-4285-A661-131809006279}
  price : 16    350000
  transferDate : 2    2015-09-17 00:00
  postcode : 2    GU2 8BL
  propType : 2    S
  oldNew : 2    N
  tenure : 2    F
  PAON : 16    172
  SAON : 2
  street : 2    ALDERSHOT ROAD
  locality : 2
  town : 2    GUILDFORD
  district : 2    GUILDFORD
  county : 2    SURREY
  ppdCat : 2    A
  recordStatus : 2    A
```

要查找与查询相匹配的所有文档，请使用 mongo.find.all() 函数，但是要小心，如果数据量很大，返回值会很大。在运行此语句之前，强烈建议使用之前介绍过的 mongo.count() 函数获取返回值的大小。

```
> mongo.count(m, "houses.prices", query = query3)
[1] 21703
```

如果要创建一个有 21703 条记录的 BSON 对象，可以运行以下操作。

```
> surrey <- mongo.find.all(m, "houses.prices", query = query3)
> surrey
...#output truncated
```

结果在 R 工作区中创建了一个新的名为 surrey（62.4MB）的 BSON 对象。在运行 mongo.find.all()函数之前，检查数据量的大小是非常重要的，特别是在低配机器上处理大数据集的时候。

在 rmongodb 包中还可以使用 skip()和 limit()函数。

```
> surrey <- mongo.find.all(m, "houses.prices", query = query3, skip = 100,
limit=100)
> length(surrey)
[1] 100
```

该包允许用户指定要返回的字段（就像 MongoDB 查询中的 project 方法一样）。在下例中，我们想仅提取 price 和 oldNew 字段，同时不想提取_id 索引字段。要实现这一需求，需要先定义所请求的字段。

```
> fields1 <- mongo.bson.from.list(list("price"=1, "oldNew"=1, "_id"=0))
```

然后，我们将使用 field1 对象作为 mongo.find.all()函数的 field 参数的值。我们还将对结果按照价格降序排列（sort = '{"price": -1}'）。

```
> surrey <- mongo.find.all(m, "houses.prices", query = query3,
+                          skip = 100, limit=100,
+                          fields = fields1,
+                          sort = '{"price": -1}')
> surrey
[[1]]
[[1]]$price
[1] 3110000
[[1]]$oldNew
[1] "N"
[[2]]
[[2]]$price
[1] 3100000
[[2]]$oldNew
[1] "N"
[[3]]
[[3]]$price
[1] 3100000
[[3]]$oldNew
[1] "N"
...#output truncated
```

由于输出的是一个 list，你可以在 R 中直接使用它，或者通过 unlist 将其转换成一个标准的 data.frame。

```
> df <- data.frame(matrix(unlist(surrey), nrow=100,
byrow=T),stringsAsFactors=FALSE)
```

输出的名为 df 的 data.frame，有 100 行、2 列。我们可以通过常规方式为其添加变量名。

```
> names(df) <- c("price", "oldNew")
> head(df, n=10)
     price oldNew
1  3110000      N
2  3100000      N
3  3100000      N
4  3100000      N
5  3100000      Y
6  3100000      N
7  3093750      N
8  3050000      N
9  3050000      N
10 3033000      N
```

我们可以使用 buffer 函数手动创建一个更复杂的查询。在下例中，我们将导出所有符合条件的文档，条件包括价格（price）低于 30 万英镑（1 英镑约为 8 元），屋型（propType）是独栋，位于（county）大伦敦（这是一个位于 M25 高度公路上的郡）。

```
> mbuf2 <- mongo.bson.buffer.create()
> mongo.bson.buffer.start.object(mbuf2, 'price')
[1] TRUE
> mongo.bson.buffer.append(mbuf2, '$lt', 300000)
[1] TRUE
> mongo.bson.buffer.finish.object(mbuf2)
[1] TRUE
> mongo.bson.buffer.start.object(mbuf2, 'propType')
[1] TRUE
> mongo.bson.buffer.append(mbuf2, '$eq', "D")
[1] TRUE
> mongo.bson.buffer.finish.object(mbuf2)
[1] TRUE
> mongo.bson.buffer.start.object(mbuf2, 'county')
[1] TRUE
> mongo.bson.buffer.append(mbuf2, '$eq', "GREATER LONDON")
[1] TRUE
> mongo.bson.buffer.finish.object(mbuf2)
[1] TRUE
```

结果查询如下。

```
> query4 <- mongo.bson.from.buffer(mbuf2)
> query4
  price : 3
  $lt : 1        300000.000000
  propType :  3
  $eq : 2        D

  county : 3
  $eq : 2        GREATER LONDON
```

我们不需要返回匹配文档的所有字段，只需要确保输出 price、propType、county 和 district 字段即可。我们同时会去掉_id 字段。

```
> fields2 <- mongo.bson.from.list(list("price"=1, "propType"=1, "county"=1,
"district"=1, "_id"=0))
> system.time(mfind <- mongo.find(m, 'houses.prices',
+                                 query = query4,
+                                 fields = fields2,
+                                 limit = 1000))
 user   system elapsed
0.000    0.000   0.601
```

创建的 mfind 对象不包含任何数据——它仅用作指针（又称 MongoDB 游标）。我们需要使用指针对象来检索匹配的文档，输出请求字段的值，因此必须创建几个控制数据的空向量。

```
> Price <- Prop_Type <- County <- District <- NULL
> while (mongo.cursor.next(mfind)) {
+    value <- mongo.cursor.value(mfind)
+    Price <- rbind(Price, mongo.bson.value(value, 'price'))
+    Prop_Type <- rbind(Prop_Type, mongo.bson.value(value, 'propType'))
+    County <- rbind(County, mongo.bson.value(value, 'county'))
+    District <- rbind(District, mongo.bson.value(value, 'district'))
+}
```

现在可以将 data.frame 指给创建的名为 housesLondon 向量。

```
> housesLondon <- data.frame(Price, Prop_Type, County, District)
> summary(housesLondon)
      Price         Prop_Type          County             District
 Min.  : 7450     D:157      GREATER LONDON:157    HAVERING  :45
```

```
1st Qu.:235000                    BEXLEY    :26
Median :260000                    BROMLEY   :16
Mean   :242287                    CROYDON   :9
3rd Qu.:280000                    REDBRIDGE :9
Max.   :298000                    HILLINGDON: 6
                                  (Other)   :46
```

从输出可见，我们可以看到伦敦最便宜的独栋位于 Havering、Bexley 和 Bromley 区。

rmongodb 包还支持遵循 MongoDB 聚合管道框架语法的复杂聚合的查询。在下例中，我们将通过使用 mongo.bson.from.JSON() 函数从 JSON 语句中创建 BSON 查询。我们的目标是计算萨里郡每个镇的平均支付价格。我们想要输出均价最高的 5 条记录，并降序排列（最高的 5 条均价记录按照从高到低排列），可以通过单个方法单条查询来实现该需求。首先，我们将过滤所有文档，提取出那些位于萨里郡的数据。

```
> agg1 <- mongo.bson.from.JSON('{"$match":
+                                {"county":"SURREY"}}')
> agg1
  $match : 3
    county : 2     SURREY
```

其次，我们在过滤的数据基础之上计算房屋均价。

```
> agg2 <- mongo.bson.from.JSON('{"$group":
+                               {"_id":"$town",
+                               "avgPrice": {"$avg":"$price"}}}')
> agg2
  $group : 3
    _id : 2     $town
    avgPrice : 3
      $avg : 2     $price
```

然后，我们将根据新创建的房屋均价（avgPrice）对结果进行降序排序。

```
> agg3 <- mongo.bson.from.JSON('{"$sort":
+                               {"avgPrice": -1}}')
> agg3
  $sort : 3
    avgPrice : 16     -1
```

最后，我们只显示 5 个返回文件，它们已经按照合适的顺序排好序了，所以我们返回的是 5 个均价最高的记录。

```
> agg4 <- mongo.bson.from.JSON('{"$limit": 5}')
> agg4
  $limit : 16    5
```

在聚合管道创建的最后阶段，我们需要将所有聚合组件合并成一个 list 对象。

```
> listagg <- list(agg1, agg2, agg3, agg4)
```

名为 listagg 的对象包含了最终聚合后的格式。

```
> listagg
[[1]]
  $match : 3
    county : 2    SURREY
[[2]]
  $group : 3
    _id : 2    $town
    avgPrice : 3
      $avg : 2    $price
[[3]]
  $sort : 3
    avgPrice : 16   -1
[[4]]
  $limit : 16    5
```

准备好后，我们就可以最终将其作为 mongo.aggregation() 函数的参数了。

```
> output <- mongo.aggregation(m, 'houses.prices', listagg)
> output
  waitedMS : 18     0
  result : 4
    0: 3
    _id : 2    VIRGINIA WATER
    avgPrice : 1    1443789.184211
    1: 3
    _id : 2    COBHAM
    avgPrice : 1    1080538.623077
    2: 3
    _id : 2    WEYBRIDGE
    avgPrice : 1    893551.667969
    3: 3
    _id : 2    ESHER
    avgPrice : 1    867048.614362
    4: 3
    _id : 2    OXTED
```

```
    avgPrice : 1     804640.173770
ok : 1    1.000000
```

很明显（一点也不出乎意料），萨里郡最昂贵的住宅位于弗吉尼亚沃特，2015 年的均价高达 1443789 英镑。

当然，和之前一样，你可以将用户不友好的 BSON 以 list 形式进行输出。

```
> mongo.bson.to.list(output)
$waitedMS
[1] 0
$result
$result[[1]]
$result[[1]]$'_id'
[1] "VIRGINIA WATER"
$result[[1]]$avgPrice
[1] 1443789
$result[[2]]
$result[[2]]$'_id'
[1] "COBHAM"

$result[[2]]$avgPrice
[1] 1080539
...#output truncated
```

在数据处理完成之后，我们可以关闭和 MongoDB 数据库服务器的连接。

```
> mongo.disconnect(m)
[1] 0
attr(,"mongo")
<pointer: 0x6416030>
attr(,"class")
[1] "mongo"
attr(,"host")
[1] "127.0.0.1"
attr(,"name")
[1] ""
attr(,"username")
[1] ""
attr(,"password")
[1] ""
attr(,"db")
[1] "admin"
attr(,"timeout")
[1] 0
```

如果你需要重新连接到已经断开连接的 MongoDB 连接，可以使用 mongo.reconnect() 函数快速连接。

```
> mongo.reconnect(m)
...#output truncated
```

但是，如果你是通过 mongo.destroy() 函数终止连接的，则无法重新连接。

```
> mongo.destroy(m)
NULL
> mongo.reconnect(m)
Error in mongo.reconnect(m) :
  mongo connection object appears to have been destroyed.
```

请注意，即使关闭 MongoDB 的连接，创建的 R 对象依然可以用于进一步的分析和可视化（因为它们存于内存中）。

```
> summary(housesLondon)
     Price          Prop_Type              County             District
 Min.   :  7450   D:157      GREATER LONDON:157    HAVERING   :45
 1st Qu.:235000                                    BEXLEY     :26
 Median :260000                                    BROMLEY    :16
 Mean   :242287                                    CROYDON    : 9
 3rd Qu.:280000                                    REDBRIDGE  : 9
 Max.   :298000                                    HILLINGDON: 6
                                                   (Other)    :46
```

在 6.2.3.3 节中，我们将探讨 RMongo 包的功能。

6.2.3.3 使用 R 中的 RMongo 操作 MongoDB

处理 MongoDB 中数据的第二个常用的 R 包是 Rmongo。由 Tommy Chheng 提供通过 MongoDB Java 驱动程序接口。该包的 CRAN 连接是 https://cran.r-project.org/src/contrib/Archive/RMongo/RMongo/index.html，该项目的 GitHub URL 是 http://github.com/tc/RMongo。

建议在开始本教程的这部分内容之前，从 R 工作区删除所有非必需对象。如果你忘记了，可以通过以下命令删除环境中的所有对象。

```
> rm(list=ls())
```

加载 RMongo 包，并创建一个到 MongoDB 的连接，该数据库位于 localhost，名为 houses。

```
> library(RMongo)
> m <- mongoDbConnect("houses", port=27017)
>m
An object of class "RMongo"
Slot "javaMongo":
[1] "Java-Object{rmongo.RMongo@51c8530f}"
```

我们可以直接创建一个简单的查询，使用连接 m，并从 prices 集合提取 1000 条价格（price 列）低于 50 万的文档。我们还将跳过前 1000 条符合条件的记录，只检索下 1000 条合适的文档。在 RMongo 中，我们使用 dbGetQuery()函数运行查询。

```
> system.time(subset1 <- dbGetQuery(m, "prices", "{'price':{$lt:500000}}",
skip=1000, limit=1000))
   user   system elapsed
  0.205   0.000   0.209
```

生成的对象 subset1 是一个 data.frame（大小为 480KB），有 1000 行、17 个变量。

```
> str(subset1)
'data.frame':  1000 obs. of  17 variables:
 $ town        : chr  "STOKE-ON-TRENT" "STOKE-ON-TRENT" "STOKE-ON-TRENT"
"WALSALL" ...
 $ ppdCat      : chr  "A" "B" "A" "A" ...
 $ postcode    : chr  "ST2 7HE" "ST8 6SH" "ST1 5JE" "WS1 3EJ" ...
 $ locality    : chr  "" "KNYPERSLEY" "" "" ...
 $ county      : chr  "STOKE-ON-TRENT" "STAFFORDSHIRE" "STOKE-ON-TRENT"
"WEST MIDLANDS" ...
 $ SAON        : chr  "" "" "" "" ...
 $ transferDate: chr  "2015-09-11 00:00" "2015-10-09 00:00" "2015-10-12
00:00" "2015-09-04 00:00" ...
...#output truncated
```

由于 RMongo 以本地 R data.frame 格式作为输出，因此在进一步计算或数据处理中使用该结果集非常简单，举例如下。

```
> summary(subset1$price)
   Min. 1st Qu.  Median     Mean 3rd Qu.     Max.
  28500  131000  191200   212700  280600   500000
```

以下是一个稍微复杂一些的查询示例，它将提取价格低于 50 万英镑的所有位于大伦敦地区的文档。我们将输出限制为前 10000 个匹配记录。

```
> system.time(subset2 <- dbGetQuery(m, "prices",
+                        "{'price':{$lt:500000},
```

```
+                          'county':{$eq:'GREATER LONDON'}}",
+                                 skip=0, limit = 10000))
   user   system elapsed
  0.555    0.000   0.729
```

这一次只需要等待很短的时间，输出一个大小为 3.8MB 的 data.frame 对象。你可能会注意到，前面两个查询返回的都是文档，只有使用 dbGetQueryForKeys()函数才能返回特定的字段。

```
> system.time(subset3 <- dbGetQueryForKeys(m, "prices",
+                        "{'price':{$lt:500000},
+                          'county':{$eq:'GREATER LONDON'}}",
+                        "{'district':1, 'price':1, 'propType':1}",
+                                 skip=0, limit = 50000))
   user   system elapsed
  0.391    0.012   0.828
```

除了 X_id 索引变量之外，结果集仅包含指定的字段。

```
> str(subset3)
'data.frame':	50000 obs. of  4 variables:
 $ district: chr  "MERTON" "BRENT" "BARNET" "EALING" ...
 $ price   : int  250000 459950 315000 490000 378000 243000 347000 350000
303500 450000 ...
 $ propType: chr  "F" "F" "F" "S" ...
 $ X_id    : chr  "571146f1a533ea616ef9182e" "571146f1a533ea616ef9183a"
"571146f1a533ea616ef91847" "571146f1a533ea616ef9184b" ...
> head(subset3, n=10)
     district  price propType                      X_id
1      MERTON 250000        F 571146f1a533ea616ef9182e
2       BRENT 459950        F 571146f1a533ea616ef9183a
3      BARNET 315000        F 571146f1a533ea616ef91847
4      EALING 490000        S 571146f1a533ea616ef9184b
5      BARNET 378000        S 571146f1a533ea616ef91861
6      NEWHAM 243000        F 571146f1a533ea616ef91867
7   REDBRIDGE 347000        T 571146f1a533ea616ef9188b
8   ISLINGTON 350000        F 571146f1a533ea616ef9188d
9      BEXLEY 303500        T 571146f1a533ea616ef91897
10     NEWHAM 450000        T 571146f1a533ea616ef918a5
```

与 rmongodb 包相似，RMongo 允许用户根据 MongoDB 的汇总管道框架执行复杂的自定义的聚合操作。dbAggregate 函数使用 JSON 格式的向量流水线命令进行查询，并使用 R 和 MongoDB 连接处理这些文档。在下例中，我们将统计萨里郡的每个城市的房屋平均价格。我们将根据均价降序排列结果，仅返回前 5 名。

```
> houses.agr <- dbAggregate(m, "prices",
+                           c('{"$match": {"county": "SURREY"}}',
+                             '{"$group": {"_id": "$town",
+                               "avgPrice": {"$avg": "$price"}}}',
+                             '{"$sort": {"avgPrice": -1}}',
+                             '{"$limit": 5}'))
```

输出对象是包含所有匹配记录的 JSON 字符串的字符向量。

```
> houses.agr
[1] "{ "_id" : "VIRGINIA WATER" , "avgPrice" : 1443789.1842105263}"
[2] "{ "_id" : "COBHAM" , "avgPrice" : 1080538.6230769232}"
[3] "{ "_id" : "WEYBRIDGE" , "avgPrice" : 893551.66796875}"
[4] "{ "_id" : "ESHER" , "avgPrice" : 867048.6143617021}"
[5] "{ "_id" : "OXTED" , "avgPrice" : 804640.1737704918}"
```

然而，JSON 输出不是一种用户友好的输出，因此我们需要使用 RJSONIO 包将之转变为 data.frame，我们在配置虚拟机和 RStudio 服务器的时候就已经安装过了此包。

```
> require(RJSONIO)
Loading required package: RJSONIO
```

为了实现这一步，我们对向量的每一条记录使用 lapply()函数，对每一个 JSON 字符串迭代 fromJSON() 函数。

```
> datalist <- lapply(houses.agr, FUN=fromJSON)
> datalist
[[1]]
[[1]]$'_id'
[1] "VIRGINIA WATER"
[[1]]$avgPrice
[1] 1443789
[[2]]
[[2]]$'_id'
[1] "COBHAM"
[[2]]$avgPrice
[1] 1080539
...#output truncated
```

最后，我们将把所得到的结果转换为 data.frame。如果你觉得继续使用上面的 list 对象更方便、更简单，也可以不转换。

```
> data.df <- data.frame(matrix(unlist(datalist), nrow=5, byrow=T),
+                       stringsAsFactors=FALSE)
> names(data.df) <- c("town", "price")
> data.df
            town           price
1 VIRGINIA WATER 1443789.18421053
2        COBHAM 1080538.62307692
3     WEYBRIDGE  893551.66796875
4         ESHER 867048.614361702
5         OXTED 804640.173770492
```

要使用 RMongo 完成数据处理，请确保断开与 MongoDB 的连接。

```
> dbDisconnect(m)
```

总而言之，RMongo 提供了和之前介绍的 rmongodb 包相似的功能。有些函数在 RMongo 中实现起来更简单。然而，两个包都没有定期的维护，一旦 MongoDB 引擎进一步发展了，就可能会出现问题。通过 R 查询 MongoDB 的另一种方法是使用流行的并且维护良好的 mongolite 包，我们将在 6.2.3.4 节中介绍。

6.2.3.4 使用 R 中的 mongolite 包操作 MongoDB

如前所述，我们迫切需要一个方便、轻便、灵活的 R 包，为用户管理和处理 MongoDB 中存储的数据提供一个友好的接口。由 Jeroen Ooms 和 MongoDB 开发的 mongolite 包很好地提供了一个这样的接口。你可以通过 CRAN 访问其插件和所有帮助文件，网址为 https://cran.r-project.org/web/packages/mongolite/index.html。开发版本可以在 GitHub 上下载，网址为 http://github.com/jeroenooms/mongolite。

和其他 R 的 MongoDB 包一样，我们已经在虚拟机上安装了 mongolite。只需要加载它来用于 R 中的第一次使用。

```
> library(mongolite)
```

在使用任何 R 包之前，都建议你先了解一些关于包的基本信息。事实上，让人惊讶的是，mongolite 包只包含一个名为 mongo() 的函数。然而，它允许用户应用一系列具体的方法来执行操作和查询数据。

第一步，我们需要创建常用的连接到指定数据库和本地 MongoDB 的集合的连接。

```
> m <- mongo(collection = "prices", db = "houses", url =
"mongodb://localhost")
```

创建的连接对象 m 显示了所有可用的使用 mongolite 进行数据处理的方法（以及它们的参数）。

```
>m
<Mongo collection> 'prices'
 $aggregate(pipeline = "{}", handler = NULL, pagesize = 1000)
 $count(query = "{}")
 $distinct(key, query = "{}")
 $drop()
 $export(con = stdout(), bson = FALSE)
 $find(query = "{}", fields = "{"_id":0}", sort = "{}", skip = 0, limit =
0, handler = NULL, pagesize = 1000)
 $import(con, bson = FALSE)
 $index(add = NULL, remove = NULL)
 $info()
 $insert(data, pagesize = 1000)
 $iterate(query = "{}", fields = "{"_id":0}", sort = "{}", skip = 0, limit
= 0)
 $mapreduce(map, reduce, query = "{}", sort = "{}", limit = 0, out = NULL,
scope = NULL)
 $remove(query, multiple = FALSE)
 $rename(name, db = NULL)
 $update(query, update = "{"$set":{}}", upsert = FALSE, multiple = FALSE)
```

例如，我们可以和之前使用其他 R 相关的 MongoDB 包一样，从简单计算集合中文档的总数开始。我们通过如下命令实现。

```
> m$count()
[1] 971038
```

上例说明 mongolite 的使用是多么简单——它检索有关数据库，然后从连接对象的集合中获取所有必要的信息，从而简化了语法并提高了代码的性能。

我们可以使用 find()函数来查询数据。从上例的连接对象输出可见，find() 函数有一些默认的参数。例如索引变量_id 不出现在所有结果集中，数据没有拍数，返回文档数量没有限制。当然，稍后我们可以简单地覆盖这些默认值。然而，暂时让我们先列出所有房价低于 10 万英镑的独栋的记录。

```
> subset1 <- m$find('{"price":{"$lt":100000},
+                   "propType":{"$eq":"D"}}')
Imported 1739 records. Simplifying into dataframe...
```

生成输出结果的时候，mongolite 包给用户提供了非常实用的返回文档总数的信息。它还告知我们输出可以自动简化为 data.frame 对象。该函数非常实用，可以节省处理时间。我们现在可以使用标准的 str() 命令检查结果对象的结构。

```
> str(subset1)
'data.frame':  1739 obs. of  16 variables:
 $ uniqueID   : chr  "{561101F1-A127-487C-A945-04D23222E4AE}"
"{1D559F3C-1770-432C-B304-6B4B628E0117}" "{B7E3429D-6C1C-4A19-
BB59-5D247D5606CE}" "{25EA59F9-86CB-4D50-E050-A8C0630562D0}" ...
 $ price      : int  54000 75000 80000 16500 80000 95000 90000 90000 45500
90000 ...
 $ transferDate: chr  "2015-02-12 00:00" "2015-09-09 00:00" "2015-03-27
00:00" "2015-06-29 00:00" ...
 $ postcode   : chr  "CF39 9SE" "PE25 1SD" "PE12 9DD" "CA26 3SB" ...
 $ propType   : chr  "D" "D" "D" "D" ...
 $ oldNew     : chr  "N" "N" "N" "N" ...
...#output truncated
```

当然，在处理大数据集时，你不太可能检索数据的所有变量。和 rmongodb 还有 RMongo 包一样，在 mongolite 中可以轻松地指定结果集中包含的字段。除了检索外，你还可以使用 MongoDB shell 有的其他命令，比如排序、跳过或者限制（sort、skip、limit）。这些方法在 mongolite 的查询中有个好处就是它们的使用方式和其他 R 函数使用参数的方式一样。唯一的例外是排序（sort）参数，它需要一个短 JSON 条目来定义要将数据排序的变量和排序的顺序。

在下例中，我们将返回所有独栋并且价格低于 10 万英镑的数据。然而我们只会在结果集中包含价格和城镇字段，并按照价格从贵到便宜排序。为了以防万一，我们会将输出限制到前 10000 个匹配的文档。

 如果使用的数据集非常大，那么限制结果集的输出为少量文档是非常好的做法，特别是在早期的代码测试中。一旦确定代码产生所需的输出，你就可以按需扩大输出文档的大小。

```
> subset2 <- m$find('{"price":{"$lt":100000}, "propType":{"$eq":"D"}}',
+                    fields = '{"_id":0, "price":1, "town":1}',
+                    sort = '{"price":-1}', skip = 0, limit = 10000)
 Imported 1739 records. Simplifying into dataframe...
> str(subset2)
'data.frame':  1739 obs. of  2 variables:
```

```
  $ price: int  99995 99995 99995 99995 99995 99995 99995 99955 99950 99950
...
  $ town : chr  "HARTLEPOOL" "SPALDING" "CLACTON-ON-SEA" "DURHAM" ...
> head(subset2, n=5)
    price          town
1   99995     HARTLEPOOL
2   99995       SPALDING
3   99995 CLACTON-ON-SEA
4   99995         DURHAM
5   99995 CLACTON-ON-SEA
```

通过将输出的字段限制为仅仅两个字段，我们将返回对象的大小从 subset1 的 650.4KB 缩小到 subset2 的 43.6KB。

在 mongolite 中，我们还可以使用 aggregate()方法执行典型的 MongoDB 风格的聚合。在此，我们需要用 JSON 格式来传递完整的聚合流水线。下例计算两个基本统计信息：记录数量（创建一个新的名为 count 的变量）和英格兰和威尔士的 112 个郡所有房产的均价（创建一个新的名为 avgPrice 的变量）。形式为 data.frame 的排序后的结果集展示如下。

```
> houses.agr <- m$aggregate('[{"$group": {"_id":"$county",
+                        "count":{"$sum":1},
+                        "avgPrice":{"$avg":"$price"} }},
+                        {"$sort":{"avgPrice": -1} }]')
 Imported 112 records. Simplifying into dataframe...
> head(houses.agr, n=10)
                     _id  count avgPrice
1          GREATER LONDON 123776 635409.4
2   WINDSOR AND MAIDENHEAD   2510 551625.2
3                  SURREY  21703 504670.8
4               WOKINGHAM   3041 470926.6
5         BUCKINGHAMSHIRE   9844 451122.0
6           HERTFORDSHIRE  20926 412466.6
7             OXFORDSHIRE  11453 393092.8
8        BRACKNELL FOREST   2243 387307.5
9           WEST BERKSHIRE   2811 379225.8
10                READING   3225 373193.9
```

如预期的一样，该聚合操作返回了 112 条记录。从结果我们可以清楚地看到，最贵的房产位于大伦敦，其次是温莎郡、梅登黑德郡和萨里郡——这些郡在人们的刻板印象中就是与上层社会和（刻板印象较少的）高生活成本有关。

很多时候，当处理分类变量时，查看包含这些变量中的所有可能的值是有用的。这可以通过 distinct()方法在 mongolite 中实现。例如要列出所有非重复的 county 和 propType 这两个字段，可以按照如下方式进行。

```
> m$distinct("county")
  [1] "WARWICKSHIRE"        "NORFOLK"
  [3] "STAFFORDSHIRE"       "GREATER LONDON"
  [5] "DEVON"               "WINDSOR AND MAIDENHEAD"
  [7] "DERBYSHIRE"          "BLACKPOOL"
  [9] "KENT"                "SOUTHAMPTON"
...#output truncated
> m$distinct("propType")
[1] "T" "S" "D" "F" "O"
```

mongolite 包还提供了一个在 rmongodb 和 RMongo 中都没有的、非常强大的功能。严格来说，它可以执行 MapReduce 操作，即我们在第 4 章中介绍的使用 Hadoop 和 R 进行大数据分析中提到的 MapReduce 作业。然而，令人困惑的是，mongolite 包中实现 MapReduce 的方法 mapreduce()，需要使用 JavaScript 编写的 mapper 和 reduce 函数，而 JavaScript 并不在绝大部分数据科学家的舒适区技术中。以下是一个非常简单的使用 mongolite 包的 MapReduce 作业的例子，计算了两个交叉因子 county 和属性类型（propType）的频率。

```
> houses.xtab <- m$mapreduce(
+   map = "function(){emit({county:this.county, propType:this.propType},
1)}",
+   reduce = "function(id, counts){return Array.sum(counts)}"
+)
> houses.xtab
                          _id.county _id.propType value
1    BATH AND NORTH EAST SOMERSET              D   739
2    BATH AND NORTH EAST SOMERSET              F   808
3    BATH AND NORTH EAST SOMERSET              O    39
4    BATH AND NORTH EAST SOMERSET              S   771
5    BATH AND NORTH EAST SOMERSET              T  1099
6                          BEDFORD              D   950
7                          BEDFORD              F   441
8                          BEDFORD              O    48
9                          BEDFORD              S   907
10                         BEDFORD              T   871
...#output truncated
```

当然，我们非常欢迎你尝试更复杂的 MapReduce 计算。

在之前的章节中，我们为你提供了 3 个必需的 R 包，以支持与 MongoDB 进行通信，并允许用户直接从 R 环境中处理存储在 MongoDB 中的数据，包括查询、聚合甚至 MapReduce 等操作。

在 6.3 节中，我们将简单指导你了解 rhbase 包的一些基本功能。它隶属于一组统称为 rhadoop 的 R 包。在第 4 章中我们已经讨论了其中两个：rmr2 和 rhdfs。然而这次，我们将向你展示如何使用 R 连接存储在 HBase 这个非关系型 Hadoop 数据库中的数据。

6.3 Hbase 与 R

Apache HBase 数据库允许用户在 HDFS 上存储和处理非关系型数据。受 Google BigTable 的启发，HBase 是一个开源的、分布式的、一致以及可扩展的数据库，可实现对大量数据的实时读写和访问。实际上，它是一个列式或者键-列-值存储的格式，缺少默认的数据格式，可以由用户随时定义。

以下教程将介绍一系列操作，允许你将之前使用过的土地房产支付数据（LRPP）导入到位于 Microsoft Azure HDInsight 集群的 HBase 存储中，然后使用 RStudio Server 检索特定的数据片段。

6.3.1 Azure HDInsight 与 HBase 和 RStudio Server

使用 HBase 数据库全面启动 Microsoft Azure HDInsight 集群的过程和第 4 章中创建多节点的 HDInsight Hadoop 集群很相似。不过本节将重点介绍一些细微差别。

和之前一样，从设置一个新的资源组开始。只需按照第 4 章的创建新资源组章节的说明进行即可。你可能只是想给它一个新名字，比如 hbasecluster。请注意正确选择你订阅的资源组的位置。还要注意的是，与 Hadoop HDInsight 集群一样，使用该服务很可能会收取一些费用（该费用可能会很高）。再次提醒，价格取决于你的个人情况、使用服务器的地理位置和许多其他因素。

一旦新资源组创建，就可以继续部署一个新的虚拟网络了。按照第 4 章中的说明，给诸如 hbaseVN 之类的 HBase HDInsight 服务器命名。请确保选择上一步创建的合适的组员组（在本例中是 hbasecluster）。你完成的创建虚拟网络表单应该包含图 6-7 所示的信息。

继续按照第 4 章的说明，设置新的网络安全组。再次给它一个新名字，例如 hbaseNSG，并填入其他细节，如图 6-8 所示，确保根据个人设置更改设置。

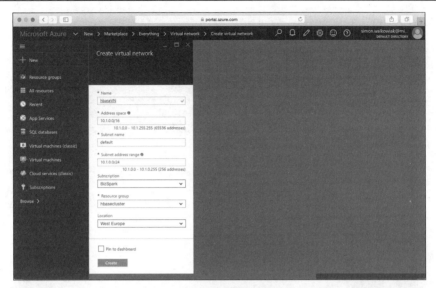

图 6-7　创建虚拟网络表单

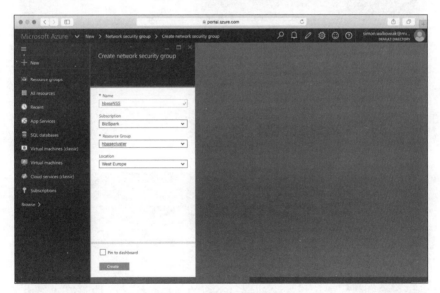

图 6-8　网络安全组设置

　　此时，我们已经创建了一个新的名为 hbasecluster 的资源组，一个名为 hbaseVN 的虚拟网络，以及名为 hbaseNSG 的网络安全组。拥有以上 3 项之后，我们就可以开始实际部署和配置 HBase HDInsight 集群了。

　　按照第 4 章设置和配置 HDInsight cluster 一节的说明开始配置。我们的集群名为 hbasecluster.azurehdinsight.net。选择正确的订阅包，在选择集群类型中，选择 HBase 作为

集群类型。HBase 1.1.2 (HDI 3.4) 作为其版本，Linux 作为其操作系统，选择图 6-9 所示的
标准集群层。

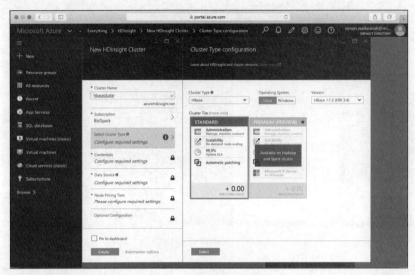

图 6-9　集群选择和配置

　　和之前一样，提供一个需要自己保存的凭证。和 Hadoop HDInsight 一样，我们会把 admin
作为集群登录用户名，把 swalko 作为 SSH 用户名。

　　在图 6-10 所示的数据源选项卡中，创建一个新的存储账号并命名它。例如将默认存储
容器命名为 hbasestorage1。

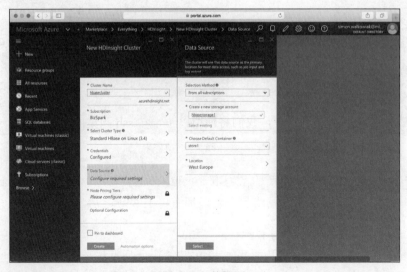

图 6-10　数据源

对于 HBase 集群，我们将会比 Hadoop HDInsight 中的节点配置（节点定价层）略为便宜些。我们将保留 4 作为节点的默认数。选择 D3 定价曾，而 2 个头结点和 3 个 Zookeeper 节点将选择 A3 定价层。如图 6-11 所示。

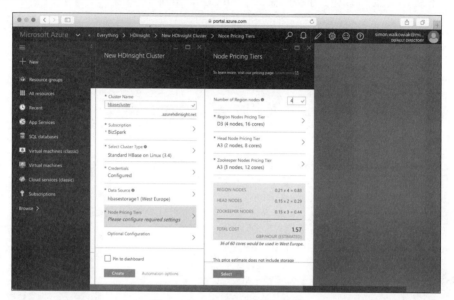

图 6-11   HBase 集群节点配置

最后，在可选配置选项卡中，重复第 4 章的说明。确保为此 HDInsight 服务选择正确的首选虚拟网络——在我们的例子中使用 hbaseVN 作为默认子网。此外，在脚本操作选项卡中，使用相同的链接来安装 R 文件并勾选所有 3 种类型的节点。如前所述，将 **PARAMETERS** 留空。作为最后一个操作，请在新 **HDInsight Cluster** 视图中选择恰当的资源组（如 hbasecluster），然后单击创建按钮，开始部署集群。

同样，创建集群可能需要一个小时的时间。一旦操作完成，我们就可以按照第 4 章中连接到 HDInsight 集群的相同方式安装 RStudio 服务器。请注意，由于我们更改了集群名字，在 ssh 中需要注意。在例子中，我们将使用以下语句 ssh 到集群。

```
$ ssh swalko@hbasecluster-ssh.azurehdinsight.net
```

继续安装 RStudio 服务器，为端口 8787 添加新的入站安全规则，并按照第 4 章中的指示编辑虚拟网络的公网 IP 地址。几分钟后，你应该拥有了一个安装好了 RStudio Server 的 HBase HDInsight 集群。不过这不足以直接从 RStudio Server 连接到 HBase。你可能还记得，在 Hadoop HDInsight 集群中，所有需要的 R 包和 Java 环境都已经配置完成了。虽然诸如 rJava、rhdfs 和 rmr2 也提供 HBase 集群的服务，但是我们还需要一些额外库用于通过 **Thrift**

服务器与 HBase 进行通信。此外我们还需要安装一个正确版本的 Thrift (0.9.0)，因为我们使用的 R 的 rhbase 包尚不支持最新版本。

首先下载并安装 Thrift 服务器所需的 Linux Ubuntu 库。

```
$ sudo apt-get install libboost-dev libboost-test-dev libboost-program-
options-dev libevent-dev automake libtool flex bison pkg-config g++ libssl-
dev
...#output truncated
```

所有库下载完成可能需要几分钟的时间。完成之后我们就可以下载 Thrift 0.9.0 版本的 tarball。

```
$ sudo wget http://archive.apache.org/dist/thrift/0.9.0/thrift-0.9.0.tar.gz
...#output truncated
```

将之放置在合适的目录下。

```
$ sudo tar -xvf thrift-0.9.0.tar.gz
```

通过 cd 命令进入到解压的 Thrift 0.9.0 目录下。

```
$ cd thrift-0.9.0
```

配置系统库并准备构建 Thrift。

```
$ sudo ./configure
...#output truncated
```

在同一个目录下，试用一下命令创建并安装 Thrift。

```
$ sudo make
...#output truncated
$ sudo make install
...#output truncated
```

安装完成后，你可以二次检验 Thrift 的版本。

```
$ thrift -version
Thrift version 0.9.0
```

另一个检验 Thrift 是否安装完成的推荐方法是测试 pkg-config 路径是否正确。该命令应该返回-I/usr/local/include/thrift，而不是-I/usr/local/include。

```
$ pkg-config --cflags thrift
-I/usr/local/include/thrift
```

最后，cd 到/usr/local/lib/目录并检查其内容，我们特别关心一个名为 libthrift-0.9.0.so 的 Thrift 库，并将其复制到/usr/lib/。

```
$ cd /usr/local/lib/
$ ls
libthrift-0.9.0.so    libthriftnb.a    libthriftz-0.9.0.so    pkgconfig
libthrift.a           libthriftnb.la   libthriftz.a           python2.7
libthrift.la          libthriftnb.so   libthriftz.la          python3.4
libthriftnb-0.9.0.so  libthrift.so     libthriftz.so          R
$ sudo cp /usr/local/lib/libthrift-0.9.0.so /usr/lib/
```

完成！Thrift 服务器现在已经配置完成并可以开始工作了。我们将在安装完 rhbase 包之后启动它。

我们不使用 **Revolution Analytics**（R 的 rhadoop 库的作者和维护者）版本的 rhbase，而是使用 Aaron Benz 的 fork 版。Benz 的版本有着良好的维护而且非常的用户友好。同样，可以很容易地在 Linux Ubuntu 上下载和安装。它的 GitHub 还有着非常详细的关于 rhbase 的使用说明，我们推荐你在读完本章之后看一遍该说明。

为了从 GitHub 上安装 rhbase，我们首先需要下载并安装必须的 Ubuntu 依赖包。

```
$ sudo apt-get install libssl-dev libcurl4-openssl-dev libssh2-1-dev
...#output truncated
```

然后为 R 安装 devtools 包，该包可以帮助你下载并安装 rhbase 包的 fork 版。

```
$ sudo Rscript -e 'install.packages("devtools",
repos="https://cran.r-project.org/")'
...#output truncated
```

devtools 安装过程需要大约 2～3 分钟。安装完成后，从特定的 GitHub 源安装 rhbase。

```
$ sudo Rscript -e 'devtools::install_github("aaronbenz/rhbase")'
...#output truncated
```

上述命令还会安装 10 个其他 R 包，包括 data.table、dplyr、tidyr、DBI 和 Rcpp 等。需要等待 10～15 分钟。

目前为止，我们已经做好了所有数据传输相关的准备。现在我们只需要将数据读入 HDFS 和 HBase 了。

6.3.2 将数据导入 HDFS 和 HBase

本节将继续使用本章之前介绍过的土地注册付款价格数据。你已经学会了如何将数据从本机复制到 HDInsight 集群。如果你不记得了，请参考下面这行命令，根据自己的设置调整参数，并在一个新的终端窗口运行代码。

```
$ scp -r ~/Desktop/B05396_Ch07_Code/pp-2015.csv swalko@hbasecluster-
ssh.azurehdinsight.net:~/
...#output truncated
```

pp-2015.csv 文件现在应该已经在 ssh 到的主节点的 swalko 用户的 home 目录中了。

```
$ ls
pp-2015.csv  R  rstudio-server-0.99.896-amd64.deb  thrift-0.9.0
thrift-0.9.0.tar.gz
```

将数据文件从该目录移动到 HDFS 和/user/swalko/目录中。

```
$ hadoop fs -copyFromLocal pp-2015.csv /user/swalko/pp-2015.csv
```

检查数据是否依旧在 HDFS 上。

```
$ hadoop fs -ls /user/swalko
Found 2 items
drwx------    - swalko supergroup          0 2016-04-20 20:40
/user/swalko/.Trash
-rw-r--r--    1 swalko supergroup  169004671 2016-04-20 20:53
/user/swalko/pp-2015.csv
```

一切都井然有序,现在 HDFS 已经有数据了,我们可以将数据内容从 HDFS 导入 HBase 数据库。因此需要打开 HBase shell。

```
$ hbase shell
```

几秒之后你将会看到诸如 HBase 欢迎信息之类的信息（和一些警告），如图 6-12 所示。

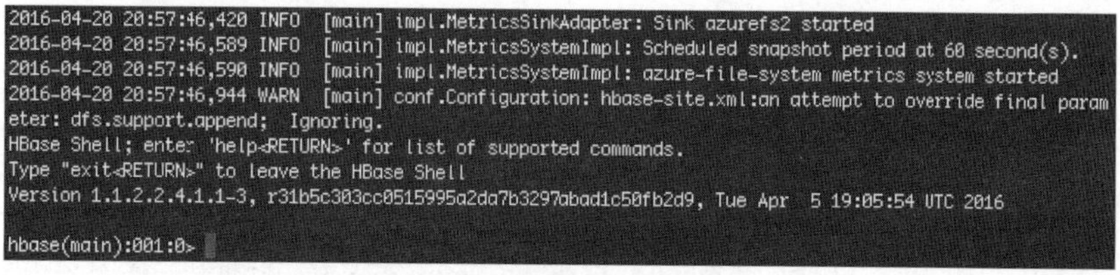

图 6-12　HBase 输出信息

　　我们现在将在 HBase 中创建一个用于保存数据的表格。不过由于还没有收集到这些数据，因此我们对最终数据集的数据格式没有做限制。数据并不包含每行唯一的 ID 变量，因此在 R 中提取特定的行将是一项非常困难的任务。但是本教程的主要目标是指导完成 R 所需的所有组件的最基本安装和配置流程，使你能够通过 Thrift 服务器将其连接到 HBase，并使用 R 环境检索一些数据。在 HBase shell 中，我们创建一个名为 bigTable 的表，它将包括 3 个不同的列族：transaction、geography 和 property。在我们的示例中，创建 3 个这样的列族是有意义的，因为它们与数据中存在的变量具有局部相关性。然而，通常只需一个列族就足够了，在大多数情况下通常推荐只创建一个列族。

```
hbase(main):001:0> create 'bigTable','transaction','geography','property'
0 row(s) in 4.8500 seconds
=> Hbase::Table - bigTable
```

　　创建的表当前为空，但是已经部署好了。可以使用 list 命令再次检查，该命令会将数据库的所有表名都列出来。

```
hbase(main):002:0> list
TABLE
bigTable
1 row(s) in 0.0530 seconds
=> ["bigTable"]
```

　　一旦 bigTable 创建完成，我们就可以退出 HBase shell 了。

```
hbase(main):003:0> exit
...#output truncated
```

　　让我们回到集群头节点上的 swalko 区域。我们将使用当前存放在 HDFS 中的数据填充 bigTable。此时我们将使用 importtsv 方法，为了方便起见，我们已经创建了一个预定义的 MapReduce 作业。在我们可以运行 importtsv 作业之前，需要确保我们指定了一个正确的变量分隔符（对于 CSV 文件，通常应该是一个逗号），并且识别所有必须被读取的列。如你所见，我们对数据中每一列定义了引用。另外，第一列（uniqueID）将实际上作为 HBase 行键（row key）。最后我们确定 HBase 中的表的名称，以及将填充此数据和数据文件在 HDFS 中的位置。

```
$ hbase org.apache.hadoop.hbase.mapreduce.ImportTsv -Dimporttsv.separator=,
-
Dimporttsv.columns="HBASE_ROW_KEY,transaction:price,transaction:transferDate,
geography:postcode,property:propType,property:oldNew,property:tenure,
geography:PAON,geography:SAON,geography:street,geography:locality,geography:
town,geography:district,geography:county,transaction:ppdCat,transaction:record
Status" bigTable /user/swalko/pp-2015.csv
...#output truncated
```

请注意，由于这实际上是 MapReduce 作业，你将会看到 MapReduce 输出与 Mapper 和 Reducer 函数的进度（尽管在 importtsv 作业中只使用了 Mapper）。作业可能需要几分钟的时间才能运行。

当作业完成后，我们可以返回到 HBase shell 检查数据集是否已经被导入。

```
$ hbase shell
...#output truncated
hbase(main):005:0> scan 'bigTable'
...#output truncated
"{0009132D-E1E9-4BAB-AD94- column=geography:PAON, timestamp=1461187474121,
value="10"
     DB4F356E351A}"
 "{0009132D-E1E9-4BAB-AD94- column=geography:SAON, timestamp=1461187474121,
value=""
     DB4F356E351A}"
 "{0009132D-E1E9-4BAB-AD94- column=geography:county,
timestamp=1461187474121, value="TYNE AND WEAR"
     DB4F356E351A}"
 "{0009132D-E1E9-4BAB-AD94- column=geography:district,
timestamp=1461187474121, value="SOUTH TYNESIDE"
     DB4F356E351A}"
 "{0009132D-E1E9-4BAB-AD94- column=geography:locality,
timestamp=1461187474121, value=""
     DB4F356E351A}"
...#output truncated
```

可以通过按 Ctrl + C 组合键退出 HBase shell。

在开始 RStudio 之前，还有最后一个步骤需要完成，就是开启 Thrift 服务器。

```
$ hbase thrift start
...#output truncated
```

开启过程可能需要几秒，开启完成后你将看到图 6-13 所示的界面。

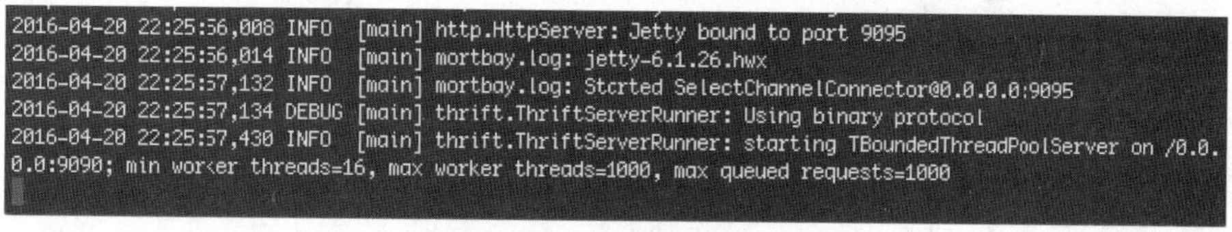

```
2016-04-20 22:25:56,008 INFO  [main] http.HttpServer: Jetty bound to port 9095
2016-04-20 22:25:56,014 INFO  [main] mortbay.log: jetty-6.1.26.hwx
2016-04-20 22:25:57,132 INFO  [main] mortbay.log: Started SelectChannelConnector@0.0.0.0:9095
2016-04-20 22:25:57,134 DEBUG [main] thrift.ThriftServerRunner: Using binary protocol
2016-04-20 22:25:57,430 INFO  [main] thrift.ThriftServerRunner: starting TBoundedThreadPoolServer on /0.0.
0.0:9090; min worker threads=16, max worker threads=1000, max queued requests=1000
```

图 6-13　Thrift 服务器开启信息

请注意，当服务器使用时没有命令提示，不过要记住随时可以按 Ctrl + C 组合键退出。一旦 Thrift 运行，我们就可以开始使用 RStudio 服务器尝试连接 HBase 了。

6.3.3　使用 rhbase 包读取和查阅 Hbase

使用你喜欢的 Web 浏览器打开先前设置的 8787 端口的公共 IP 地址，并照常登录 RStudio 服务器。登录时，就像标准的 Hadoop 集群一样，我们需要定义环境变量。

```
> cmd <- system("which hadoop", intern=TRUE)
> cmd
[1] "/usr/bin/hadoop"
> Sys.setenv(HADOOP_CMD=cmd)
> stream <- system("find /usr -name hadoop-streaming*jar", intern=TRUE)
...#output truncated
> stream
[1] "/usr/hdp/2.4.1.1-3/hadoop-mapreduce/hadoop-
streaming-2.7.1.2.4.1.1-3.jar"
[2] "/usr/hdp/2.4.1.1-3/hadoop-mapreduce/hadoop-streaming.jar"
[3] "/usr/hdp/2.4.1.1-3/oozie/share/lib/mapreduce-streaming/hadoop-
streaming-2.7.1.2.4.1.1-3.jar"
attr(,"status")
[1] 1
> Sys.setenv(HADOOP_STREAMING=stream[1])
> Sys.getenv("HADOOP_CMD")
[1] "/usr/bin/hadoop"
> Sys.getenv("HADOOP_STREAMING")
[1] "/usr/hdp/2.4.1.1-3/hadoop-mapreduce/hadoop-
streaming-2.7.1.2.4.1.1-3.jar"
```

加载 rmr2 和 rhdfs 包以便检查 HDFS。

```
> library(rmr2)
> library(rhdfs)
```

使用 hdfs.init() 函数打开 HDFS。

```
> hdfs.init()
```

检查数据集是否在 HDFS 中。

```
> hdfs.ls("/user/swalko")
  permission  owner       group      size
1 drwx------ swalko supergroup        0
2 -rw-r--r-- swalko supergroup 169004671
           modtime                      file
1 2016-04-20 20:40        /user/swalko/.Trash
2 2016-04-20 20:53 /user/swalko/pp-2015.csv
```

根据输出可见一切工作正常，可以在 HDFS 中看到数据。现在连接到 HBase 数据库。首先，加载 rhbase 包并设置 Thrift 服务器的主机地址和端口（默认为 9090）。

```
> library(rhbase)
> hostLoc = '127.0.0.1'
> port = 9090
```

通过 Thrift 服务器启动与 HBase 的连接。

```
> hb.init(hostLoc, port, serialize = "character")
<pointer: 0x167450d0>
attr(,"class")
[1] "hb.client.connection"
```

我们可以使用 hb.list.tables() 函数在 HBase 中打印所有可用的表。

```
> hb.list.tables()
$bigTable
              maxversions compression inmemory
geography:              1        NONE    FALSE
property:               1        NONE    FALSE
transaction:            1        NONE    FALSE
              bloomfiltertype bloomfiltervecsize
geography:                ROW                  0
property:                 ROW                  0
transaction:              ROW                  0
              bloomfilternbhashes blockcache
geography:                      0       TRUE
property:                       0       TRUE
transaction:                    0       TRUE
```

```
            timetolive
geography:   2147483647
property:    2147483647
transaction: 2147483647
```

正如我们预期的那样，只有我们之前创建的 bigTable 表。输出显示了几个基本的默认设置和在 HBase shell 中创建表时定义的 3 个列族。

如果有几张表可用，可以使用 hb.describe.table()命令以表名为输入，以得到上述输出。

```
> hb.describe.table("bigTable")
             maxversions compression inmemory
geography:        1           NONE     FALSE
property:         1           NONE     FALSE
transaction:      1           NONE     FALSE
...#output truncated
```

我们可以使用 hb.regions.table()函数检查表的各个域。

```
> hb.regions.table("bigTable")
[[1]]
[[1]]$start
[1] NA
[[1]]$end
[1] ""{288DCE29-5855"
[[1]]$id
[1] 1.461188e+12

[[1]]$name
[1] "bigTable,,1461187589128.d422aab7c3bd51a502e7a39d9271ce3d."
[[1]]$version
[1] 01
...#output truncated
```

根据定义的行键和列族，你可以提取数据集中特定事务的请求值。如上所述，价格付费数据的行键特别不用户友好，而且信息不够丰富。以下代码段检索与属性列族相关的数据，其中包含一个特定行键（实际上是一个单独的事务）的 oldNew、propType 和 tenure 列的值。

```
> hb.pull("bigTable",
+        column_family = "property",
+        start = ""{23B6165E-FED6-FCF4-E050-A8C0620577FA}"",
+        end = ""{23B6165E-FED6-FCF4-E050-A8C0620577FA}"",
```

```
+           batchsize = 100)
                                        rowkey
1: "{23B6165E-FED6-FCF4-E050-A8C0620577FA}"
2: "{23B6165E-FED6-FCF4-E050-A8C0620577FA}"
3: "{23B6165E-FED6-FCF4-E050-A8C0620577FA}"
        column_family column values
1:    property:oldNew       NA      "N"
2: property:propType        NA      "S"
3:   property:tenure        NA      "F"
```

根据之前创建的表，我们还可以从行键提取一个特定的值。在下例中，我们将检索特定房产的购买价格。

```
> hb.pull("bigTable",
+         column_family = "transaction:price",
+         start = ""{23B6165E-FED6-FCF4-E050-A8C0620577FA}"",
+         end = ""{23B6165E-FED6-FCF4-E050-A8C0620577FA}"",
+         batchsize = 100)
                                        rowkey
1: "{23B6165E-FED6-FCF4-E050-A8C0620577FA}"
        column_family column     values
1: transaction:price        NA "355000"
```

hb.scan()函数可以在由 startrow 和 end 参数定义的范围对的多个数据中检索特定的列。while()循环可以对扫描范围内的所有数据进行迭代。

```
> iter <- hb.scan("bigTable",
+         startrow = ""{23B6165E-FED6-FCF4-E050-A8C0620577FA}"",
+         end = ""{23B6165F-0452-FCF4-E050-A8C0620577FA}"",
+         colspec = "transaction:price")
> while( length(row <- iter$get(1))>0){
+   print(row)
+}
...#output truncated
[[1]]
[[1]][[1]]
[1] ""{23B6165F-0450-FCF4-E050-A8C0620577FA}""
[[1]][[2]]
[1] "transaction:price"
[[1]][[3]]
[[1]][[3]][[1]]
[1] ""211000""

> iter$close()
```

另一方面，hb.get()命令可以通过一列指定的行健从所有列中提取所需的列。由于输出是一个列表，所以在后续计算中很容易检索需要的值。

```
> hb.get("bigTable",
+        list(""{23B6165E-FED6-FCF4-E050-A8C0620577FA}"",
+              ""{23B6165F-0452-FCF4-E050-A8C0620577FA}""))
[[1]]
[[1]][[1]]
[1] ""{23B6165E-FED6-FCF4-E050-A8C0620577FA}""
[[1]][[2]]
 [1] "geography:PAON"
 [2] "geography:SAON"
 [3] "geography:county"
 [4] "geography:district"
 [5] "geography:locality"
 [6] "geography:postcode"
 [7] "geography:street"
 [8] "geography:town"
 [9] "property:oldNew"
[10] "property:propType"
[11] "property:tenure"
[12] "transaction:ppdCat"
[13] "transaction:price"
[14] "transaction:recordStatus"
[15] "transaction:transferDate"
[[1]][[3]]
[[1]][[3]][[1]]
[1] ""23""
[[1]][[3]][[2]]
[1] """"
[[1]][[3]][[3]]
[1] ""CARDIFF""
[[1]][[3]][[4]]
[1] ""CARDIFF""
...#output truncated
```

如果数据已经不需要了，则可以从 HBase 中删除整张表。

```
> hb.delete.table("bigTable")
[1] TRUE
```

除了上述功能之外，rhbase 包还支持其他数据管理和处理操作，这些操作略微超出了本章的范围。你可以根据自己的数据定义和模式，使用相应的查询和聚合操作。该包的作者 Aaron Benz 创建的 rhbase 教材可以从 Github 下载，你可以从中学习各种数据处理和不同样本的值提取的方法。

最后提醒一下，当你使用大型数据集时，你应该使用本章所示的通过 Hbase shell 的方式创建表，因为在这种情况下，数据需要事先读入内存 m 创建表可以使得 R 更好地处理大数据。

6.4　小结

本章介绍的都是非关系型数据库。首先，我们介绍了具有灵活结构的高可扩展性的 NoSQL 数据库的一般概念。我们讨论了它的主要功能，并给出了与标准关系型 SQL 数据库相比，它们在实践中的优势。

然后，开始介绍关于如何读取、管理、处理和查询存储在流行的名为 MongoDB 的开源 NoSQL 数据库中的数据。我们学习了 3 个流行的用于允许用户直接从 R 环境连接 MongoDB 并实现各种技术和方法的 R 包。

最后，我们介绍了运行在 Hadoop 分布式文件系统上的开源、非关系型和分布式的数据库 HBase。我们学习了一些安装操作，使得 R 可以连接 HBase，然后展示了几个例子，用以说明如何使用 rhbase 包中功能管理、处理和查询存储在 HBase 中、部署在多节点 Azure HDInsight 集群的数据。

在第 7 章中，我们将继续学习如何通过 Apache Spark 连接分布式文件系统和 R。

第 7 章
比 Hadoop 更快——使用 R 编写 Spark

在第 4 章中，我们学习了如何使用 Hadoop 和 MapReduce 框架来处理和分析存储在 Hadoop 分布式文件系统（Hadoop Distributed File System，HDFS）中的大量数据集。我们使用多节点的 Hadoop 集群和 R 语言处理包含大量数据的作业，这种计算量在个人计算机上是无法完成的，不管用哪一版本的 R 都一样。我们还提到过，尽管 Hadoop 很强大，但是只推荐在数据量大于内存容量的情况下使用，因为它的处理过程真的很慢。在本章中，我们将介绍 Apache Spark 引擎，这是一种更快的处理和分析大数据的方法。在读完本章后，你将学会如下知识点。

- 理解 Spark 的特性和功能。
- 部署一个配置完全的、可直接使用的、多节点 Microsoft Azure HDInsight 集群，包含 Hadoop、Spark 和 Hive。
- 将数据从 HDFS 导入 Hive 表格，并把它们作为 Spark 引擎处理的数据源。
- 连接 RStudio Server 和 HDFS 资源（包括 Hadoop 和 Spark），使用湾区共享单车开源数据运行简单的和有点复杂的 Spark 数据转换、聚合和分析。

7.1　为大数据分析服务的 Spark

Spark 通常被认为是新的、快速的、更好的大数据处理工具，很快就能取代 Hadoop 成为使用最广泛的大数据处理工具。实际上，已经有越来越多的商务公司选择 Spark 而非 Hadoop 作为它们的日常数据处理工具。毋庸置疑的是，Spark 有许多卖点，相对于稍显复杂有时又很笨重的 Hadoop，它是一个充满吸引力的替代品。

- 与标准的 Hadoop MapReduce 作业相比，运行在内存中的 Spark reduce 的处理速度要快 100 倍，即使运行在磁盘中，也要比 Hadoop 快 10 倍。

- 该工具非常灵活，可以在单机使用，也可以部署在 Hadoop 和 HDFS 上，或者部署在其他分布式文件系统上。

- 可以使用来自标准关系型数据库的多种数据源，包括 HBase、Hive 和 Amazon S3 等，也可以部署到云端。事实上，本章将会展示如何在云端运行 Spark，使用 HDFS 作为平台、Hive 作为数据源、RStudio Server 作为前端应用。

自 2012 年以来，Spark 作为由加州大学伯克利分校的 Matei Zaharia 发起的大学项目，逐渐发展成了最大的开源大数据解决方案，拥有了上百个贡献者和一系列有着活跃用户的社群。与此同时，Spark 也从单纯的大量数据集的数据处理支持应用成长为了同时可以使用户使用复杂的内置的机器学习算法 MLlib 进行数据分析、使用 GraphX 组件进行图数据分析、使用 Spark SQL 库进行 SQL 查询、使用 Spark Streaming 开发流式数据应用的多功能应用。这些技术可以合作用以创建建立在 Spark 引擎基础上的强大的大数据分析栈，正如项目网站所描述的那样。

在 7.2 节中，我们将会部署一个多节点的 Hadoop 和 Spark 集群，并且运行一些 R 的 SparkR 包中的大数据转换和分析方法。

7.2　多节点 HDInsight 集群上使用 R 的 Spark

尽管 Spark 可以部署为单节点或单机模式，但是只有在多节点应用下才能更好地发挥它强大的实力。因此，本章大部分内容讲解的是在 Microsoft Azure HDInsight 集群上实践使用 Spark 和 R 处理大数据的能力。你应该已经很熟悉 HDInsight 集群上的部署过程了。我们的 Spark 工作流将会多一步操作，Spark 框架将直接通过 Hive 数据库（存储在 HDFS 上）处理数据。在第 5 章和第 6 章已经介绍了 Hive。在本章中，我们会重新部署一个新的装有 Spark 和 RStudio 的 HDInsight。

7.2.1　部署使用支持 Spark 和 R/RStudio 的 HDInsight

在读完第 4 章之后，你应该很熟悉 HDInsight 集群的部署流程了。在本节中，我们将非常简略地解释创建 Azure 资源和安装 Spark 所需的特定操作与之前流程不同的部分。

请注意，在按照本教程操作的时候，根据你选择的 Microsoft Azure 可能会产生一些额外的费用。通常这些费用由多个因素决定，例如你选择的服务器位置、集群数量、存储空间的大小等。请查阅 Microsoft Azure 网页以了解费用和订阅选择的更多详细信息。

和之前在第 4 章和第 6 章做的一样，我们将从创建一个新的资源组开始。这次将其命名为 sparkcluster，并选择一个合适的地理位置，本例选择的是西欧。资源组如图 7-1 所示。

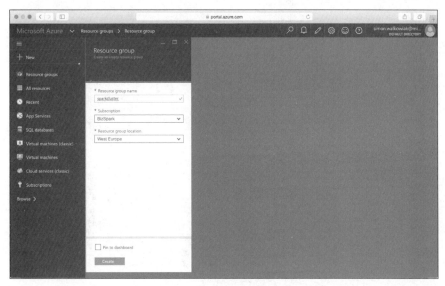

图 7-1　创建新资源组

其次，我们将创建一个新的虚拟网络，名为 sparkVN。请确保选择正确的地理位置并选择上一步（在本例中命名为 sparkcluster）创建的资源组。一旦完成以上操作，就单击创建按钮，如图 7-2 所示。

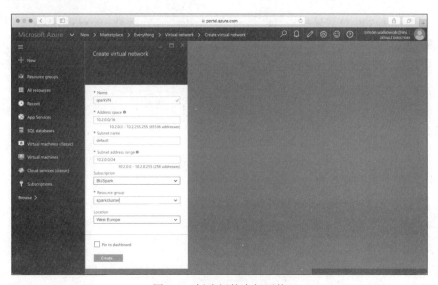

图 7-2　创建新的虚拟网络

然后，我们会设置一个新的网络安全组。如图 7-3 所示，这里依然会给它取一个名字，例如叫作 sparkNSG，并设置它的资源组（在本例中命名为 sparkcluster）和地理位置（在本例中是西欧）。

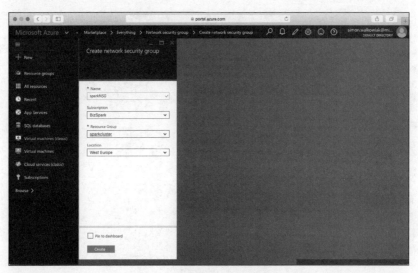

图 7-3   创建新的网络安全组

此时，我们已经设置好了 3 个基本的 Microsoft Azure 资源，可以用于连接 HDInsight 集群。这些资源包含名为 sparkcluster 的资源组、名为 sparkVN 的虚拟网络和名为 sparkNSG 的网络安全组。我们现在可以开始创建一个新的 HDInsight 集群了。

在新建 HDInsight 集群窗口，填入集群名，本例中命名为 swalkospark，选择你的订阅类型。从集群类型选项菜单中单击选择集群类型标签并选择 Spark（预览版）。你可能注意到了，我们还可以选择 Microsoft R Server。不过鉴于之前都没有介绍过这个新的 R 工具，我们本次依然选择 RStudio Server，在集群部署后会被安装。请确保在操作系统栏选择 Linux，并选择最新的 Spark 发行版版本，在本例中我们使用的是 Spark 1.6.0（HDI 3.4）。最后，选择标准的、非 Microsoft R Server 的 HDInsight 集群层。最后单击选择（Select）按钮，如图 7-4 所示。

正如第 4 章里讲的那样，需要提供 Ambari 和 ssh 证书来完成证书（Credentials）表格的填写。然后在合适的地理区域（例如西欧）创建一个新的数据存储（例如 swalkostorage1）。接着，按照第 4 章的说明进行同样的数据源配置操作。当证书和数据源表格都完成后，进入节点定价层标签，我们推荐 4 个 Worker 节点，不过在本教程中我们并不会处理大量的数据集，因此我们选择 D12 节点，拥有 4 核和 28GB 内存。我们为 Head 节点选择同样的虚拟机类型。虚拟机类型的选择会导致 HDInsight 集群使用价格的重新估算（它不包含数据存储、转换和其他费用）。当配置完成后，单击选择（Select）按钮，如图 7-5 所示。

图 7-4　新建 HDInsight 集群

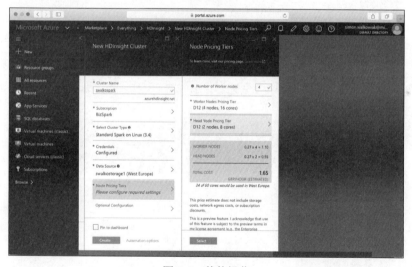

图 7-5　其他操作

由于我们希望将 HDInsight 与先前创建的资源连接并安装 R，因此需要用和上次相同的方式完成可选配置表单。确保将集群与先前创建的虚拟网络（例如 sparkVN）相关联，并在子网选项中选择默认网络。脚本操作为脚本提供了一个名称（NAME），并提供了一个正确的 SCRIPT URI，它将安装核心 R。链接与第 6 章的相同。确保勾选 HEAD、WORKER 和 ZOOKEEPER 的所有字段，并将 PARAMETERS 留空。按选择按钮确认配置，直至到达主页——新建 HDInsight 群集窗口。最后将集群分配给之前创建的资源组（例如 sparkcluster）。如图 7-6 所示，在配置完所有内容后，按创建（create）按钮开始此 HDInsight 集群的部署过程。

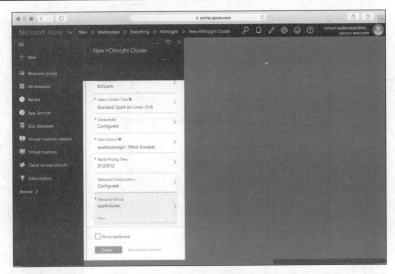

图 7-6　最后确认

可能需要半小时或更长的时间才能启动。收到部署成功的通知后，你可以创建一个新的公共 IP 地址。返回资源组（例如 sparkcluster），找到头节点 0，并启用此节点的公共 IP 地址。我们之前在第 4 章中进行过此操作，如果需要修改有关如何执行此操作的详细说明，请重新阅读第 4 章。在 Azure 中正确设置公共 IP 的操作如图 7-7 所示。

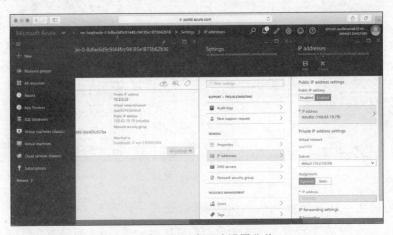

图 7-7　在 Azure 中正确设置公共 IP

你可能记得，分配公共 IP 地址可以让我们从浏览器访问安装的 RStudio Server。但是在这之前，我们首先需要 ssh 到集群的 Head 节点并安装 RStudio Server。在新的终端窗口中，ssh 到你的集群（根据你上一步中设置的值更改相应的用户和集群名称）。

```
$ ssh swalko@swalkospark-ssh.azurehdinsight.net
```

然后在 Spark HDInsight 集群上按照 RStudio 网站的说明安装 RStudio Server。

```
$ sudo apt-get install gdebi-core
...#output truncated
$ wget https://download2.rstudio.org/rstudio-server-0.99.896-amd64.deb
...#output truncated
$ sudo gdebi rstudio-server-0.99.896-amd64.deb
...#output truncated
```

现在我们可以通过 Web 浏览器浏览为头结点分配的公共 IP 地址端口为（8787）来访问 RStudio Server。如果你完全遵循第 4 章中的所有指导准则，则可能已经添加了端口 8787 到集群的网络安全组中的入站安全规则（我们将其命名为 sparkNSG）了。如果你没有这样做，请确保完成本步骤，然后使用 Web 浏览器打开端口为 8787 的公共 IP 地址。完成之后，你可以通过提供 ssh 凭据来登录 RStudio Server。然后开始按照 7.2.2 节的提示继续操作。

7.2.2 将数据读入 HDFS 和 Hive

希望 7.2.1 节不算太难。此时，你应该配置完 HDInsight 集群并准备导入数据了。如前所述，你还可以安装其他你觉得在后续的数据处理中有用的 R 软件包。本书的前几章已经详细介绍了这些软件包以及安装过程，在本节中我们会跳过这部分内容。

在本节中，我们将使用湾区共享单车开源数据，可从 Github 上搜索 bayareabikeshare 下载（ZIP 文件）。确切地说，我们将仅使用 2014 年 9 月 1 日至 2015 年 8 月 31 日的自行车行程和相关活动的数据。共享单车计划越来越受欢迎，它是一种便宜（有时甚至完全免费）、健康并且环保的公共交通系统，遍布世界各大城市。为了使该系统正常运作并提供优质的服务，运营商需要每天收集和分析相当多的数据。

湾区共享单车一年的数据的 ZIP 文件包含 4 个 CSV 文件，分别包含有关自行车和停车点可用性（状态数据文件）信息、车站数据（车站数据文件）信息、每辆单车流动的详细信息（流动数据文件）以及每天和每个城市的天气数据（天气数据文件）。ZIP 包还包含一个标准的 README.txt 文件用于描述下载文件的内容。4 个数据文件中最大的是 201508_status_data.csv 文件，包含大约 3700 万行单车和停车点的可用性数据(共 1.1GB 左右)。

每个停车点都有自己的 station_id 值，可用于将状态数据文件与 201508_station_data.csv（仅 5KB 大小）中提供的更详细的车站数据进行合并。除了 station_id 变量外，车站数据文件包括每个车站的实际全名及其经纬度坐标（这是一个有用的地理空间可视化信息），也包含每个车站可用的停车点总数，车站所属城市（例如旧金山、红木城、帕洛阿尔托、山景城或圣荷西）以及车站启用的开始日期。在得到车站和城市的名称后，状态（status）和车站（station）数据文件就可以更好地与另两个包含每辆单车具体信息和天气情况的文件进行合并。单车流动详情数据（201508_trip_data.csv）提供大约 354000 次自行车流动（总共 43MB）的细粒度信息，例如每次行程的持续时间（起始日期和结束日期）、流动停靠站的类型和会员类型（是年费用户或 30 天通行证的用户，还是具有 24 小时或 3 天通行证的短期用户）、用户的邮政编码甚至身份证号码等。另一方面，天气数据文件（201508_weather_data.csv，1825 条记录，大小为 159KB）包含每个城市的日常天气信息，如温度、露点、降水量、云层、阵风和风速、湿度、压力、能见度甚至风向。邮政编码变量可以用于将地理位置的数据与其他湾区单车共享数据集进行组合。

当然，所有的数据文件都可以比较容易地在单机上进行探索和分析，因为超过 1GB 的文件只有一个。但是请注意，在创建更多变量或合并数据集时，在所有数据处理活动或计算过程中使用的实际内存可能会远远超过可用的内存。所有湾区共享单车文件的大小组合使得它们非常适合使用 Hadoop 或 Spark 框架在 HDFS 中进行处理。如果你想按照本章中的示例，请确保是从 bayareabikeshare 官网下载第二年的数据（译注：如果你无法下载，可以在 Github 上搜 "bayareabikeshare" 获取个人上传的数据）。

7.2.2.1　将数据导入 HDFS

假设你已经从湾区共享单车网页下载了压缩过的第二年的数据文件，现在可以在单机上解压它们或将 ZIP 文件复制到 HDInsight 集群的用户区并解压。我们已经在本地解压并重命名了文件夹和数据。

请确保按照提示操作，并且你的用户名和集群名和书中的一样，那么你现在可以打开一个新的终端窗口并且复制所有文件到 HDInsight 集群。

```
$ scp -r ~/Desktop/data/ swalko@swalkospark-ssh.azurehdinsight.net:~/data/
```

然后你需要输入用户的密码并回车。根据你的网络连接速度，复制所有文件的过程可能需要几分钟到十几分钟的时间。一旦完成，就可以检查目录是否已成功复制。在旧终端窗口中键入如下内容。

```
$ ls
data  R  rstudio-server-0.99.896-amd64.deb
```

我们可以看到数据文件夹确实已经创建，使用已经介绍过的 cd 和 ls 命令检查文件夹，以检查是否已经复制了所有文件。

我们也可以再次检查 HDInsight 上用户存储区域的当前路径。当我们将文件从用户区域复制到 Hadoop 分布式文件系统（HDFS）时需要这些信息。

```
$ pwd
/home/swalko
```

一旦虚拟磁盘上有了所有数据文件，我们就可以将它们复制到 HDFS。但是在这么做之前，我们必须为 swalko 用户在 HDFS 上创建一个新的目录。我们可以通过 hadoop fs 命令和 mkdir 选项来实现，这些已经在第 4 章中学过了。

```
$ hadoop fs -mkdir /user/swalko
$ hadoop fs -mkdir /user/swalko/data
```

在上述代码中，我们还创建了一个名为 data 的文件夹，它将存储所有的数据文件。现在我们来看看这个操作是否成功。

```
$ hadoop fs -ls
Found 1 items
drwxr-xr-x   - swalko supergroup          0 2016-04-30 10:27 data
```

现在，空的 data 文件夹在 swalko 用户的 HDFS 中可见了。我们现在可以将文件从本地复制到 HDFS 上新建的文件夹中。

```
$ hadoop fs -copyFromLocal data/ /user/swalko/
$ hadoop fs -ls /user/swalko/data
Found 4 items
-rw-r--r--    1 swalko supergroup        5272 2016-04-30 10:42
/user/swalko/data/201508_station_data.csv
-rw-r--r--    1 swalko supergroup 1087241932 2016-04-30 10:42
user/swalko/data/201508_status_data.csv
-rw-r--r--    1 swalko supergroup    43012650 2016-04-30 10:42
/user/swalko/data/201508_trip_data.csv
-rw-r--r--    1 swalko supergroup      158638 2016-04-30 10:42
/user/swalko/data/201508_weather_data.csv
```

前面的输出确认了我们已经将 HDInsight 中的所有数据文件从本地存储复制到了 HDFS 中的 swalko 用户区。输出还包含有关文件大小、创建时间戳和最重要的信息，即它们在 HDFS 上的各自路径。

7.2.2.2　将数据从 HDFS 导入 Hive

如本章介绍中所述，我们将处理从 Hive 数据库创建的表中读取的数据。Hive 虽然最初只是 Facebook 内部的一个小项目，但现在已经是建立在 HDFS 和其他兼容的大数据文件系统（如 Amazon S3 等）之上的多个 Apache 项目之一了。可以认为 Hive 引擎是支持 HDFS 存储的关系数据库管理系统。实际上，它的操作和查询可以使用类似 SQL 语言的 HiveQL 执行。HiveQL 与标准 SQL 非常相似，但它只对索引和子查询提供有限的支持。可以在 Hortonworks 的网站上找到 SQL 和 HiveQL 命令之间的比较。请注意，对比表是在 2013 年下半年创建的，因此它不包括 Hive 较新版本的命令，但实质上所有呈现的功能完全可以正常工作。由 Apache 创建的 Confluence 页面提供了完整的 HiveQL 语言手册。尽管有一些已经确定的局限性，但是 Hive 依然可以为用户提供快速数据查询和分析存储在 HDFS 中的大量数据集。它通过将查询转换为 MapReduce 或 Spark，然后由 Hadoop 处理。

你可以直接从命令行使用 hive 方法直接打开 Hive shell。

```
$ hive
WARNING: Use "yarn jar" to launch YARN applications.
Logging initialized using configuration in file:/etc/hive/2.4.1.1-3/0/hive-
log4j.properties
```

几秒之后你将会看到如下所示的 Hive shell 命令提示符。

```
hive>
```

由于 HiveQL 的基本功能与 SQL 非常相似，我们可以容易地在 Hive 中创建表。首先，我们来看看 Hive 中是否已经创建了任何数据库。

```
hive> show databases;
OK
default
Time taken: 0.309 seconds, Fetched: 1 row(s)
```

只有一个名为 default 的 Hive 数据库存在。我们将会创建一个新的名为 bikes 的数据库，用于保存湾区共享单车所有的 4 份数据文件。

```
hive> create database bikes;
OK
Time taken: 0.693 seconds
```

我们可以检查数据库是否创建成功。

```
hive> show databases;
OK
bikes
default
Time taken: 0.241 seconds, Fetched: 2 row(s)
```

与其他数据库引擎一样，我们需要指定需要在哪个数据库中创建新表。

```
hive> use bikes;
OK
Time taken: 0.193 seconds
```

虽然 bikes 数据库现在应该是空的，不过还是可以检查使用 show tables 命令检查一下。

```
hive> show tables;
OK
Time taken: 0.177 seconds
```

准备好数据库后，我们准备从 HDFS 导入数据文件。在这之前，我们必须为每个表指定一个数据格式。

> 湾区共享单车开源数据的压缩包文件里的 README.txt 文件阐述了几乎所有文件的变量名，我们可以从该文件的内容推导出每个变量的数据类型，不过它有时候不够直截了当。在线可用的大多数公用文件不包含变量名、类型以及文件大小的任何细节。在大数据和物联网的时代，在下载文件或者申请 API 访问之前，应该向用户提供数据有关的基本信息。幸运的是，在英国有几个举措来规范开源数据的提供和获取，也包括访问大型数据集和政府的披露数据。站在这一活动最前沿的组织之一是由 Tim Berners-Lee 爵士和 Nigel Shadbolt 爵士创立的开放数据研究所。然而，对于许多组织、学术界和企业来说，这仍然是一个非常新的领域，但是我们希望越来越多的开源数据源，如在线信息库、数字档案、政府和企业开放数据服务都可以变得如此规范化。

我们已经为你研究了所有的文件，所以你不用自己去做这件事了。下文代码将会创建一个带有数据模式的包含 4 个变量的表格。该表格（名为 status_data）将会保存从 201508_status_data.csv 文件提取的数据，不过我们会在创建表的时候就将数据导入。

```
hive> create external table status_data(station_id int, bikes_available
int, docks_available int, time string) row format delimited FIELDS
terminated by "," LINES terminated by "\n" stored as textfile
tblproperties("skip.header.line.count"="1");
OK
Time taken: 1.138 seconds
```

从上面的代码可以看到，我们已经将逗号设置为字段分隔符，因为我们的数据是 CSV 格式的。另外，由于每行都是一个新行，我们必须指出这些行被 "\n" 终止。最后，我们的数据包含第一行中的变量标签，因此在为表创建表格式时，我们必须跳过标题行。然而这句话在其他工具中不起作用，例如，通过 RStudio Server 运行的 Spark，头信息将继续作为数据的实际值包含在内，但是我们将在以后介绍如何将其删除。

一旦定义了第一个文件的数据格式，我们就可以使用存储在 HDFS 中的数据来填充它了。请记住 HDFS 文件的路径从/user/swalko/开始，而不是/home/swalko/，后者只是 HDInsight 磁盘上 swalko 存储区域的路径。

```
hive> load data inpath '/user/swalko/data/201508_status_data.csv' into
table status_data;
Loading data to table bikes.status_data
Table bikes.status_data stats: [numFiles=1, totalSize=1087241932]
OK
Time taken: 3.432 seconds
```

上述导入代码的输出确认了表名和一些文件数量以及它们的总大小之类的基本统计信息。我们可以对其余 3 份数据文件重复相同的步骤。以下命令将使用其各自的数据格式创建 3 个独立的表，并从 201508_station_data.csv、201508_trip_data.csv 和 201508_weather_data.csv 导入数据。

```
hive> create external table station_data(station_id int, name string, lat
double, long double, dockcount int, landmark string, installation string)
row format delimited FIELDS terminated by "," LINES terminated by "\n"
stored as textfile tblproperties("skip.header.line.count"="1");
OK
Time taken: 0.975 seconds
hive> load data inpath '/user/swalko/data/201508_station_data.csv' into
table station_data;
Loading data to table bikes.station_data
Table bikes.station_data stats: [numFiles=1, totalSize=5272]
OK
Time taken: 3.233 seconds
hive> create external table trip_data(trip_id int, duration int, start_date
string, start_st string, start_term int, end_date string, end_st string,
end_term int, bike_no int, cust_type string, zip int) row format delimited
FIELDS terminated by "," LINES terminated by "\n" stored as textfile
tblproperties("skip.header.line.count"="1");
OK
Time taken: 0.997 seconds
hive> load data inpath '/user/swalko/data/201508_trip_data.csv' into table
trip_data;
Loading data to table bikes.trip_data
Table bikes.trip_data stats: [numFiles=1, totalSize=43012650]
OK
Time taken: 3.147 seconds
hive> create external table weather_data(daydate string, max_temp int,
mean_temp int, min_temp int, max_dewpoint int, mean_dewpoint int,
min_dewpoint int, max_humid int, mean_humid int, min_humid int,
max_sealevpress double, mean_sealevpress double, min_sealevpress double,
max_visib int, mean_visib int, min_visib int, max_windspeed int,
mean_windspeed int, max_gustspeed int, precipitation double, cloudcover
```

```
int, events string, winddirection int, zip int) row format delimited FIELDS
terminated by "," LINES terminated by "\n" stored as textfile
tblproperties("skip.header.line.count"="1");
OK
Time taken: 1.227 seconds
hive> load data inpath '/user/swalko/data/201508_weather_data.csv' into
table weather_data;
Loading data to table bikes.weather_data
Table bikes.weather_data stats: [numFiles=1, totalSize=158638]
OK
Time taken: 3.655 seconds
```

在 4 张表创建完成之后，我们可以在 bikes 数据库中看到它们。

```
hive> show tables;
OK
station_data
status_data
trip_data
weather_data
Time taken: 0.16 seconds, Fetched: 4 row(s)
```

describe 命令显示所选表的变量信息，如下所示。

```
hive> describe status_data;
OK
station_id              int
bikes_available         int
docks_available         int
time                    string
Time taken: 1.106 seconds, Fetched: 4 row(s)
```

请注意，在表中我们将时间字段设置为字符串变量。Hive 包含日期和时间戳数据类型，但它们的默认格式与我们的数据不兼容（不过可以单独定义）。将非法格式的日期或时间戳设置为字符串将允许我们使用 R 语言和 SparkR 包的功能将它们转换为实际日期或时间戳值。

使用 HiveQL，我们可以通过 Hive shell 直接查询数据。在下例中，我们将从 status_data 表中提取前 5 条记录。

```
hive> select * from status_data limit 5;
OK
2  15  12  "2014-09-01 00:00:03"
```

```
2   15   12   "2014-09-01 00:01:02"
2   15   12   "2014-09-01 00:02:02"
2   15   12   "2014-09-01 00:03:03"
2   15   12   "2014-09-01 00:04:02"
Time taken: 0.537 seconds, Fetched: 5 row(s)
```

如前所述，用户可以使用 HiveSQL 计算统计数据，就像在标准 SQL 查询中一样。在以下语句中，我们将计算 status_data 表中的总记录数。

```
hive> select count(*) from status_data;
```

注意，Hive 是以 MapReduce 作业的形式运行该查询语句，如图 7-8 所示。

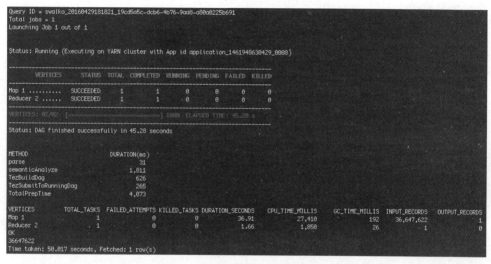

图 7-8　Hive 查询

由输出结果可见，status_data 表包含 36647622 条记录。你可能还会注意到，整个操作需要 50 秒才能完成。

现在我们可以再次使用 describe 命令和一个简单的查询来打印 weather_data 表的前 5 条数据。

```
hive> describe weather_data;
OK
daydate                 string
max_temp                int
mean_temp               int
min_temp                int
max_dewpoint            int
```

```
mean_dewpoint          int
min_dewpoint           int
max_humid              int
mean_humid             int
min_humid              int
max_sealevpress        double
mean_sealevpress       double
min_sealevpress        double
max_visib              int
mean_visib             int
min_visib              int
max_windspeed          int
mean_windspeed         int
max_gustspeed          int
precipitation          double
cloudcover             int
events                 string
winddirection          int
zip                    int
Time taken: 0.83 seconds, Fetched: 24 row(s)
```

weather_data 表的数据格式是 4 个湾区共享单车数据集中最复杂的一个，因为它包含 24 个不同数据类型的变量，不过我们成功地创建了该表。以下查询将打印数据的前 5 条。

```
hive> select * from weather_data limit 5;
OK
9/1/2014   83  70  57  58  56  52  86  64  42  29.86  29.82  29.76  10  10
8  16  7  20  0.0  0    290  94107
9/2/2014   72  66  60  58  57  55  84  73  61  29.87  29.82  29.79  10  10
7  21  8  NULL  0.0  5    290  94107
9/3/2014   76  69  61  57  56  55  84  69  53  29.81  29.76  29.72  10  10
10  21  8  24  0.0  4    276  94107
9/4/2014   74  68  61  57  57  56  84  71  57  29.81  29.76  29.72  10  10
8  22  8  25  0.0  5    301  94107
9/5/2014   72  66  60  57  56  54  84  71  57  29.92  29.87  29.81  10  9  7
18  8  32  0.0  4  309  94107
```

当完成从 HDFS 到 Hive 的数据导入时，我们就可以退出 Hive shell，使用 quit 命令返回到我们的 HDInsight 集群的 Terminal 命令行中。

```
hive> quit;
```

在 7.2.3 节中我们将连接 RStudio Server 会话与 Spark 和 Hive，将使用前者作为数据处理引擎，后者作为数据源。

7.2.3　使用 SparkR 分析湾区共享单车数据

你可能已经注意到了，在此之前我们没有安装任何其他 R 包。由于 Spark 安装时默认安装名为 SparkR 的 R 包，可以连接 R 和 Spark，所以你不需要安装其他包，甚至不需要下载和安装 RStudio。SparkR 可以轻松地从命令行初始化。此后你将能够从终端窗口使用核心 R 和所有下载并安装的 R 软件包。然而这不是最方便的方法，我们可以通过 Web 浏览器更轻松地启动 RStudio 服务器。该解决方案的唯一缺点是 RStudio 不知道在哪里寻找 SparkR 包。当你登录到 RStudio Server 时，可以尝试提取 SPARK_HOME 环境变量的值。

```
> Sys.getenv("SPARK_HOME")
[1] ""
```

空字符值表示尚未定义，通过通用 library()函数加载 SparkR 包将不起作用。解决此问题的一个简单快捷的方法是从命令行启动核心 R 和 SparkR 软件包。当通过 ssh 连接到 HDInsight 集群时，使用 sparkR 命令启动 SparkR。

```
$ sparkR
...#output truncated
```

该命令会输出很长一段标准的核心 R 欢迎消息与有关 Hadoop 和 Spark 框架的通知信息。在输出结束后，最终会看到一个熟悉的 R console 命令提示符。

```
>
```

我们现在可以解压缩已经配置好的环境变量 SPARK_HOME。

```
> Sys.getenv("SPARK_HOME")
[1] "/usr/hdp/2.4.1.1-3/spark"
```

确保你记住包含路径的结果字符串，或者将之复制到 Spark。你现在可以退出终端窗口中的 R shell 并返回到 RStudio 服务器会话。

```
> quit()
...#output truncated
```

在 RStudio Server 中，使用所复制的 Spark 路径定义 SPARK_HOME 变量。

```
> Sys.setenv(SPARK_HOME = "/usr/hdp/2.4.1.1-3/spark")
```

让我们来查看一下是否设置好了。

```
> Sys.getenv("SPARK_HOME")
[1] "/usr/hdp/2.4.1.1-3/spark"
```

此时我们应该加载 rJava 和 SparkR 软件包。请注意，加载 SparkR 时，需要使用之前确定的 SPARK_HOME 变量定义库文件的位置。确保始终仔细检查 SPARK_HOME 的值，以发布 Hadoop 和 Spark，然后再按照我们上一步介绍的方式加载 SparkR 包。

```
> library(rJava)
> library(SparkR, lib.loc = c(file.path(Sys.getenv("SPARK_HOME"), "R",
"lib")))
...#output truncated
```

最后，我们可以使用 sparkR.init() 函数初始化一个新的 SparkContext。SparkContext 是 R（或者我们应该说任何一种 R，例如核心 R、RStudio 等）和 Spark 集群之间的连接。当我们使用 Hadoop / Spark 群集从 RStudio 连接到 Spark 并从 HDFS 和 Hive 读取数据时，我们必须将主参数（Spark master URL）设置为 "yarn-client"，还需要指定 jar 文件的一个字符向量传递给作业节点（在 sparkJars 参数中）。

```
> sc <- sparkR.init(master="yarn-client",
+        appName="SparkRStudio",
+        sparkJars = c("/usr/hdp/2.4.1.1-3/hadoop/hadoop-nfs.jar,
+                       /usr/hdp/2.4.1.1-3/hadoop/hadoop-azure.jar,
+                       /usr/hdp/2.4.1.1-3/hadoop/lib/azure-
storage-2.2.0.jar"))
...#output truncated
```

在前面的语句中，我们还给 appName 参数赋一个值，你可以给它任意起个名字。sparkJars 值可能因为 Hadoop 和 Spark 版本而异。检查其路径的最简单方法是将 SPARK_HOME 变量的路径作为参考，在终端窗口中通过 cd 命令到达相应的 Hadoop 目录，并仔细检查 hadoop-nfs、hadoop-azure 和 azure-sturage 的名称。在执行上述代码之后，会有一段相当长的包含许多警告和信息消息的输出。只要输出不包含任何错误通知，这就意味着我们已经正确地定义了 SparkContext 的所有参数。

通过新创建的 SparkContext（命名为 sc），使用 sparkRHive.init()函数初始化 HiveContext。我们将使用 Hive 数据库作为数据源（通常，对于本地存储的数据使用 sparkRSQL.init()命令）。

```
> hiveContext <- sparkRHive.init(sc)
...#output truncated
```

之后会有一段相当长的输出，它包含与 Hive 初始化相关的状态消息和警告，以及有关检查 Hadoop 版本的其他信息消息、加载所需的 Hadoop 和 Hive 库、创建临时 HDFS、登录用户的本地目录以及其他详细信息。hiveContext 是创建的 HiveContext 对象的引用。

```
> hiveContext
Java ref type org.apache.spark.sql.hive.HiveContext id 2
```

hiveContext 是用于检索有关我们在 Hive 中存储的任何数据的必要对象，每次查询或提取数据时都必不可少。例如我们可能要检查自行车数据库中包含的表，通过 hiveContext 对象的 tableNames() 函数就可以实现，如下所示。

```
> tableNames(hiveContext, "bikes")
[[1]]
[1] "station_data"
[[2]]
[1] "status_data"
[[3]]
[1] "trip_data"
[[4]]
[1] "weather_data"
```

以类似的方式，我们可以使用 table() 函数从 status_data 表中提取所有表格信息。

```
> status.data <- table(hiveContext, "bikes.status_data")
```

注意，所得到的 status.data R 对象非常小，它不包含任何我们存储在 Hive 上的数据。因为 SparkR 查询是延时执行的，所以创建的 R 对象只作为映射，只有被用户明确调用了才会将所需的数据拉到 R 工作空间中。这样就可以在大量数据集上进行大量的数据处理，而不会占用 R 的内存资源。这里必须说明一下，这样的对象被称为 DataFrames，它们是更优化、更分布的数据集合，相当于 R 中的 data.frames 或 RDBMS 中的表。

其次请注意，当引用特定表时，其名称必须以数据库名称为前缀,例如为了从 status_data 表查询或检索数据，我们需要添加 bikes 作为前缀，并使用句点连接两个名字。

SparkR 的一大特色就是可以直接从 R 控制台运行 SQL 查询，就像第 5 章和第 6 章介绍的 R 对关系型和非关系型数据库的连接支持一样。例如，我们可以使用之前介绍的 table() 命令从 status_data 表中检索所有数据，但是这次我们使用 sql()函数来传递一个查询。

```
> status.data <- sql(hiveContext, "FROM bikes.status_data SELECT *")
```

所得到的 DataFrame 与之前使用 table() 函数生成的 DataFrame 相同。我们现在可以更加仔细地查看 status.data 对象，例如打印所有列的名称。

```
> columns(status.data)
[1] "station_id"      "bikes_available" "docks_available" "time"
```

SparkR 软件包含许多可以应用于 DataFrames 的常用的核心 R 函数和方法的实现。例如我们可以使用 count() 命令计算数据中的总行数。

```
> count(status.data)
...#output truncated
[1] 36647623
...#output truncated
```

count() 函数初始化了 Hadoop 和 Spark 框架来执行操作。你可能还会注意到，与直接在 Hive 表上执行的计数查询结果相比，结果值多了 1。正如我们前面提到的，当将数据从 HDFS 导入 Hive 时，跳过标题行的命令并不适用于其他工具（例如 RStudio Server 会话）进行的数据查询。我们可以使用 head() 函数返回数据的前几行来确认。

```
> head(status.data)
...#output truncated
  station_id bikes_available docks_available                   time
1         NA              NA              NA                   time
2          2              15              12 "2014-09-01 00:00:03"
3          2              15              12 "2014-09-01 00:01:02"
4          2              15              12 "2014-09-01 00:02:02"
5          2              15              12 "2014-09-01 00:03:03"
6          2              15              12 "2014-09-01 00:04:02"
```

如你所见，第一行包括了变量名（如果数据类型设置为字符串）或缺少值（如果相应字段的数据类型不是字符串）。你还可能会注意到 head()函数执行后有一个包含信息和警告消息的输出，这更是延时执行的证据，它触发所需进程的初始化，并且只返回所请求的数据量，以减少对可用资源的压力。

我们可以通过简单地删除缺失值的所有行或者查询没有第一行的数据来删除第一行。我们将在这里使用前者，因为我们本来就不想要有缺失值的数据。

```
> status.data <- dropna(status.data)
> head(status.data)
  station_id bikes_available docks_available
1          2              15              12
2          2              15              12
3          2              15              12
```

4	2	15	12
5	2	15	12
6	2	15	12

```
                         time
1  "2014-09-01 00:00:03"
2  "2014-09-01 00:01:02"
3  "2014-09-01 00:02:02"
4  "2014-09-01 00:03:03"
5  "2014-09-01 00:04:02"
6  "2014-09-01 00:05:02"
```

SparkR 软件包还包括一些有用的数据管理功能，如 dtypes()和 printSchema()。前者提供有关每个变量的数据类型的信息，后者显示表的完整格式信息。

```
> dtypes(status.data)
[[1]]
[1] "station_id" "int"

[[2]]
[1] "bikes_available" "int"

[[3]]
[1] "docks_available" "int"

[[4]]
[1] "time"    "string"

> printSchema(status.data)
root
 |-- station_id: integer (nullable = true)
 |-- bikes_available: integer (nullable = true)
 |-- docks_available: integer (nullable = true)
 |-- time: string (nullable = true)
```

将数据从 HDFS 导入到 Hive 时，无法保留其 timestamp 数据格式，所以我们需要将 string 类型再转换为 timestamp。因此我们首先需要去除其值的双引号。这通过 regexp_replace()函数实现。

```
> status.data$time <- regexp_replace(status.data$time, "\"", "")
```

在这之后，我们可以使用 cast()函数将 time 变量转变为 timestamp 数据格式并存为名为 datetime 的新变量。

```
> status.data$datetime <- cast(status.data$time, "timestamp")
```

如下语句用于确认转换成功与否。

```
> printSchema(status.data)
root
 |-- station_id: integer (nullable = true)
 |-- bikes_available: integer (nullable = true)
 |-- docks_available: integer (nullable = true)
 |-- time: string (nullable = true)
 |-- datetime: timestamp (nullable = true)

> head(status.data)
  station_id bikes_available docks_available
1          2              15              12
2          2              15              12
3          2              15              12
4          2              15              12
5          2              15              12
6          2              15              12
                 time            datetime
1 2014-09-01 00:00:03 2014-09-01 00:00:03
2 2014-09-01 00:01:02 2014-09-01 00:01:02
3 2014-09-01 00:02:02 2014-09-01 00:02:02
4 2014-09-01 00:03:03 2014-09-01 00:03:03
5 2014-09-01 00:04:02 2014-09-01 00:04:02
6 2014-09-01 00:05:02 2014-09-01 00:05:02
```

SparkR 中的 timestamp 是一个特别灵活的数据类型，可以很容易地提取出其中的日期和时间，例如年、月、日、时、分、秒等。下例显示了从 status.data 提取每一行的小时信息，并创建一个新的名为 hour 的变量存储该信息。

```
> status.data$hour <- hour(status.data$datetime)
> head(status.data)
  station_id bikes_available docks_available
1          2              15              12
2          2              15              12
3          2              15              12
4          2              15              12
5          2              15              12
6          2              15              12
                 time            datetime hour
1 2014-09-01 00:00:03 2014-09-01 00:00:03    0
2 2014-09-01 00:01:02 2014-09-01 00:01:02    0
```

```
3 2014-09-01 00:02:02 2014-09-01 00:02:02    0
4 2014-09-01 00:03:03 2014-09-01 00:03:03    0
5 2014-09-01 00:04:02 2014-09-01 00:04:02    0
6 2014-09-01 00:05:02 2014-09-01 00:05:02    0
```

你可能希望通过获取数据中所选数值变量的基本描述统计信息，进一步了解处理后的 status.data DataFrame。这可以使用 describe()函数实现。

```
> output1 <- describe(status.data, "bikes_available", "hour")
...#output truncated
> output1
DataFrame[summary:string, bikes_available:string, hour:string]
```

然而 describe()函数只能显示数据的格式，没有其他任何有用的信息。由于 output1 也是 SparkR 的一个是延时执行的对象，只有在用户使用 showDF()命令显示请求时才会开始检索。

```
> showDF(output1)
+-------+------------------+-----------------+
|summary|  bikes_available|              hour|
+-------+------------------+-----------------+
|  count|          36647622|          36647622|
|   mean|8.214080684416578|11.50165645126988|
| stddev|4.195785032041624|6.921465440622335|
|    min|                 0|                 0|
|    max|                27|                23|
+-------+------------------+-----------------+
```

上表提供了一些基本的描述性统计数据，例如数量、算术平均值、标准差以及 bikes_available 和 hour 的两个数值变量的最小值和最大值。

在了解了被选中的变量的基本的描述性统计数据后，我们可以尝试一些更为复杂的计算和查询了。SparkR 包采用一种类似 dplyr 包的链接查询操作的方法。在下例中，我们将汇总每个车站每小时的平均可用自行车数。第一步，我们将通过 station_id 和 hour 这两个因素对 DataFrame 进行分组。

```
> status.data.grouped <- group_by(status.data, "station_id", "hour")
```

第二步，我们将使用 summarize() 函数来计算可用自行车的算术平均值并根据之前的分组来聚合结果。

```
> output2 <- summarize(status.data.grouped,
+               meanBikesAvail = mean(status.data$bikes_available))
```

showDF() 函数可以用于显示 output2 对象的前 20 条数据。

```
> showDF(output2)
...#output truncated
+----------+----+------------------+
|station_id|hour|     meanBikesAvail|
+----------+----+------------------+
|        47|   8| 7.171029668411867|
|        58|   1| 8.236814321781042|
|        63|  16|10.043907844314141|
|        74|   9|10.604784382017323|
|         9|  14| 7.780260025636331|
|        25|  22| 5.190905760600788|
|        31|   0| 6.886633913402819|
|        36|  15|  8.51516542008902|
|        47|   9| 8.563218917556481|
|        58|   2| 8.233333333333333|
|        63|  17| 7.799658954742372|
|        74|  10| 10.92126742479824|
|         4|   0| 5.009871894944672|
|         9|  15| 7.807690542834855|
|        25|  23| 5.198130498533724|
|        31|   1|  6.91030525591003|
|        36|  16| 8.469488957252398|
|         4|   1| 5.046040853798485|
|         9|  16| 7.871849028881032|
|        31|   2| 6.935674931129476|
+----------+----+------------------+
only showing top 20 rows
```

　　如果要打印更少或更多行，你可以通过更改 showDF() 函数中的 numRows 参数的值来设置所需的行数（默认设置为 20）。

　　输出不会以任何用户友好的顺序进行排列，我们可以自行按照 station_id 和 hour 的算数平均值进行升序排列。

```
> showDF(arrange(output2, "station_id", "hour",
+               decreasing = c(FALSE, FALSE)))
...#output truncated
+----------+----+------------------+
|station_id|hour|     meanBikesAvail|
```

```
+---------+----+-----------------+
|        2|   0| 13.45029615684834|
|        2|   1|13.425659857700252|
|        2|   2|13.335858585858587|
|        2|   3|13.365201465201466|
|        2|   4|13.359023675413289|
|        2|   5|13.356825571278106|
|        2|   6|13.849221611721612|
...#output truncated
```

一旦对 DataFrame 的内容和排序满意了，我们就可以将 SparkRDataFrame 对象的输出存入本机 R data.frame。确保你的内存足够将 R 对象保存其中。

```
> df.output2 <- as.data.frame(output2)
...#output truncated
```

从服务器导入数据并将其放在 df.output2 data.frame 对象中需要 84 秒。通常建议仅在数据处理活动的最后阶段执行该操作，或者当需要应用不可能使用 SparkR 包的某些数据转换和计算或不能使用 SQL 查询时执行此操作。否则使用 DataFrame 并使用 SparkR 对 Hive 表执行所有操作几乎是更好和更方便的选择。

在下一步中我们将合并 output2DataFrame 和车站信息数据。首先，我们需要使用 hiveContext 以导出数据到 station.data 对象中，并且删除所有包含缺失值的行。

```
> station.data <- sql(hiveContext, "FROM bikes.station_data SELECT *")
...#output truncated

> columns(station.data)
[1] "station_id"  "name"         "lat"          "long"
[5] "dockcount"   "landmark"     "installation"
> head(station.data)
...#output truncated
  station_id                              name      lat
1         NA                              name       NA
2          2  San Jose Diridon Caltrain Station 37.32973
3          3           San Jose Civic Center 37.33070
4          4          Santa Clara at Almaden 37.33399
5          5              Adobe on Almaden 37.33141
6          6              San Pedro Square 37.33672
     long dockcount landmark installation
1       NA        NA landmark installation
2 -121.9018       27 San Jose    8/6/2013
3 -121.8890       15 San Jose    8/5/2013
```

```
4 -121.8949      11 San Jose    8/6/2013
5 -121.8932      19 San Jose    8/5/2013
6 -121.8941      15 San Jose    8/7/2013

> station.data <- dropna(station.data)
```

然后，我们就可以根据 station_id 变量使用 merge()函数进行 inner join。

```
> output3 <- merge(output2, station.data, by = "station_id")
> printSchema(output3)
root
 |-- station_id_x: integer (nullable = true)
 |-- hour: integer (nullable = true)
 |-- meanBikesAvail: double (nullable = true)
 |-- station_id_y: integer (nullable = true)
 |-- name: string (nullable = true)
 |-- lat: double (nullable = true)
 |-- long: double (nullable = true)
 |-- dockcount: integer (nullable = true)
 |-- landmark: string (nullable = true)
 |-- installation: string (nullable = true)
```

我们可以使用 subset() 函数来选择感兴趣的变量。

```
> output3 <- subset(output3, select = c("station_id_x", "name",
                                        "hour", "meanBikesAvail",
                                        "dockcount"))
> head(output3)
  station_id_x                            name hour
1            2 San Jose Diridon Caltrain Station    4
2            2 San Jose Diridon Caltrain Station    3
3            2 San Jose Diridon Caltrain Station    2
4            2 San Jose Diridon Caltrain Station    0
5            2 San Jose Diridon Caltrain Station    1
6            2 San Jose Diridon Caltrain Station    6
  meanBikesAvail dockcount
1       13.35902        27
2       13.36520        27
3       13.33586        27
4       13.45030        27
5       13.42566        27
6       13.84922        27
```

如你所见，SparkR 的 subset()函数与通用的 subset()函数一样，不过它也适用于 DataFrame

对象。数据准备好之后，我们现在可以计算每小时每个车站可用停车位的百分比。在这种情况下我们需要根据两个变量（车站名和 hour）进行聚合。

```
> output3.grouped <- group_by(output3, "name", "hour")
```

我们将调用新估计的变量 percDocksAvail，并为两个分组变量定义一个公式来计算它。

```
> output4 <- summarize(output3.grouped,
+                 percDocksAvail = sum((output3$dockcount-
output3$meanBikesAvail)/output3$dockcount*100))
```

我们还将按照升序排序车站名和 hour。

```
> output4 <- arrange(output4, "name", "hour",
+                 decreasing = c(FALSE, FALSE))
> showDF(output4, numRows = 60)
+----------------+----+------------------+
|            name|hour|    percDocksAvail|
+----------------+----+------------------+
|   2nd at Folsom|   0| 71.07595196724996|
|   2nd at Folsom|   1| 71.14528345191647|
|   2nd at Folsom|   2| 71.17756512493355|
|   2nd at Folsom|   3| 71.25747059957587|
|   2nd at Folsom|   4| 71.33354061069696|
|   2nd at Folsom|   5|  73.2508562242259|
|   2nd at Folsom|   6| 72.58145363408521|
|   2nd at Folsom|   7| 69.80820042043548|
|   2nd at Folsom|   8| 65.86005520828802|
|   2nd at Folsom|   9| 67.98038586682553|
|   2nd at Folsom|  10| 66.59820635594856|
...#output truncated
```

最后，我们可能只显示在特定时间内可用停车点的平均百分比等于或高于 70% 的车站。这可以通过使用 filter() 命令过滤 DataFrame，并指定以下过滤数据条件来实现。

```
> output4.subset <- filter(output4, "percDocksAvail >= 70")
> count(output4.subset)
...#output truncated
[1] 30

> showDF(output4.subset, numRows = 30)
...#output truncated
+-------------------+----+-----------------+
|               name|hour|   percDocksAvail|
```

```
+-------------------+----+----------------+
|         2nd at Folsom|    0|71.07595196724996|
|         2nd at Folsom|    1|71.14528345191647|
|         2nd at Folsom|    2|71.17756512493355|
|         2nd at Folsom|    3|71.25747059957587|
|         2nd at Folsom|    4|71.33354061069696|
|         2nd at Folsom|    5| 73.2508562242259|
|         2nd at Folsom|    6|72.58145363408521|
...#output truncated
```

    我们可以使用 SparkR 包对湾区共享单车数据进行更多的分析。事实上，这个数据集给了我们很多信息，以确定哪些单车可能需要维护或维修。单车分配方案运营商经常运行这样的分析，以确定它们的使用率比其他运营商高，并将其移动到稍微不太忙的车站或检查它们是否处于良好的工作状态。我们将在之后任务中进行类似的分析。我们对最常用的自行车的估计将基于 trip_data 表中的行程持续时间（以秒为单位）。然而必须强调的是，这种分析可能不会产生理想的结果。行程持续时间并不一定意味着在整个行程中一直使用着自行车，有人可能只是租了一辆自行车，在途中遇到了一个朋友，并站在自行车旁边聊了一会儿。

    另一个可能是该单车可能被盗或被破坏，并且不会返回任何停车点。确定具有较高行程持续时间的单车并调查其当前状况是一个好主意。如前所述，我们需要使用之前创建的hiveContext 来连接并浏览 trip_data 表的内容。

```
> trip.data <- sql(hiveContext, "FROM bikes.trip_data SELECT *")
...#output truncated

> columns(trip.data)
 [1] "trip_id"    "duration"    "start_date" "start_st"
 [5] "start_term" "end_date"    "end_st"     "end_term"
 [9] "bike_no"    "cust_type"   "zip"
> trip.data <- dropna(trip.data)
> head(trip.data)
  trip_id duration       start_date
1  913460      765 8/31/2015 23:26
2  913459     1036 8/31/2015 23:11
3  913455      307 8/31/2015 23:13
4  913454      409 8/31/2015 23:10
5  913453      789 8/31/2015 23:09
6  913452      293 8/31/2015 23:07
                                    start_st start_term
1           Harry Bridges Plaza (Ferry Building)         50
2              San Antonio Shopping Center         31
```

```
3                              Post at Kearny                47
4                        San Jose City Hall                10
5                     Embarcadero at Folsom                51
6 Yerba Buena Center of the Arts (3rd @ Howard)            68
        end_date                                        end_st
1 8/31/2015 23:39 San Francisco Caltrain (Townsend at 4th)
2 8/31/2015 23:28                    Mountain View City Hall
3 8/31/2015 23:18                          2nd at South Park
4 8/31/2015 23:17                         San Salvador as 1st
5 8/31/2015 23:22                       Embarcadera at Sansome
6 8/31/2015 23:12 San Francisco Caltrain (Townsend at 4th)
  end_term bike_no  cust_type     zip
1     70      288 Subscriber    2139
2     27       35 Subscriber   95032
3     64      468 Subscriber   94107
4      8       68 Subscriber   95113
5     60      487   Customer    9069
6     70      538 Subscriber   94118
```

　　然后，我们创建一个仅包含我们想要的变量（duration、start_date 和 bike_no）的数据集的子集。选择开始日期和时间，用以监测每个月的平均单车使用量。

```
> bikes.used <- subset(trip.data,
+                        select = c("duration", "start_date",
+                                    "bike_no"))
> printSchema(bikes.used)
root
 |-- duration: integer (nullable = true)
 |-- start_date: string (nullable = true)
 |-- bike_no: integer (nullable = true)
```

　　由于我们对每个月的单车使用情况很感兴趣，因此我们需要将 start_date 转换为 timestamp 格式，并从日期中提取出年月信息。字符串格式的日期变量（例如 start_date 变量）可以由 unix_timestamp() 函数并定义原始日期格式的方式转换为 UNIX timestamps 格式。然后，UNIX timestamps 可以通过 from_unixtime() 函数转换为任何日期格式。具体程序如下。

```
> bikes.used$datetime <- unix_timestamp(bikes.used$start_date,
+                        format = "MM/dd/yyyy HH:mm")
> bikes.used$datetime2 <- from_unixtime(bikes.used$datetime, "yyyy-MM-dd")
```

　　我们之前使用同样的方法从 timestamp 中提取了小时（hour）信息。我们可以使用 month() 方法提取月（month）信息并将其放入新变量 datetime2 中。

```
> bikes.used$month <- month(bikes.used$datetime2)

> head(bikes.used)
duration      start_date bike_no      datetime  datetime2 month
1     765 8/31/2015 23:26     288 1441063560 2015-08-31     8
2    1036 8/31/2015 23:11      35 1441062660 2015-08-31     8
3     307 8/31/2015 23:13     468 1441062780 2015-08-31     8
4     409 8/31/2015 23:10      68 1441062600 2015-08-31     8
5     789 8/31/2015 23:09     487 1441062540 2015-08-31     8
6     293 8/31/2015 23:07     538 1441062420 2015-08-31     8
```

我们现在可以计算每个单车每个月的所有行程的总持续时间。当要为每个单车和月份执行此聚合时，我们需要首先为 DataFrame 设置分组变量。

```
> bikes.grouped <- group_by(bikes.used, "month", "bike_no")
```

对变量进行分组后，我们可以开始计算每个月的单车使用情况。我们还会按照月份（month）进行升序排序，以及按照每辆单车的总使用时间（sumDuration）进行降序排序，因为我们想要首先展示使用时间最长的单车。

```
> bikes.mostused <- summarize(bikes.grouped,
+                       sumDuration = sum(bikes.used$duration))

> bikes.mostused <- arrange(bikes.mostused, "month",
+                       "sumDuration", decreasing = c(FALSE, TRUE))
```

当然，这样的排序存在明显的问题。当我们计算所有单车数据的时候，其输出会包含当月的所有被使用的单车数据。这种获取最高使用量的单车的方式不是用户友好的。因此我们将把聚合结果输出到一个 R 对象上，并运行一组命令，最终将显示每个月的所有行程累积持续时间最长的 5 辆自行车。

```
> df.bikes <- as.data.frame(bikes.mostused)
...#output truncated
> str(df.bikes)
'data.frame':   7373 obs. of  3 variables:
 $ month      : int  1 1 1 1 1 1 1 1 1 1 ...
 $ bike_no    : int  117 309 306 230 241 650 511 541 413 632 ...
 $ sumDuration: num  410665 342638 266102 250430 196195 ...
> df.bikes.split <- split(df.bikes, df.bikes$month)
> topUsage <- do.call(rbind,
+                     sapply(df.bikes.split,
+                     simplify = FALSE,
```

```
+                    function(x)x[order(x$sumDuration,
+                              decreasing = TRUE), ][1:5,]))
```

上述代码第一句的功能是使用 R 将数据从处理后的 SparkRDataFrame 导入内存的 data.frame。然后打印出这个新创建的对象的结构，接着我们按照 12 个月将 df.bikes data.frame 分割成 12 个部分。然后，我们使用一个函数按顺序对列表的所有部分的各个值进行排序，并打印每个部分的前 5 行数据。最后我们将所有生成的部分合并成一个名为 topUsage 的新 data.frame 对象。

```
> topUsage
        month bike_no sumDuration
1.1       1    117      410665
1.2       1    309      342638
1.3       1    306      266102
1.4       1    230      250430
1.5       1    241      196195
2.616     2    132      663204
2.617     2      9      607711
2.618     2    662      558139
2.619     2     22      510893
2.620     2    490      352680
3.1216    3    440      411017
3.1217    3    654      294075
3.1218    3    310      263660
3.1219    3    589      224536
3.1220    3    419      221302
4.1836    4    196      620418
4.1837    4    687      304193
4.1838    4    574      261867
4.1839    4     32      235494
4.1840    4    374      161137
...#output truncated
```

上述输出可以让共享单车运营商识别出每个月的每辆单车的所有行程大于平均行程的单车。然而，他们也许仅对全年的总行程感兴趣，这个计算更简单，因为我们不需要按照月份（month）变量进行分组了。

```
> bikes.grouped2 <- group_by(bikes.used, "bike_no")
> bikes.mostused2 <- summarize(bikes.grouped2,
+                      sumDuration = sum(bikes.used$duration))
```

我们可以使用 limit() 命令仅输出使用时长最长的 20 辆单车。

```
> bikes.mostused2 <- limit(arrange(bikes.mostused2, "sumDuration",
                           decreasing = TRUE), 20)
> showDF(bikes.mostused2)
...#output truncated
+-------+-----------+
|bike_no|sumDuration|
+-------+-----------+
|    535|   17634977|
|    466|    2611616|
|    680|    1955369|
|    415|    1276705|
|    262|    1231761|
|    376|    1205689|
|    613|    1154441|
|    440|    1145327|
|    374|    1089341|
|    484|    1081343|
|    542|    1071426|
|    589|    1054142|
|     85|    1029330|
|    599|    1022603|
|    306|    1014901|
|    618|    1011358|
|    419|    1009977|
|    312|    1005573|
|    328|    1002772|
|    437|     999758|
+-------+-----------+
```

由上可见，使用时间最长的单车使用了 17634977 秒，相当于 204 天，而我们统计的总周期是一年，这在实际使用中非常少见。持续使用时间仅表示自行车没有停靠的时间。这辆使用时间最长的单车很可能是被盗、被破坏或者是不正确停靠。然后，该统计依然是有意义的，因为它可以识别可疑事件并触发进一步的调查。

SparkR 的教程就到此为止了，不过希望你已经对使用 Spark、RStudio Server 和 Hive 探索湾区共享单车数据充满兴趣。该数据集可用于各式各样的分析。例如你可以测试天气指标和用车之间的关系，湾区的某个特定地点、某天的风速或降雨量与当天单车使用量的关系。

以上提到的大多数数据转换和分析只能使用 SparkR 包实现。该包为用户提供了大量支持数据聚合、表格交叉分析、数据管理活动（例如重新编码、重命名、数据类型转换等）以及许多其他简单计算和描述性统计分析的方法。它还提供更复杂的数据分析功能，例如执行简单的皮尔森相关性和拟合广义线性模型以及实现机器学习算法。当前 Spark 版本（本书介绍的版本是 1.6.1）的所有 SparkR 功能和命令都可以在 Spark 官网查看。

当你完成全部 SparkR 数据处理后，别忘了从 R 会话中退出 Spark。

```
> sparkR.stop(sc)
...#output truncated
```

另外，如果你使用的是 HDInsight 集群，请始终记得删除集群及其与 Microsoft Azure Portal 相关联的存储资源，以免产生不必要的收费。

7.3 小结

本章介绍了用于快速处理大数据的 Apache Spark 引擎。我们详细介绍了如何部署一个安装有 Hadoop、Spark 和 Hive 数据库的多节点 HDInsight，以及如何连接它们与 RStudio Server。

然后，我们从湾区共享单车开源数据出发，学习了各种通过 R 控制台使用 SparkR 包中数据管理、转换和直接在 Hive 表中分析数据的方法。

在第 8 章中，我们将探索使用 R 进行大数据分析的另一个强大的领域，我们将使用 H2O 平台的大数据的分布式机器学习对大规模数据集使用各种预测分析算法。

第 8 章
R 语言大数据机器学习

到目前为止，我们在本书中已经探索了各种描述性和诊断性的统计方法，可以很容易地应用到内存消耗大的数据源。但现代数据科学的真正潜力在于其预测性和规范性。为了利用它们，全面的数据科学家应该理解机器学习算法的技术和方法，以及其中的逻辑和实现。在这一章中，我们将通过 R 语言的语法向你介绍适用于大数据分类和聚类问题的机器学习方法。此外，本章内容将为你提供以下技能。

- 理解机器学习的概念，并且能够区分监督/无监督方法和聚类/分类模型。

- 在多节点 Spark HDInsight 集群上通过 SparkR 包调用 Spark MLlib 模块来执行**高性能广义线性模型**（Generalized Linear Model）。

- 使用**朴素贝叶斯**分类算法，并且使用 **H2O** 平台设计一个**深度学习神经网络**（Deep Learning），H2O 是一个开源的大数据分布式机器学习平台，通过 H2O 软件包与 R 连接，来预测真实数据的事件类别。

- 学习评估选择机器学习算法的性能指标和精度指标。

8.1 机器学习是什么

我们将首先简要介绍机器学习的概念，介绍最常用的预测算法、分类模型和典型特征。我们还将给出一些资源列表，你可以在其中找到所选算法相关细节的更多信息。我们会指导你了解越来越多的数据科学家的大数据机器学习工具。

8.1.1 机器学习算法

机器学习方法封装了数据挖掘和统计技术，让研究人员理解数据，对变量或特征之间的关系建模，并扩展这些模型以预测未来的事件的值或类别。那么这和众所周知的统计检验有何不同呢？一般来说，我们可以说，机器学习方法对于数据的格式和特性要求不太严格；也就是说，当预测连续响应变量的结果时，许多机器学习算法不要求该变量的残差服从正态分布。大多数统计检验更侧重于推理和假设检验，特别是在计算一个一般统计量（例如，方差分析或回归中的 F 统计量）的情况下，而机器学习模型则试图利用所观察到的模式来解释和预测未来的数据。事实上，两种概念之间存在很大的重叠，许多技术可以分为机器学习和统计检验两种。正如我们后面会看到的，它们也使用相似的诊断测试来评估识别的模式和模型的泛化性，例如均方差或 R2。

由于不同科学背景的研究人员的贡献越来越多，机器学习已经发展成为一个多种技术和算法结合的领域，包括计算机科学、统计学、数据挖掘，以及认知神经科学、工程、生物医学、机器人和人工智能等。在物联网快速发展的时代，机器学习算法的实际应用在生活的各个领域都很广泛而且容易引起人们的注意。例如以下的常见应用领域。

- 搜索引擎，例如 Google、Bing 或 Yahoo!。

- 在线推荐系统，例如 Amazon、eBay、Netflix 和 Spotify。

- 个性化趋势信息和新闻订阅，例如 Twitter 和 Facebook。

- 高度灵敏的垃圾邮件过滤器和电子邮件病毒扫描，例如 Gmail 和 Outlook。

- 预测病毒进化和癌症/疾病诊断。

- 计算机视觉，包括动态现实生活场景中的面部、行为和对象识别，例如自驾车、图像搜索、增强现实系统、用于安全的智能相机、公共安全和应急响应。

- 金融欺诈检测、贷款申请和信用评分、识别低风险和高风险客户、消费习惯和网络犯罪预防。

- 基金管理、宏观调研、投资机会和实时股市交易。

- 保险费计算、风险评估、索赔预测。

- 政治选举预测、销售分析等。

上面列表并不完全包括所有，但这是机器学习广泛应用于各个行业和实际环境的证据。在后面的章节中，我们将尝试根据输入数据的结构和算法的目的对机器学习方法进行分类。

8.1.2 监督和无监督机器学习方法

我们将从对所有预测算法分成监督和无监督机器学习两种通用分类开始我们的机器学

习之旅。**监督学习方法**是指使用有标记的训练数据样本，并在训练阶段中学习特定类的特征的模型的机器学习算法。监督学习的一个简单例子就是图像识别算法，将识别的对象分类为人、汽车、房屋或周围景观等其他特征。实际上，这些算法目前已经应用在自动驾驶汽车中，在道路上行驶的同时，不断扫描周围环境，并根据其独特的特征对所遇到的本地地标和全球地标进行分类，并将其与训练数据提供的标记示例相匹配。

另一方面，**无监督学习方法**试图在不知道它们标签的情况下聚类相似的对象。它们通过推断结构和提取数据的特征来完成这个任务。无监督学习方法的一个例子是降维。相似度高的变量被分组成主要组成部分，并用作分析中的单一因子。无监督学习的目标不是标记相似的例子，而只是将它们提取成一个单独的分组。打标签的工作大部分是留给研究人员来完成的。

事实上，一些机器学习算法结合了监督和无监督方法的特点，因此称为**半监督学习**。它们使用少量的标签和大量未标记的样本作为训练集，但它们的应用通常不是很常见。

8.1.3　分类和聚类算法

机器学习算法的另一个主要的分类方法是基于学习目标的期望。在分类算法中，研究人员希望基于通常标记的训练数据的特征，将新样本分成两个以上的类别。由于分类模型是基于标记的训练集对分类进行预测，这些方法几乎完全属于监督学习的范畴。该分类方法包括相当可观的算法选择，从非常简单的二项逻辑回归开始，通过朴素贝叶斯算法，并扩展到**支持向量机和神经网络**。在实践教程中，你将有机会使用 Spark 和 H2O 平台实现分布式机器学习，对现实世界的大数据分类问题应用逻辑回归、朴素贝叶斯甚至神经网络算法。

聚类方法是通过在训练数据的特征中找到的模式对相似的样本进行分组。大多数聚类算法都倾向于连续数值类型的预测变量。与分类算法相反，聚类方法通常更倾向于从分类输入中预测类别。聚类方法在很大程度上是无监督的，它们只是简单地对观察结果进行分类，而不会推断出它们的标签。一些最常用的聚类算法包括主成分分析和 k-均值算法。

8.1.4　R 机器学习方法

大多数已知的机器学习方法可以通过 R 和第三方包的丰富集合在 R 工作流中轻松实现，以支持 R 语言中的预测分析。在 CRAN 任务视图中，机器学习和统计学习提供了丰富的 R 库，以满足研究人员和分析师利用 R 语言进行机器学习的需求。然而，由于许多预测和数据建模任务计算代价很高，所以在此 CRAN 任务视图中显示的大多数软件包都不适用于大数据问题，因为它们需要不同的、更优化的处理和分布式架构，我们将要在本章的第二部分描述。

如果你的数据集不属于"大数据"的范畴，那么强烈建议你测试一些软件包，并探索 R 的预测能力。我们不打算在本章中对此进行解释，以下图书可以在刚开始时帮助你，将 R 中的机器学习算法应用于小型和正常大小的数据集（正常大小我们通常是指至少要小于你的 RAM 资源的 1/8）。

- Lantz, B. (2015). *Machine Learning with R, 2nd edition*. Packt Publishing；

- James, G., Witten, D., Hastie, T., and Tibshirani, R. (2013). *An Introduction to Statistical Learning: with Applications in R*. Springer Texts in Statistics；

- Kuhn, M., and Johnson, K. (2013). *Applied Predictive Modelling*. Springer；

- Makhabel, B. (2015). *Learning Data Mining with R*. Packt Publishing；

- Yu-Wei, C. (2015). *Machine Learning with R Cookbook*. Packt Publishing。

除了这些图书外，还有很多内容丰富的在线资源，详细地阐述了机器学习应用的不同方面，或者为数据科学家提供了详细的预测知识。其中一些如下所示。

- 斯坦福大学的统计学习在线课程；

- Coursera 上的斯坦福大学的机器学习在线课程；

- Coursera 上的约翰霍普金斯大学的机器学习在线课程；

- 微软提供的数据科学和机器学习在线课程。

8.1.5　大数据机器学习工具

正如前面提到的，大多数现有的机器学习 R 包并不能很好地扩展到处理大数据预测任务。幸运的是，许多独立的工具和开源项目允许用户在海量数据集上部署复杂的机器学习算法，下面列出的一些甚至支持 R 语言。

- **H2O**：大数据机器学习平台，支持大量的分类和聚类算法实现，并可以和 Hadoop 生态系统和云计算解决方案配合使用；它通过 h2o 包可以支持 R 语言。我们将在本章后面的两篇实践教程中详细探讨 H2O 平台。

- **Spark MLlib**：Spark 的机器学习库，包括一套聚类、回归和分类算法。它具有可扩展性、快速和灵活性的特点，兼容多种语言，例如 Scala、Java、Python 和 R（通过 SparkR 软件包），甚至可以与 H2O 连接来创建 **Sparkling Water**（快速、高性能的分布式机器学习平台）。我们将在下一节中指导你浏览 SparkR 包和 SparkMLlib

模块的功能。

- **Microsoft Azure ML**：一个基于云计算的拥有图形界面的机器学习平台，它包含许多在建的和建好的机器学习算法。用户可以使用 R 或 Python 进行设计和部署定制的算法进行实验。Azure ML 和 R 还可以创建机器学习的 Web 服务。

- 其他支持较大数据集的预测分析但对 R 语言支持较少的机器学习工具包括 Java 的 **Weka**（它提供 R 语言连接），Python 的 **scikit-learn** 和 Matlab 的**机器学习工具箱**。

正如上面机器学习介绍中提到的，在下一节中，你将有机会通过 Spark MLlib 模块在多节点 Hadoop 集群上运行逻辑回归。

8.2 在 HDInsight 集群中使用 Spark 和 R 的 GLM 示例

在本章的第一个实例中，我们将使用安装了 Spark 和 Hadoop 的 HDInsight 集群，并对下载的航班数据运行**广义线性模型**（**Generalized Linear Model，GLM**）。

8.2.1 准备 Spark 群集并从 HDFS 读取数据

在进行数据分析之前，首先仔细检查一下你是否拥有所有需要的资源。在本书中，我们将使用以前部署的多节点 HDInsight 集群，请参考第 7 章，特别是使用 Spark 和 R/RStudio 启动 HDInsight 的部分。如果你不记得如何在 Microsoft Azure 上启动 HDInsight 集群，可以参考在第 4 章中详细的步骤。我们在 Linux Ubuntu 操作系统上安装了标准发行版的 Spark 1.6.0（HDI 3.4）的名为 swalkospark 的完全可操作和高度可扩展的 HDInsight 集群。该群集包含 4 个工作节点（D12 型），每个节点的配置是 4 核和 28GB 的 RAM，以及两个相同配置的头节点。在集群可选配置阶段，我们还通过 R 安装脚本来安装 R。

在部署集群后，我们通过 ssh 连接到头节点，并在终端窗口中使用以下命令安装 RStudio Server。

```
$ sudo apt-get install gdebi-core
...#output truncated

$ wget https://download2.rstudio.org/rstudio-server-0.99.902-amd64.deb
...#output truncated

$ sudo gdebi rstudio-server-0.99.902-amd64.deb
...#output truncated
```

然后，我们发布了头节点的公网 IP，就可以从浏览器访问 RStudio。如果你准确地完成之前描述的所有步骤，应该不会遇到启动集群的问题。

至于数据方面，在本章中，我们将利用第 3 章简单介绍过的飞行数据，我们在那里使用 ff 和 ffbase 包执行了一些数据转换和聚合的操作。以前，该数据集包含了所有美国机场在 2015 年 9 月和 2015 年 10 月的所有航班信息，其中包括 28 个变量，用于描述每次飞行的具体特征。我们在本章中使用的数据包括两个单独的文件。第一个文件名为 flights_2014.csv（169.7MB），包括从美国机场起飞的 5819811 次航班，覆盖了 2014 年 1 月 1 日至 2014 年 12 月 31 日的时间段，该数据集将用作模型的训练数据。第二个文件 flights_jan_2015.csv（13.7MB）包括仅在 2015 年 1 月发生的 469968 次航班，并将作为测试/验证数据集。两个文件每个只包含 9 个变量：星期（DAY_OF_WEEK）、航班起飞时间（DEP_TIME）、起飞延迟（DEP_DELAY）、到达时间（ARR_TIME）、到达延迟（ARR_DELAY）、航班是否被取消（CANCELLED）、转向（DIVERTED）、空中时间（AIR_TIME）和行驶距离（DISTANCE）。所有变量都是整数类型，但是，正如我们即将展示的，它们也可以转换为类型变量，以便适应特定的机器学习算法。如前所述，原始数据来自交通运输统计局的网站，但是本章中使用的是处理过的文件，可以下载本书对应的压缩包文件（57.1MB）。当然，两个数据集非常小，所以你可以简单地下载文件，并在相对较小的实例上甚至在本地单节点集群上实现所描述的技术。

 如果你想了解更多真实的大数据，可以访问前面的网站获得很多的数据。请注意，更大的数据集需要在 PC 机或虚拟机上提供更多的计算资源。因此，请务必按照我们在前面的章节中的说明相应地扩展你的架构。

假设你已经将压缩数据下载到桌面，现在可以将该文件拷贝到集群。在新的终端窗口中输入以下命令行（请勿忘记适当调整用户和集群名称）。

```
$ scp -r  ~/ Desktop / data.zip swalko@swalkospark-
ssh.azurehdinsight.net:~/data.zip
```

在连接到集群的 ssh 终端窗口中，解压缩 data.zip 包并检查当前目录的内容。

```
$ unzip data.zip
Archive:  data.zip
   creating: data/
 inflating: data/flights_2014.csv
 inflating: data/flights_jan_2015.csv
```

```
$ ls
data   data.zip   rstudio-server-0.99.902-amd64.deb
```

在当前/home/<user>目录中，将数据文件复制到集群的 HDFS。首先，在 HDFS 上创建一个新的数据文件夹。

```
$ hadoop fs -mkdir /user/swalko/data
```

然后，将文件从本地数据文件夹复制到 HDFS 上的 /user/<user>/data 目录，例如。

```
$ hadoop fs -copyFromLocal data/ /user/swalko/data
```

你可以使用标准的 hadoop fs -ls 命令检查 HDFS 上的数据文件夹的内容。

```
$ hadoop fs -ls data
Found 2 items
-rw-r--r--   1 swalko supergroup  169677488 2016-05-23 14:52
data/flights_2014.csv
-rw-r--r--   1 swalko supergroup   13740996 2016-05-23 14:52
data/flights_jan_2015.csv
```

现在我们准备初始化 SparkR 软件包，并准备数据进行逻辑回归。也许你还记得在上一章中，为了能够在 R 语言中使用 Spark，我们首先必须在 RStudio Server 中设置 SPARK_HOME 环境变量。要实现这一点，我们需要从已安装 SparkR 的 R shell 中提取变量，直接从命令行启动 SparkR。

```
$ sparkR
...#output truncated
```

在 SparkR 初始化后的 R shell 中，获取 SPARK_HOME 的值。

```
> Sys.getenv("SPARK_HOME")
[1]"/usr/hdp/2.4.2.0-258/spark"
```

获取 SPARK_HOME 值后，我们可以使用 quit()函数退出 R shell，并通过浏览器登录到集群的 RStudio 服务器。在 RStudio 中，将 SPARK_HOME 变量设置为刚刚检索的值，并检查分配是否成功。

```
> Sys.setenv(SPARK_HOME = "/usr/hdp/2.4.2.0-258/spark")
> Sys.getenv("SPARK_HOME")
[1] "/usr/hdp/2.4.2.0-258/spark"
```

在通过 RStudio 启动 SparkR 之前，我们必须再做一件非常重要的事情。由于 Spark 本身不支持 CSV 文件作为数据源，因此我们需要安装一个名为 spark-csv 的外部 Spark 连接器来提供这个功能。在启动 SparkR 并通过 sparkR.init() 函数初始化 Spark Context 之前必须这样做。spark-csv 库的实现及其开发的信息可以在它的 GitHub 页面上查看。从 CSV 中将数据作为 Spark DataFrame 读取时，在功能部分提供了可能会有用的选项和参数的详细描述。还根据所使用的语言和 API 解释了 spark-csv 集成的各种方法。在例子中，我们需要指定 SPARKR_SUBMIT_ARGS 包含对 spark-csv 当前版本的引用，如下所示。

```
> Sys.setenv('SPARKR_SUBMIT_ARGS'='"--packages" "com.databricks:spark-csv_2.11:1.4.0" "sparkr-shell"')
> Sys.getenv("SPARKR_SUBMIT_ARGS")
[1] ""--packages" "com.databricks:spark-csv_2.11:1.4.0" "sparkr-shell""
```

除了 spark-csv 软件包的官方 GitHub 页面，其当前稳定的版本可以从 spark-packages 网站中查看并获得。该网站包括了由不断增长的用户为 Spark 创建的第三方软件包（在撰写本章时恰好是 230 个），如果你正在考虑将 Spark 与当前的 R 和 Big Data 工作流集成在一起，请务必浏览里面的内容。

在将 spark-csv 添加到 SPARKR_SUBMIT_ARGS 之后，我们现在可以加载所需的 rJava 包，然后加载 SparkR 库。

```
> library(rJava)
> library(SparkR, lib.loc = c(file.path(Sys.getenv("SPARK_HOME"), "R", "lib")))
...#output truncated
```

确认输出后，两个软件包应该都可以使用了。创建一个新的 Spark Context，就像我们在第 7 章中所做的那样。唯一的区别是，现在我们设置了 sparkPackages 参数为 spark-csv 的引用变量。

```
> sc <- sparkR.init(master="yarn-client",
+         appName="SparkRStudio",
+         sparkJars = c("/usr/hdp/2.4.2.0-258/hadoop/hadoop-nfs.jar",
+         "/usr/hdp/2.4.2.0-258/hadoop/hadoop-azure.jar",
+         "/usr/hdp/2.4.2.0-258/hadoop/lib/azure-storage-2.2.0.jar"),
+         sparkPackages="com.databricks:spark-csv_2.11:1.4.0")
...#output truncated
```

一旦有了 Spark Context，就可以创建 SQL Context，并且为数据定义 schema。还可以通过 structType() 函数创建 schema，并使用 structField() 命令指定字段及其类型。

```
> sqlContext <- sparkRSQL.init(sc)
> schema <- structType(structField("DAY_OF_WEEK", "string"),
+                      structField("DEP_TIME", "integer"),
+                      structField("DEP_DELAY", "integer"),
+                      structField("ARR_TIME", "integer"),
+                      structField("ARR_DELAY", "integer"),
+                      structField("CANCELLED", "integer"),
+                      structField("DIVERTED", "integer"),
+                      structField("AIR_TIME", "integer"),
+                      structField("DISTANCE", "integer"))
```

如上面的代码所示，我们决定将 DAY_OF_WEEK 变量的类型设置为 string，尽管它的本地类型为整数，其原因有二：首先，我们希望该字段作为一个类型变量；其次，我们在处理过程中不会转换这个变量，所以在定义 schema 时转换为字符串，只会节省一些时间和一行额外的代码。

一旦 schema 被创建并存储在 schema 对象中，我们就能够将 data_2014.csv 文件直接从 HDFS 作为 DataFrame 导入 Spark 会话。请注意，在以下代码中，我们将 source 显式设置为外部数据源 spark-csv。另外，我们通过定义 nullValue 选项来指定数据中缺失值的表示形式，并且由于我们的文件在其头中包含列名称，因此我们将 header 值设置为 true。

```
> flights <- read.df(sqlContext,
+                    path = "/user/swalko/data/flights_2014.csv",
+                    source = "com.databricks.spark.csv",
+                    header = "true",
+                    schema = schema, nullValue = "NA")
```

航班数据现在可以在 RStudio 工作空间中作为 DataFrame 使用，我们可以使用适用于 DataFrame 对象的一些基础的和 SparkR 的方法来探索它们。我们在前面的章节中已经介绍过，例如 head() 和 str() 函数。

```
> head(flights)
...#output truncated
  DAY_OF_WEEK DEP_TIME DEP_DELAY ARR_TIME ARR_DELAY
1           2      854        -6     1217         2
2           3      853        -7     1225        10
3           4      856        -4     1203       -12
4           5      857        -3     1229        14
```

```
5             6        854        -6        1220           5
6             7        855        -5        1157        -18
     CANCELLED DIVERTED AIR_TIME DISTANCE
1            0        0      355     2475
2            0        0      357     2475
3            0        0      336     2475
4            0        0      344     2475
5            0        0      338     2475
6            0        0      334     2475
> str(flights)
...#output truncated
'DataFrame': 9 variables:
 $ DAY_OF_WEEK: chr "2" "3" "4" "5" "6" "7"
 $ DEP_TIME   : int 854 853 856 857 854 855
 $ DEP_DELAY  : int -6 -7 -4 -3 -6 -5
 $ ARR_TIME   : int 1217 1225 1203 1229 1220 1157
 $ ARR_DELAY  : int 2 10 -12 14 5 -18
 $ CANCELLED  : int 0 0 0 0 0 0
 $ DIVERTED   : int 0 0 0 0 0 0
 $ AIR_TIME   : int 355 357 336 344 338 334
 $ DISTANCE   : int 2475 2475 2475 2475 2475 2475
```

到目前为止，我们利用了第 7 章中创建的装有 RStudio Server 的多节点 Spark（基于 Hadoop）HDInsight 集群，并用自定义 schema 直接读取了 HDFS 上 csv 文件。

在下一节中，我们将简要介绍广义线性模型之一的逻辑回归的最重要特征，我们还会清理和准备数据进行建模。

8.2.2　Spark 中的 R 语言逻辑回归

广义线性模型（Generalized Linear Models，GLM）通过解决两个问题来扩展通用线性模型框架，例如因变量的范围受到限制（例如二进制或计数变量）的情况，以及因变量的方差依赖于平均值的情况。在 GLM 中，我们放宽了响应变量及其残差正态分布的假设。事实上，因变量可能遵循的是指数族成员的分布，例如泊松、二项式等。典型的 GLM 公式由标准**线性预测器**（从一般线性模型可知）和两个函数组成，这两个函数分别定义了平均值如何依赖于线性预测器的条件均值的**链接函数**，以及描述方差依赖于平均值的**方差函数**。

在**逻辑回归**（一个 GLM 的例子）中，我们关注的是确定一个类型变量的结果。在大多数情况下，我们处理的是二元响应变量的二项逻辑回归，例如：是/否、生/死、成功/失败等。有时，因变量可能包含两个以上的类别。在我们试图预测多元结果变量的值时，谈论的是多项 Logistic 回归，例如：差/良好/优秀、保守/自由/独立。简单来说，逻辑回归可以应用于分类问题，即我们想要根据特征变量的值来确定事件类别时，或者换句话说，预测的二元值和给定一组连续和独立变量是相等的。

如果将上述假设换成航班数据，那么我们想预测的是单个航班延误/没有延误。我们首先将对包含 2014 年所有航班的数据进行训练，然后将训练好的模型应用于 2015 年 1 月的航班子集，用来估计模型的预测能力和准确性。在此之前，我们应该对数据进行清理和预处理，删除所有取消和转移的航班。如果航班取消或转移，对 "CANCELLED" 和 "DIVERTED" 的字段赋值为 1。我们可以使用 filter()函数来过滤被取消的航班。

```
> flights <- filter(flights, flights$CANCELLED == 0)
> flights <- filter(flights, flights$DIVERTED == 0)
```

过滤数据后，可以从 flightsDataFrame 中删除 CANCELED 和 DIVERTED 变量。

```
> flights <- flights[, -6:-7]
```

你可能会注意到，原始的 flight_2014.csv 文件不包含航班是否延迟的二元变量。但是它包含 ARR_DELAY 变量，表示每次航班的到达延迟时间（以分钟为单位）。负值意味着航班在航班计划之前到达，而正值表示飞行的确延迟了。根据这些信息，我们可以简单地将现有的数字 ARR_DELAY 变量转换为具有两个级别的标称响应变量：不延迟（ARR_DELAY <= 0）和延迟（ARR_DELAY > 0）。然而，SparkR 还没有集成类似 car 包的 recode()函数的功能，并且通用的 with()、within()函数不能应用于 DataFrames。因此，我们现在面临的唯一问题是，在不将 Spark DataFrame 转换为 R data.frame 的情况下，如何在 SparkR 中实现变量的转换。正如我们现在知道的那样，这种转换内存效率并不高，特别是在处理比我们的航班数据集大得多的大数据情况下。幸运的是，在 SparkR 中我们有一个实用的解决方案，可以通过在 SQL Context 中注册包含 flight 数据的临时表，并使用 SQL 查询将 ARR_DELAY 值重新创建新的二进制类型变量。我们可以通过以下两行 R 代码实现这一转换。

```
> registerTempTable(flights, "flights")
> flights <- sql(sqlContext, "SELECT *, IF(ARR_DELAY > 0, 1, 0)
+                 AS ARR_DEL from flights")
```

前面的第一行注册一个名为 flights（一个函数的第二个参数）的临时表，后者运行一个 SQL 查询，其中包含一个简单的 IF 语句，为 ARR_DELAY 大于零的所有观察值赋值 1（延迟）、值 0（不延迟）到所有航班。在这个过程中，我们还创建了一个名为 ARR_DEL

的新变量保存新计算的类。

类似地，我们可以重新定义 DEP_TIME 变量，把航班的实际出发时间转换成新的类型变量 DEP_PART，表示一天的出发区间上午、下午、傍晚和晚上 4 个等级。就像早期的转换一样，我们必须将 flights DataFrame 注册为临时表用来保存转换前的更改。

```
> registerTempTable(flights, "flights")
> flights <- sql(sqlContext, "SELECT *,
+                   CASE WHEN(DEP_TIME >= 500 AND DEP_TIME < 1200)
+                   THEN ('morning') WHEN(DEP_TIME >= 1200 AND DEP_TIME <
1700)
+                   THEN ('afternoon') WHEN(DEP_TIME >= 1700 AND DEP_TIME <
2100)
+                   THEN ('evening') ELSE('night') END AS DEP_PART from
flights")
```

最后，我们可以打印处理后的 DataFrame 结果，最后一次将其注册为临时表，以保留更改。

```
> str(flights)
..#output truncated
'DataFrame': 9 variables:
 $ DAY_OF_WEEK: chr "2" "3" "4" "5" "6" "7"
 $ DEP_TIME   : int 854 853 856 857 854 855
 $ DEP_DELAY  : int -6 -7 -4 -3 -6 -5
 $ ARR_TIME   : int 1217 1225 1203 1229 1220 1157
 $ ARR_DELAY  : int 2 10 -12 14 5 -18
 $ AIR_TIME   : int 355 357 336 344 338 334
 $ DISTANCE   : int 2475 2475 2475 2475 2475 2475
 $ ARR_DEL    : int 1 1 0 1 1 0
 $ DEP_PART   : chr "morning" "morning" "morning" "morning" "morning"
"morning"
> registerTempTable(flights, "flights")
```

在现阶段，我们现在可以将变量输入逻辑回归模型。SparkR 框架允许 R 用户通过执行 glm()函数来执行广义线性模型（最初从 stats 包获知），适用于 SparkR DataFrame 对象。在以下行中，我们将模型的公式指定为 ARR_DEL 作为响应变量，并将其他 5 个变量指定为预测变量的项。我们还将误差分布族设置为二项式，以将 logit 链接函数应用于逻辑回归模型。

```
> logit1 <- glm(ARR_DEL~AIR_TIME + DISTANCE + DAY_OF_WEEK + DEP_PART +
DEP_DELAY, data = flights, family ="binomial")
...#output truncated
```

 这里必须说明的是，SparkR 软件包的 glm()函数当前正在开发进行中，它不支持 stats 软件包的标准 glm()方法中的很多参数。但是由于还是 Spark 与 R 的集成的早期阶段(现在 SparkR 已经支持标准的 glm 函数参数了)，我们相信 SparkR 会和许多其他的 SparkR 命令将很快增加其功能。然而，glm()函数包含了非常有用的 standardize 选项，默认情况下设置为 TRUE，并且在执行 GLM 估计之前自动标准化连续独立变量的值。

glm()命令初始化 Spark MLlib 模块，MLib 模块负责 Spark 框架内机器学习算法的实现和评估。可以使用 summary()函数对存储 glm()方法的输出的对象来获得执行逻辑回归的系数。

```
> summary(logit1)
$coefficients
                       Estimate
(Intercept)         -1.618186980
AIR_TIME             0.063242891
DISTANCE            -0.007757951
DAY_OF_WEEK_1        0.129620966
DAY_OF_WEEK_5        0.190648077
DAY_OF_WEEK_3        0.170850312
DAY_OF_WEEK_4        0.220783062
DAY_OF_WEEK_2        0.132066275
DAY_OF_WEEK_7        0.101398697
DEP_PART_morning    -0.232715802
DEP_PART_afternoon  -0.237307268
DEP_PART_evening    -0.316990963
DEP_DELAY            0.181978355
```

纯粹的系数不是模型最有说服力的评估。实际上，在机器学习或预测分析方法方面，研究人员和科学家更希望了解模型如何适应实际数据，以及其准确性是否允许我们将其泛化到新的未标记的观察或事件。为此，我们将把这个模型应用到一些观察结果中，这些观察结果将构成一个新的测试 DataFrame，拥有 3 个以平均值中心分布的连续变量：AIR_TIME、DISTANCE 和 DEP_DELAY，以及两个条件变量的水平的所有组合：DAY_OF_WEEK 和

DEP_PART。为了计算和提取所有航班的平均估计值，我们将使用 mean() 函数，然后使用 select() 和 head() 方法检索其结果。请记住，在 SparkR 函数中是惰性执行的，需要显式调用来输出结果。在我们的例子中，你可以使用以下代码来计算 AIR_TIME、DISTANCE 和 DEP_DELAY 变量的算术平均值。

```
> head(select(flights, mean(flights$AIR_TIME)))
...#output truncated
 avg(AIR_TIME)
1     111.3743
> head(select(flights, mean(flights$DISTANCE)))
...#output truncated
 avg(DISTANCE)
1     802.5352
> head(select(flights, mean(flights$DEP_DELAY)))
...#output truncated
 avg(DEP_DELAY)
1     10.57354
```

一旦我们有了手段，就可以创建一个测试 DataFrame，其中包含连续变量的估计平均值和剩余类型变量的所有组合的组合。

```
> test1 <- createDataFrame(sqlContext,
+          data = data.frame(AIR_TIME = 111.37,
+             DISTANCE = 802.54,
+             DEP_DELAY = 10.57,
+             DAY_OF_WEEK = factor(rep(c("1", "2",
+                                        "3", "4",
+                                        "5", "6", "7"), each=4)),
+             DEP_PART = factor(rep(c("morning", "afternoon",
+                                "evening", "night"), times=7))))
...#output truncated
```

我们可以使用 showDF() 显示新创建的 Spark DataFrame 的前 20 行。

```
> showDF(test1)
...#output truncated
```

AIR_TIME	DISTANCE	DEP_DELAY	DAY_OF_WEEK	DEP_PART
111.37	802.54	10.57	1	morning
111.37	802.54	10.57	1	afternoon
111.37	802.54	10.57	1	evening
111.37	802.54	10.57	1	night

```
|    111.37  |    802.54  |    10.57   |          2  |   morning|
|    111.37  |    802.54  |    10.57   |          2  | afternoon|
|    111.37  |    802.54  |    10.57   |          2  |   evening|
|    111.37  |    802.54  |    10.57   |          2  |     night|
|    111.37  |    802.54  |    10.57   |          3  |   morning|
|    111.37  |    802.54  |    10.57   |          3  | afternoon|
|    111.37  |    802.54  |    10.57   |          3  |   evening|
|    111.37  |    802.54  |    10.57   |          3  |     night|
|    111.37  |    802.54  |    10.57   |          4  |   morning|
|    111.37  |    802.54  |    10.57   |          4  | afternoon|
|    111.37  |    802.54  |    10.57   |          4  |   evening|
|    111.37  |    802.54  |    10.57   |          4  |     night|
|    111.37  |    802.54  |    10.57   |          5  |   morning|
|    111.37  |    802.54  |    10.57   |          5  | afternoon|
|    111.37  |    802.54  |    10.57   |          5  |   evening|
|    111.37  |    802.54  |    10.57   |          5  |     night|
+----------+----------+----------+------------+----------+
only showing top 20 rows
```

我们现在可以很容易地在 test1 DataFrame 上应用模型来预测响应变量的值。为此使用 predict() 函数将为我们提供每个观察变量的结果分类或基于其特征的特性的总体预测。

```
> predicted <- predict(logit1, test1)
```

由于创建的对象实际上是另一个 Spark DataFrame，我们可以使用标准的 showDF() 来检索其值（请注意，我们已将 output truncated 到第一次观察的预测估计值，但是当运行代码时，它将显示所有 28 行的 test1 DataFrame 的预测）。

```
> showDF(predicted, numRows = 28, truncate = FALSE)
...#output truncated
+--------+--------+---------+-----------+---------+---------------------
---------------------+--------------------------------------------------+---------
-------------------------------+----------+
|AIR_TIME|DISTANCE|DEP_DELAY|DAY_OF_WEEK|DEP_PART |features
|rawPrediction                           |probability
|prediction|
+--------+--------+---------+-----------+---------+---------------------
---------------------+--------------------------------------------------+---------
-------------------------------+----------+
|111.37  |802.54  |10.57    |1          |morning
|(12,[0,1,2,8,11],[111.37,802.54,1.0,1.0,10.57])
|[-1.0195239529038107,1.0195239529038107]|[0.26512013910874027,0.7348798608
912597]|1.0          |
...#output truncated
```

前面的输出看起来有点凌乱，不是很友好，但是我们可以看到，第一次观察的预测类别已经等于 1.0，这就意味着根据我们的 logit1 模型，用平均飞行时间、距离和出发延迟预测到如果星期一上午离开将延迟到达目的地机场。我们还可以看到，这次航班的延误概率为 0.73，远高于准时到达的概率 0.27。当然，你可以使用这些术语的值来研究当特定飞行指标增加或减少时概率和总体预测的变化。在下面的例子中，我们要对另外一个星期一的早上飞行进行分类，其中包含剩余连续变量的任意值。

```
> test2 <- createDataFrame(sqlContext,
+                data = data.frame(AIR_TIME=450,
+                                  DISTANCE=3400,
+                                  DEP_DELAY = -10,
+                                  DAY_OF_WEEK = "1",
+                                  DEP_PART = "morning"))
...#output truncated
> showDF(predict(logit1, test2), truncate = FALSE)
...#output truncated
|AIR_TIME|DISTANCE|DEP_DELAY|DAY_OF_WEEK|DEP_PART|features
|rawPrediction                            |probability
|prediction|
+--------+--------+---------+-----------+--------+------------------
|450.0   |3400.0  |-10.0    |1          |morning
|(12,[0,1,2,8,11],[450.0,3400.0,1.0,1.0,-10.0])|[1.4587987210916415,-1.4587
987210916415]|[0.8113488735461956,0.18865112645380439]|0.0    |
...#output truncated
```

在上述情况下，预计飞行时间 0.0，因为不延迟的概率 0.81 远高于延迟的概率 0.19。然而，这并没有告诉我们模型的整体准确性。为了估计模型的整体准确性，我们可以根据训练数据的模型来衡量响应变量的分类情况。因此，我们再次使用 predict()函数，但这次将把模型应用到现有的训练数据集 flightsDataFrame。

```
> flightsPred <- predict(logit1, flights)
```

由于要估计模型的准确性，我们仅提取响应变量的实际值及其用逻辑回归模型计算的预测值。

```
> prediction <- select(flightsPred, "ARR_DEL", "prediction")
> showDF(prediction, numRows = 200)
...#output truncated
+-------+----------+
|ARR_DEL|prediction|
+-------+----------+
```

```
|        1|        1.0|
|        1|        1.0|
|        0|        0.0|
|        1|        1.0|
|        1|        0.0|
|        0|        0.0|
|        0|        0.0|
...#output truncated
+-------+----------+
only showing top 200 rows
```

有两种简单的方法可以快速估算出模型的准确性。第一，通过计算总体准确率了解我们的模型预测航班准时和延迟有多准。第二，我们会衡量模型把实际延迟航班识别成延误的准确程序。在第一种情况下，我们将首先为所有观察值结果变量的实际观察值与其模型预测一致赋值 1。在这种情况下，我们将使用 SparkR 的 ifelse() 语句实现。

```
> prediction$success <- ifelse(prediction$ARR_DEL == prediction$prediction,
1, 0)
```

然后，把生成的 DataFrame 在 SQL Context 中注册为临时表，因此我们可以通过 SQL 查询来计算所有正确预测的行的总和。

```
> registerTempTable(prediction, "prediction")
> correct <- sql(sqlContext, "SELECT count(success) FROM prediction WHERE
success = 1")
...#output truncated
```

最后，我们计算数据集的大小作为分母来估计模型的总体成功率。鉴于 Spark 惰性计算的机制，我们还必须使用 collect()函数显式获得 correct 预测值作为总体准确率公式中的分子输入。

```
> total <- count(prediction)
...#output truncated
> accuracy <- collect(correct) / total
...#output truncated

> accuracy
       _c0
1 0.8268416
```

应用于训练数据集的模型的总体预测精度约为 0.83。这意味着近 83%的值被正确地预测为响应变量。但这种准确率只适用于分类结果变量。如前所述，我们对预测延迟航班更感兴趣，而不是准时航班。计算步骤与之前计算总体准确度时类似，但是这次我们将训练集中结果变量的实际观察值为 1（延迟）的结果创建新的子集。

```
> prediction <- select(flightsPred, "ARR_DEL", "prediction")
> pred_del <- filter(prediction, prediction$ARR_DEL==1)
> registerTempTable(pred_del, "pred_del")
> showDF(pred_del, numRows = 200)
...#output truncated
+-------+----------+
|ARR_DEL|prediction|
+-------+----------+
|      1|       1.0|
|      1|       1.0|
|      1|       1.0|
|      1|       0.0|
|      1|       0.0|
|      1|       1.0|
|      1|       0.0|
|      1|       1.0|
|      1|       1.0|
|      1|       1.0|
...#output truncated
+-------+----------+
only showing top 200 rows
```

使用新注册的临时表，我们对预测列中的值求和，并将结果除以训练数据集中的延迟航班总数。

```
> pred_cor <- sql(sqlContext, "SELECT count(prediction) FROM prediction
WHERE prediction = 1")
> total_delayed <- count(pred_del)
...#output truncated

> acc_pred <- collect(pred_cor) / total_delayed
...#output truncated

> acc_pred
       c0
1 0.7997071
```

正确预测延误航班的精度降至 80% 左右。考虑到逻辑回归的理论假设很简单，并且逻辑回归在 SparkR 中的实现很容易，这个结果通常来说不算太差。然而，如前所述，最好是在预测新的测试数据时评估模型的准确性。这是我们评估模型对新数据泛化能力的唯一方法。为此我们将读取仅包含 2015 年 1 月发生的第二个航班数据集。由于两个数据集具有相同的结构，因此我们将复用先前定义的 schema，使用 spark-csv 库直接从 HDFS 直接上传 flights_jan_2015.csv 文件。

```
> jan15 <- read.df(sqlContext,
+                  path = "/user/swalko/data/flights_jan_2015.csv",
+                  source = "com.databricks.spark.csv",
+                  header = "true",
+                  schema = schema,
+                  nullValue = "NA")
```

我们还将以与之前使用训练数据集的相同方式处理 DataFrame 对象 jan15。详细步骤请参考前几页的描述。

```
> jan15 <- filter(jan15, jan15$CANCELLED == 0)
> jan15 <- filter(jan15, jan15$DIVERTED == 0)
> jan15 <- jan15[, -6:-7]
> registerTempTable(jan15, "jan15")
> jan15 <- sql(sqlContext, "SELECT *, IF(ARR_DELAY > 0, 1, 0)
+                AS ARR_DEL from jan15")

> registerTempTable(jan15, "jan15")
> jan15 <- sql(sqlContext, "SELECT *,
+              CASE WHEN(DEP_TIME >= 500 AND DEP_TIME < 1200)
+              THEN ('morning') WHEN(DEP_TIME >= 1200 AND DEP_TIME < 1700)
+              THEN ('afternoon') WHEN(DEP_TIME >= 1700 AND DEP_TIME <
2100)
+              THEN ('evening') ELSE('night') END AS DEP_PART from jan15")
```

在测试数据的最终处理阶段，我们只选取在逻辑回归模型中用作术语和响应变量的变量。

```
> jan15 <- select(jan15, "DAY_OF_WEEK", "DEP_DELAY",
+                "AIR_TIME", "DISTANCE", "DEP_PART", "ARR_DEL")
> str(jan15)
...#output truncated
'DataFrame': 6 variables:
 $ DAY_OF_WEEK: chr "4" "5" "6" "7" "1" "2"
 $ DEP_DELAY  : int -5 -10 -7 -7 -7 -4
 $ AIR_TIME   : int 378 357 330 352 338 335
 $ DISTANCE   : int 2475 2475 2475 2475 2475 2475
 $ DEP_PART   : chr "morning" "morning" "morning" "morning" "morning"
"morning"
 $ ARR_DEL    : int 1 0 0 0 0 1
```

我们现在可以将 logit1 模型应用于新测试数据集，并评估其预测性能。我们可以假设整体准确性会进一步下降，但是现在还不能真正知道下降多少。

```
> janPred <- predict(logit1, jan15)
...#output truncated
> jan_eval <- select(janPred, "ARR_DEL", "prediction")
```

为了计算新数据的总体模型精度，我们将简单地按照估计训练集的相同指标的步骤。

```
> jan_eval$success <- ifelse(jan_eval$ARR_DEL == jan_eval$prediction, 1, 0)
> registerTempTable(jan_eval, "jan_eval")
> correct <- sql(sqlContext, "SELECT count(success) FROM jan_eval WHERE
success = 1")
> total <- count(jan_eval)
> accuracy <- collect(correct) / total
...#output truncated
> accuracy
       _c0
1 0.8070536
```

根据上面的输出，整体准确率仅下降至 81%，这仍是一个很好的结果。能够准确地预测未经培训的数据中 4/5 的类还是非常可靠的。那么如何评估只预测延迟航班的模型准确性呢？对于我们的新测试数据，我们再次使用与之前训练集相同的计算方法和技术。

```
> jan_eval <- select(janPred, "ARR_DEL", "prediction")
> jan_del <- filter(jan_eval, jan_eval$ARR_DEL==1)
> registerTempTable(jan_del, "jan_del")
> jan_cor <- sql(sqlContext, "SELECT count(prediction) FROM jan_del WHERE
prediction = 1")
> total_delayed <- count(jan_del)
...#output truncated

> acc_pred <- collect(jan_cor) / total_delayed
...#output truncated

> acc_pred
        _c0
1 0.6725848
```

现在这个结果肯定有点令人失望。67%的准确率意味着我们的模型只能正确识别出 3 个延迟航班中的两个。这不是灾难性的，但它远远低于总体模型的准确性，这可能是由于准点航班的高预测难度导致的。在这种情况下，实现的模型准确性实际上仍然是可以接受的，但如果我们预测患者是否患有医疗病况或其他高风险分类任务，则需要进一步调查。

在本节中，作为广义线性模型的示例，我们指导你在 Spark 和 Hadoop HDInsight 多节点集群上使用 Spark 的 R 的 API 完成逻辑回归的实现。在下一节中，我们将尝试通过运行其他机器学习算法来改进预测模型，例如使用支持 R 和 Hadoop 的大数据机器学习平台 H2O 的朴素贝叶斯和神经网络。

8.3 R 中基于 Hadoop H2O 的朴素贝叶斯

在数据科学中，机器学习应用程序日益增多，促进了本章前半部分所述的大数据预测分析工具的发展。对于 R 用户来说，更令人兴奋的是，这些工具中的一部分可以和 R 语言很好地结合起来，使得数据分析人员可以使用 R 在大规模数据集上部署和评估机器学习算法。H2O 就是这样的一个大数据机器学习平台，H2O 是由加利福尼亚州的创业公司 H2O.ai（以前叫作 0xdata）开发和维护的、开源的、高度可扩展的和快速的数据探索和机器学习软件。由于 H2O 很容易地与云计算平台（如 Amazon EC2 或 Microsoft Azure）集成，它已经成为大型企业和机构想要在大规模可扩展内部或基于云的基础设施上实施强大的机器和统计学习模型的明智选择。

8.3.1　在 R 中运行 Hadoop 上的 H2O 实例

H2O 软件可以以独立模式安装，也可以安装在现有架构之上，例如 Apache Hadoop 和 Spark。它的灵活性也意味着它可以很容易地运行在大多数流行的操作系统上，并且可以很好地与包括 R 在内的其他编程语言集成。

在本节中，我们将介绍如何在先前创建的 Spark 和 Hadoop HDInsight 多节点集群上安装和运行 H2O 实例，并安装 R 和 RStudio 服务器。如果你遵循本章前面的部分，你的 HDInsight 集群应该已经完全可以运行并可以使用。如果你跳过本章的前面部分，请务必返回去并仔细阅读。有关如何设置和配置 HDInsight 集群的具体细节，你可能还需要重新阅读第 4 章和第 7 章的相关内容。

H2O 的安装比较容易，可以直接从 RStudio Server 或 R shell 完成。程序的细节在 H2O 网站上进行了说明。然而，我们会从下载和安装 H2O 的 Linux Ubuntu 依赖开始与 H2O 集成。我们还假设集群已经配置完成，并且至少包括 Apache Hadoop、R 和 RStudio 服务器。在终端窗口中，通过 ssh 命令找到你的 HDInsight 集群的头节点，正如多次在本书中显示的那样。

```
$ ssh swalko@swalkospark-ssh.azurehdinsight.net
```

下载并安装 Ubuntu 的 curl 和 openssl 依赖项。

```
$ sudo apt-get install libssl-dev libcurl4-openssl-dev libssh2-1-dev
... #output truncated
```

在安装所需的 Ubuntu 库之后，下载并安装 H2O 的 R 必备条件。

```
$ sudo Rscript -e'install.packages (c ("statmod", "RCurl", "jsonlite"),
repos ="https://cran.r-project.org/")'
... #output truncated
```

H2O 网站还列出了其他 R 软件包，例如 H2O 运行所需的 methods、stats、graphics、tools 和 utils，然而这些软件包已经是最近 R 和 RStudio 发行版的一部分，不需要重新安装。在少数情况下，如果你使用的是旧版本的 RStudio，请确保将这些软件包的名称添加到以前运行的语句中。

一旦安装了所需的 R 软件包，我们就可以通过调用 R shell 从命令行直接安装 R 的 h2o 包。确保安装最新的稳定版本的 H2O（在本书编写时，最新的稳定版本称为 Rel-Turchin 3.8.2.6），你可以在 H2O 网站上查看所有可用的 H2O 安装版。输入以下代码行来安装 H2O。

```
$ sudo Rscript -e'install.packages ("h2o", type ="source",
repos =(c ("http://h2o-release.s3.amazonaws.com/h2o/rel-turchin/3/R")))'
... #output truncated
```

H2O 的安装只需要几秒，重要的是需要在这里说明，这样做我们只能在安装它的节点上使用 H2O。因此，为了利用 HDInsight 的集群计算资源，在直接从 RStudio 开始实现 H2O 机器学习算法之前，我们需要先在集群中的现有 Hadoop 架构之上运行 H2O。首先，我们需要检查集群所配备的 Hadoop 版本。

```
$ hadoop version
Hadoop 2.7.1.2.4.2.0-258
Subversion git@github.com:hortonworks/hadoop.git -r
13debf893a605e8a88df18a7d8d214f571e05289
Compiled by jenkins on 2016-04-25T05:44Z
Compiled with protoc 2.5.0
From source with checksum 2a2d95f05ec6c3ac547ed58cab713ac
This command was run using /usr/hdp/2.4.2.0-258/hadoop/hadoop-
common-2.7.1.2.4.2.0-258.jar
```

根据安装在/usr/hdp/目录中的 Hadoop 文件版本，请访问 H2O 网站，并下载 H2O 的匹配版本。在我们的例子中，要下载并解压缩 h2o3.8.2.6-hdp2.4.zip 文件。

```
$wget
http://download.h2o.ai/download/h2o-3.8.2.6-hdp2.4?id=5e7ef63b-1eb6-dc1f-
e8cc-b568ba40f526 -O h2o-3.8.2.6-hdp2.4.zip
... #output truncated

$ unzip h2o-3.8.2.6-*.zip
... #output truncated
```

解压缩文件后，将当前目录（cd 命令）更改为 Hadoop 的 H2O 驱动程序文件的新创建的目录。

```
$ cd h2o-3.8.2.6-*
```

在这个阶段，我们离 Apache Hadoop 初始化 H2O 平台只有一步之遥。现在是提醒自己，我们拥有的集群基础设施的实际配置的好时机。在本章前面设置集群时，我们为 Azure 虚拟机选择了 4 个 D12 类型的工作节点，每个虚拟机具有 4 个内核和 28GB 的 RAM，每个节点上具有两个具有相同 D12 类型配置的头节点。推荐 H2O 集群上每个节点使用可用内存的 1/4，因此对于我们的情况，4 个节点中的每个节点的内存为 7GB，总共为 28GB。了解了这些信息，现在我们可以启动 H2O 实例，包含 4 个 Hadoop 节点，每个节点具有 7GB 的可用于 H2O 的内存。

H2O 的分布式版本的初始化实际上是另一个 Hadoop 作业，因此 H2O 部署语句的开始命令以已知的 hadoop 方法开头。

```
$ hadoop jar h2odriver.jar -nodes 4-mapperXmx 7g -output
/user/swalko/output
... #output truncated
```

-nodes 选项指定了 H2O 集群使用的 Hadoop 节点的数量，-mapperXmx 选项定义了为每个节点指定运行 H2O 作业的内存量，-output 选项定义了 H2O 的输出目录。

建立和启动 H2O 集群可能需要两分钟的时间。命令会有很长的输出，其中最后部分类的输出类似图 8-1 所示的内容。

你的终端窗口现在会变忙碌并进入空闲状态，但保持打开状态。如果你的机器学习算法导致问题，可以按 Ctrl+C 组合键来关闭集群。

最后一行输出显示具有可用于连接到 H2O 集群的 IP 和端口号。在我们的例子中，IP 是 10.2.0.10，端口号是 H2O 集群的默认值：54321。

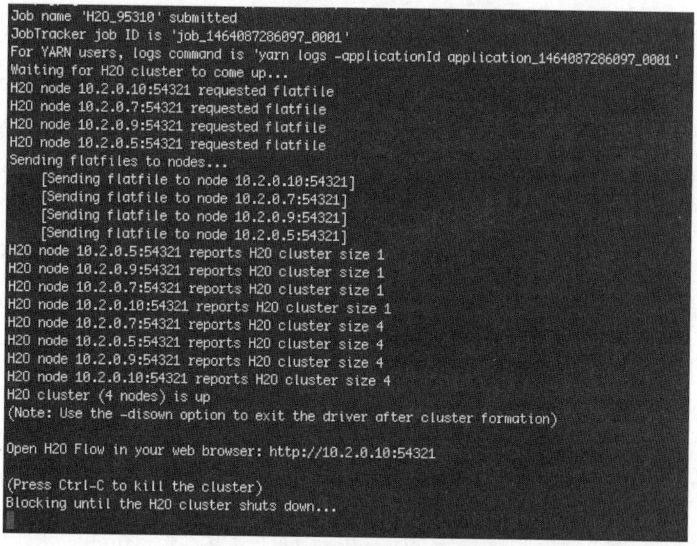

图 8-1 H2O 集群启动输出截图

启动 H2O 实例后，我们现在可以通过 Web 浏览器登录到 RStudio Server。在 RStudio 控制台中，加载我们之前安装的 H2O 包。

```
> library(h2o)
... #output truncated
```

我们现在可以连接 H2O 实例。由于要连接到已经运行的 H2O 集群，请确保将 startH2O 参数设置为 FALSE，并提供之前检索的 IP 和端口号（这些可能不同，因此要调整集群的值）。

```
> h2o <- h2o.init(ip = "10.2.0.10", port = 54321, startH2O = F)
Connection successful!

R is connected to the H2O cluster:
    H2O cluster uptime:         3 minutes 53 seconds
    H2O cluster version:        3. 8.2.6
    H2O cluster name:           H2O_95310
    H2O cluster total nodes:    4
    H2O cluster total memory:   27.61 GB
    H2O cluster total cores:    16
    H2O cluster allowed cores:  16
    H2O cluster healthy:        TRUE
    H2O Connection ip:          10.2.0.10
    H2O Connection port:        54321
    H2O Connection proxy:       NA
    R Version:                  R version 3.3.0 (2016-05-03)
```

上面的输出确认了 H2O 集群的配置：节点数、内存容量、启用核心以及连接 IP 和端口号。在 H2O 的数据探索或分析过程中，随时都可以使用 h2o.clusterInfo()函数获取该信息。随着 H2O 集群启动运行，我们现在可以上传数据并测试 H2O 的分析能力。

8.3.2　读取和探索 H2O 中的数据

H2O 平台允许使用各种文件格式作为数据源，从个人本地存储的 CSV、JSON 和 XLS 文件，到存储在 Amazon S3 buckets 或 HDFS 中的数据，再到 SQL 表和 NoSQL 集合，支持的格式还在不断增加。然而，与 Azure Storage Blob 和 HDInsight HDFS 的集成仍然是有问题的，因此在本书中，我们将在集群的硬盘驱动器上使用本地存储的数据。我们还将继续对在上一节逻辑回归中介绍的飞行数据集用 SparkR 训练模型。如果你想按照书的这一部分中的说明进行操作，请确保下载本书配套的数据。

我们将首先在群集的硬盘驱动器上的 swalko 用户区域中指示 flights_2014.csv 文件的位置。

```
> path1 < - "/home/swalko/data/flights_2014.csv"
```

然后，我们可以将文件路径传给 h2o.uploadFile()函数作为 path 参数的值。该功能还允许我们在 H2O 云中指定目标帧（destination_frame 参数）的名称。当我们导入的 CSV 文件的第一行具有变量名称时，应该将标题设置为 TRUE，也可以指定列分隔符。以下代码实现的文件导入的结果对象是名为 flights14 的 H2OFrame。

```
> flights14 <- h2o.uploadFile(path = path1,
+                             destination_frame = "flights14",
+                             parse = TRUE, header = TRUE,
+                             sep = ",")
 |==============================================| 100%
```

请注意，H2OFrame 对象不使用 R 的内存资源，而是在 H2O 云自己的内存中进行存储和处理。通过在多节点 Hadoop 集群上部署 H2O 云，我们可以通过将处理推送到集群的每个可用节点组合分配 H2O 内存容量，来进行大量的数据转换和复杂的预测分析。因此，驻留在 R 工作空间中的 H2OFrames 简单地映射到存储在 H2O 中的数据，但是在任何时候它们都可以通过 H2O 包中的 as.data.frame()实现，被显示下载并转换成 R data.frame 对象。

除了能够直接从 R 环境访问 H2OFrames 之外，用户还可以使用 h2o.ls()函数查看和列出在会话期间生成的所有 H2OFrames，包括子集、模型和中间对象。

```
> h2o.ls()
        key
1 flights14
```

通过标准的 summary()和 str()方法可以轻松地探索 H2OFrames 的映射数据，例如：

```
> summary(flights14)
DAY_OF_WEEK       DEP_TIME          DEP_DELAY
Min.   :1.000     Min.   :    1.0   Min.   :-251.000
1st Qu.:2.000     1st Qu.: 927.4    1st Qu.:  -6.832
Median :4.000     Median :1325.8    Median :  -1.524
Mean   :3.924     Mean   :1334.8    Mean   :  10.642
3rd Qu.:6.000     3rd Qu.:1731.4    3rd Qu.:   9.092
Max.   :7.000     Max.   :2400.0    Max.   :2402.000
                  NA's   :122742    NA's   :122742
ARR_TIME          ARR_DELAY         CANCELLED
Min.   :    1     Min.   :-112.000  Min.   :0.00000
1st Qu.:1110      1st Qu.: -12.277  1st Qu.:0.00000
Median :1515      Median :  -4.606  Median :0.00000
Mean   :1486      Mean   :   7.328  Mean   :0.02182
3rd Qu.:1914      3rd Qu.:  10.736  3rd Qu.:0.00000
Max.   :2400      Max.   :2444.000  Max.   :1.00000
NA's   :129628    NA's   :141433
DIVERTED          AIR_TIME          DISTANCE
Min.   :0.000000  Min.   :   7.0    Min.   :  24.0
1st Qu.:0.000000  1st Qu.: 59.0     1st Qu.: 361.3
Median :0.000000  Median : 92.0     Median : 624.2
Mean   :0.002483  Mean   :111.4     Mean   : 798.7
3rd Qu.:0.000000  3rd Qu.:141.0     3rd Qu.:1021.0
Max.   :1.000000  Max.   :706.0     Max.   :4983.0
                  NA's   :141433
```

```
> str(flights14)
Class 'H2OFrame' <environment: 0x509f610>
 - attr(*, "op")= chr "Parse"
 - attr(*, "id")= chr "flights14"
 - attr(*, "eval")= logi FALSE
 - attr(*, "nrow")= int 5819811
 - attr(*, "ncol")= int 9
 - attr(*, "types")=List of 9
  ..$ : chr "int"
```

```
..$ : chr "int"
..$ : chr "int"
..$ : chr "int"
..$ : chr "int"
..$ : chr "int"
..$ : chr "int"
..$ : chr "int"
..$ : chr "int"
- attr(*, "data")='data.frame': 10 obs. of 9 variables:
..$ DAY_OF_WEEK: num 2 3 4 5 6 7 1 2 3 4
..$ DEP_TIME   : num 854 853 856 857 854 855 851 855 857 852
..$ DEP_DELAY  : num -6 -7 -4 -3 -6 -5 -9 -5 -3 -8
..$ ARR_TIME   : num 1217 1225 1203 1229 1220 ...
..$ ARR_DELAY  : num 2 10 -12 14 5 -18 -14 30 -9 -17
..$ CANCELLED  : num 0 0 0 0 0 0 0 0 0 0
..$ DIVERTED   : num 0 0 0 0 0 0 0 0 0 0
..$ AIR_TIME   : num  355 357 336 344 338 334 330 332 330 338
..$ DISTANCE   : num  2475 2475 2475 2475 2475 ...
```

请注意，在 H2OFrame 上应用的 str() 函数输出的方式不同，它包含一组属性，例如对象中的行数和列数以及变量存储的数据类型。通用 str() 函数的标准输出包含了比实际 R data.frame 要小的快照，但只显示 10 个观察值，从而节省了分配给 R 的内存资源。

在进行特定的机器学习算法的实现之前，我们将执行之前为了使用 SparkR 进行逻辑回归时做的一些数据处理操作。首先，我们将过滤掉那些取消和转移的所有航班，并从 H2OFrame 中删除 CANCELED 和 DIVERTED 变量取数据的子集。我们可以通过标准下标和常见的逻辑运算符在 H2O 中完成这些操作，例如：

```
> flights14 <- flights14[flights14$CANCELLED==0 & flights14$DIVERTED==0, ]
> flights14 <- flights14[, -6:-7]
```

h2o 包还允许使用 h2o.nacnt() 函数快速扫描数据中是否存在缺失值。

```
> h2o.nacnt(flights14)
[1] 0 0 0 0 0 0 0
```

我们也可以非常容易地将整数变量（例如 DAY_OF_WEEK）转换为类型变量。

```
> flights14$DAY_OF_WEEK <- as.factor(flights14$DAY_OF_WEEK)
```

h2o 软件包提供的最强大的功能之一就是可以在 H2OFrame 对象上执行自定义函数的功能。例如，我们可以快速创建一个简单的函数，它将计算所有航班的起飞延迟的算术平均值。

```
avg_del <- function(x) { sum(x[,3])/nrow(x) }
```

然后，可以方便地将该用户定义的功能应用于每周的每一天聚合的平均出发延迟的估计。h2o.ddply()方法允许我们按 DAY_OF_WEEK 类型变量的级别拆分数据，并计算每个子集的平均出发延迟。

```
> avg.del < - h2o.ddply (flights14, "DAY_OF_WEEK", FUN = avg_del)
```

最后，我们可以下载并将其转换为本地的 R data.frame 对象，显示生成的 avg.delH2OFrame 的全部内容。

```
> as.data.frame(avg.del)
  DAY_OF_WEEK  ddply_C1
1           1 11.275567
2           2  9.935703
3           3 10.514751
4           4 12.141402
5           5 11.760211
6           6  8.504064
7           7  9.438214
```

从上面的输出我们可以清楚地看到，一般来说，最大的起飞延迟发生在星期四和星期五。

在本节中，我们将数据读入 H2O 云中，并通过 h2o 包为用户提供了一些简单的转换和数据挖掘操作。通过 H2O 网站访问 H2O 的集成插件，可以提供许多其他数据操作和详细描述。在下一节中，为了给使用朴素贝叶斯算法数据进行分析做准备，我们将介绍其中的一些。

8.3.3 R 中基于 H2O 的朴素贝叶斯

R 的 h2o 包支持一些常见的机器学习和预测模型，例如广义线性模型、梯度增强回归、随机森林、k-means，甚至多层神经网络（通常被称为深度学习模型）。可用的算法列表从版本的迭代不断扩展增加，很可能在阅读本书时，你可以通过 h2o 包使用其他更多具体的模型。在本节中，我们将关注一个经常被实现的相对健壮的概率监督学习分类器，叫朴素贝叶斯。虽然我们不会深入研究该模型的具体细节和详细的理论假设（请随时访问本章介绍的监督和无监督学习算法的一些扩展资源），但会花几分钟的时间来解释这种分类技术的一些基本特征。

顾名思义，朴素贝叶斯主要是基于贝叶斯定理，它只是假设一个新的参数，甚至是关于一个事件的非常弱的信息，如果它与之相关则可以影响这个事件发生的概率。如果不了解某个特定的事件，我们就只能根据以往的经验和常识来了解其发生的概率；例如在评估航班到达是否延迟时，使用所有延迟航班的先验概率。然而，这种可能性可能受到具有某种可能性的其他事件的影响，例如飞机上的乘客人数、飞行长度或恶劣天气条件。这些影响事件的额外特征的似然度将用于计算事件的后验概率，在我们的案例中，它将衡量在考虑这些其他相关事件时航班延迟的可能性。类似地，对于逻辑回归，当更新的后验概率的值在 0.5 以上时，我们可以假定飞行更有可能被延迟。如果它大于其先前的概率，我们可以说，相关事件事实上是非独立事件，以及它们至少和到达延迟部分相关。

朴素贝叶斯算法的一个特点，是对数据的预处理也给出了一些限制，即它非常适用于类型/标称特征。连续的数值变量仍然可以使用，只要它们的值被分成类别，这只是意味着我们需要将它们折叠成因子的等级。对连续数值不正确的或不同分级的分组是朴素贝叶斯算法的潜在风险，因为它可能导致基于各种变换策略和技术的模型预测结果不一致。

话虽如此，我们现在可以尝试将第一个数值变量 DEP_TIME 转换为类型变量一天的出发部分（DEP_PART）。h2o 包为我们提供了一个非常有用的函数 h2o.cut()，它允许用户通过为每个级别指定截止点并将标签分配给相应的数据区间，从而有效地将连续变量重新编码为标称特征。例如，从前面的逻辑回归部分，我们知道要将标签"night"分配给 1～459 以及 2059～2400 的所有航班起飞时间（DEP_TIME）值。"night"标签和可以使用以下代码指定一天的其他部分。

```
> flights14$DEP_PART <- h2o.cut(flights14$DEP_TIME,
+                               c(1, 459, 1159, 1659, 2059, 2400),
+                               labels = c("night", "morning",
+                                          "afternoon", "evening",
+                                          "night"))
```

执行完成后，我们可以使用 h2o.table()函数对标签分配进行频率检查。

```
> h2o.table(flights14$DEP_PART)
   DEP_PART    Count
1     night    30567
2   morning  2298597
3 afternoon  1723386
4   evening  1278974
5     night   346321

[5 rows x 2 columns]
...#output truncated
```

现在可以删除 DEP_TIME 和 ARR_TIME 变量，因为我们不会在模型中使用它们。

```
> flights14$DEP_TIME <- flights14$ARR_TIME <- NULL
```

就像在 SparkR 包中一样，h2o 包拥有自己的 IF ELSE 语句（h2o.ifelse()）的实现，可以应用于 H2OFrame 对象。使用这种方法，我们将创建一个名为 ARR_DEL 的二进制分类响应变量，它将为所有达延迟值（ARR_DELAY 变量）为正的航班分赋值为 1（延迟）和所有准点的航班赋值为 0（不延迟）。然后，我们将删除冗余变量 ARR_DELAY，并对新创建的 ARR_DEL 结果变量执行频率检查。

```
> flights14$ARR_DEL <- as.factor(h2o.ifelse(flights14$ARR_DELAY > 0, 1, 0))
> flights14$ARR_DELAY <- NULL
> h2o.table(flights14$ARR_DEL)
  ARR_DEL    Count
1       0 3292647
2       1 2385731

[2 rows x 2 columns]
...#output truncated
```

我们还可以把频率表传给 prop.table()函数，以显示两个类在所有观察值中的比例。

```
> prop.table(h2o.table(flights14$ARR_DEL))
  ARR_DEL      Count
1     NaN 0.5798569
2     NaN 0.4201430

[2 rows x 2 columns]
...#output truncated
```

从输出中可以了解到，延迟航班占数据集中所有航班的 42%。

在这个阶段，我们有 3 个连续的变量，应该被转换成标称特征：DEP_DELAY（起飞延迟）、DISTANCE（原点和目的地机场之间的距离）和 AIR_TIME（飞行时间）。从 DEP_DELAY 开始，首先要探索这个变量来了解它的分布情况可能是有用的，并对其截止点和分类标签的最有意义的分配做出某些假设。

```
> summary(flights14$DEP_DELAY)
DEP_DELAY
Min.    :-112.00
1st Qu.:  -6.37
Median :  -1.34
Mean   :  10.57
```

```
3rd Qu.:   8.72
Max.    :2402.00
```

根据 DEP_DELAY 变量的统计汇总，将值分为带有标签的 5 箱可能是有意义的："很
早"（从最小到-16）、"稍早"（从-15 到-2）、"准时"（从-1 到 1）、"稍微延迟"（从 2 到
15）和"非常延迟"（从 16 到最大值 2402）。

```
> flights14$DEP_DELAY <- h2o.cut(flights14$DEP_DELAY,
+                        c(-112, -15, -1, 1, 16, 2402),
+                        labels = c("very early",
+                                   "somewhat early",
+                                   "on time",
+                                   "somewhat delayed",
+                                   "very delayed"))
```

在生成的 DEP_DELAY 变量上执行的频率检查返回以下每个级别的分布计数。

```
> h2o.table(flights14$DEP_DELAY)
         DEP_DELAY   Count
1       very early   26020
2   somewhat early 3035002
3          on time  465419
4 somewhat delayed 1047625
5     very delayed 1104311

[5 rows x 2 columns]
```

我们现在可以对其余的两个变量 DISTANCE 和 AIR_TIME 执行类似的转换。在这两种
情况下，我们将把值分成 "short" "medium" 和 "long" 类型。由用户定义的分位数估计
和汇总统计数据来支持选择截止点的决定。

```
> h2o.quantile(flights14$DISTANCE, prob = seq(0, 1, length = 4))
           0% 33.33333333333333% 66.6666666666667%
           31                442               896
         100%
         4983

> summary(flights14$DISTANCE)
 DISTANCE
 Min.   :  31.0
 1st Qu.: 362.9
 Median : 625.4
 Mean   : 802.5
```

```
  3rd Qu.:1031.5
  Max.   :4983.0

> flights14$DISTANCE <- h2o.cut(flights14$DISTANCE,
+                                     c(31, 1000, 2000, 4983),
+                                     labels = c("short", "medium", "long"))
> h2o.table(flights14$DISTANCE)
   DISTANCE    Count
1     short  4153865
2    medium  1170521
3      long   353285

[3 rows x 2 columns]

> h2o.quantile(flights14$AIR_TIME, prob = seq(0, 1, length = 4))
             0% 33.3333333333333% 66.6666666666667%
              7                68               123
            100%
             706
> summary(flights14$AIR_TIME)
 AIR_TIME
 Min.   :  7.0
 1st Qu.: 59.0
 Median : 92.0
 Mean   :111.4
 3rd Qu.:141.0
 Max.   :706.0
> flights14$AIR_TIME <- h2o.cut(flights14$AIR_TIME,
+                                     c(7, 150, 300, 706),
+                                     labels = c("short", "medium", "long"))
> h2o.table(flights14$AIR_TIME)
   AIR_TIME    Count
1     short  4454893
2    medium  1059431
3      long   164050
[3 rows x 2 columns]
```

将所有连续变量转换为标称特征后，我们可以打印最终 flights14 H2OFrame 的结构。

```
> str(flights14)
Class 'H2OFrame' <environment: 0x41c2dd0>
 - attr(*, "op")= chr ":="
 - attr(*, "eval")= logi TRUE
 - attr(*, "id")= chr "RTMP_sid_ab22_56"
 - attr(*, "nrow")= int 5678378
```

```
 - attr(*, "ncol")= int 6
 - attr(*, "types")=List of 6
  ..$ : chr "enum"
  ..$ : chr "enum"
  ..$ : chr "enum"
  ..$ : chr "enum"
  ..$ : chr "enum"
  ..$ : chr "enum"
 - attr(*, "data")='data.frame': 10 obs. of  6 variables:
  ..$ DAY_OF_WEEK: Factor w/ 7 levels "1","2","3","4",..: 2 3 4 5 6 7 1 2 3
4
  ..$ DEP_DELAY  : Factor w/ 5 levels "very early","somewhat early",..: 2
2 2 2 2 2 2 2 2 2
  ..$ AIR_TIME : Factor w/ 3 levels "short","medium",..: 3 3 3 3 3 3 3 3 3 3
  ..$ DISTANCE : Factor w/ 3 levels "short","medium",..: 3 3 3 3 3 3 3 3
3 3
  ..$ DEP_PART : Factor w/ 5 levels "night","morning",..: 2 2 2 2 2 2 2
2 2 2
  ..$ ARR_DEL : Factor w/ 2 levels "0","1": 2 2 1 2 2 1 1 2 1 1
```

在这一点上，我们现在准备实现朴素贝叶斯算法来预测响应变量 ARR_DEL 的类别。为此，h2o 包提供了 h2o.naiveBayes()函数，它要求我们至少指定预测变量的索引或名称、响应变量的名称/索引，以及包含模型中使用的所有变量的 H2OFrame 对象。此外，我们决定设置拉普拉斯参数为 1。

```
> model1 <- h2o.naiveBayes(x = 1:5, y = 6, training_frame = flights14,
laplace = 1)
  |=========================================| 100%
```

> **拉普拉斯估计器**
>
>
>
> 　　这里需要几句话来解释为什么没有将拉普拉斯估计器的值设置为 0。在朴素贝叶斯中，所有特征的概率彼此相乘，但有时候事件和特征可能永远不会发生类别，所以类的条件概率将等于 0。在这种情况下，空条件概率可能很大程度上影响最终后验概率和模型的总体准确性。为了避免这种零概率，拉普拉斯估计器可以简单地设置为 1，以向每个特征添加小的非零数量。

　　由于在训练集上运行朴素贝叶斯算法，我们可以通过调用模型的名称来提取模型指标值和预测精度的值。

```
> model1
Model Details:
==============

H2OBinomialModel: naivebayes
Model ID:  NaiveBayes_model_R_1464255351942_5
Model Summary:
  number_of_response_levels min_apriori_probability max_apriori_probability
1                         2                 0.42014                 0.57986
H2OBinomialMetrics: naivebayes
** Reported on training data. **
MSE:  0.1472508
R^2:  0.395579
LogLoss:  0.4545171
AUC:  0.8301207
Gini:  0.6602414


Confusion Matrix for F1-optimal threshold:
              0         1      Error             Rate
0       2825098    467549 0.141998     =467549/3292647
1        678530   1707201 0.284412     =678530/2385731
Totals  3503628   2174750 0.201832    =1146079/5678378

Maximum Metrics: Maximum metrics at their respective thresholds
                  metric threshold      value idx
1                 max f1  0.429318   0.748693 183
2                 max f2  0.117998   0.784923 364
3            max f0point5  0.764603   0.794782  49
4           max accuracy  0.464678   0.798741 166
5          max precision  0.989894   0.988227   1
6             max recall  0.035772   1.000000 399
7        max specificity  0.990392   0.999956   0
8       max absolute_MCC  0.464678   0.583260 166
9 max min_per_class_accuracy  0.260206   0.760567 262
Gains/Lift Table: Extract with 'h2o.gainsLift(<model>, <data>)' or
'h2o.gainsLift(<model>, valid=<T/F>, xval=<T/F>)'
```

从模型输出我们可以看出，h2o 包自动识别朴素贝叶斯模型（H2OBinomialModel）的类型，并给出了模型汇总表中的初始、理论、最小和最大概率。然后，模型指标如下。

- **均方误差（MSE）** 衡量估计器预测响应变量的好坏。接近于零的 MSE 表明，所使用的估计器以几乎完美的准确度预测结果变量的类别。比较两个或更多个模型的 MSE 值，选择最能预测结果变量的值是有用的。由于我们模型中的 MSE 值约为 0.15，因此一般来说，它的估计器能够很好地预测航班是否延迟。

- 下一个指标是一个经常使用的称为 **R 平方（R2）** 的确定系数，它表示由模型解释的响应变量中的方差比例。R2 的值越高越好，但通常研究人员认为 R2 的水平等于 0.6 是一个好的模型（它在 0 和 1 之间）。我们的模型（0.4）中 R2 的观测值略低于该阈值，这简单地表明 ARR_DEL 变量中只有 40%的方差可以从特征集中预测。在这种情况下，我们可能会问自己是否使用的特征实际上是非独立事件，并且可以很好地预测结果变量。

- 第三个指标是**对数损失（LogLoss）**，它通过从模型获得的概率惩罚不正确的预测来衡量模型的准确性；因此 LogLoss 的值越低，分类器的准确性和预测能力越强。LogLoss 指标通常用于 Kaggle 机器学习比赛，以评估和比较参赛者提交的模型，因此如果你可以，请尽可能地降低该值以争取赢得 Kaggle 数据科学比赛。

- 我们输出的倒数第二个模型评估指标是**"曲线下面积"（Area Under Curve，AUC）**，它经常用作评估二元分类器精度的指标。AUC 指标的值与模型预测的真正阳性率相关，换句话说，在我们的示例中观察到的正确预测延迟航班的比率。如果分类器是随机猜测的水平，AUC 将近似等于 0.5。模型的性能提高将使 AUC 更接近于理想值 1。在我们的例子中，0.83 的 AUC 意味着该模型在预测延迟航班方面的准确度通常是非常好的。

- 最后，**基尼系数**是和 AUC 的解释类似的评估标准，但它只对预测级别敏感。以我们的数据为例，预测的特定航班类别从最大到最小的预测排序。如果正确预测类别的数量在有序预测的最高比例中较大，则总体基尼系数比率将很高，这意味着该模型正确分配了具体观测值的强烈预测。我们实现的基尼指数 0.66 相当高，再次证实了该模型在预测响应变量的类别方面是很好的。

在指标表下面，输出显示每个类别的预测误差的混淆矩阵。从矩阵中，我们可以看到，我们的两个类别的模型的总体预测精度接近 80%，因为所有事件的组合误差等于 0.2。然而，当预测的类别 0（不延迟）与实际训练数据一致时，该模型在预测真阴性（仅为 0.14 的错误）中的良好性能降低了这个整体误差。对于真阳性，准确度接近 72%，因为误差等于 0.28。请记住，这些精度值只能在训练集上获得，并且当将模型应用于新数据时，它们的精度可能会下降。

在预测的混淆矩阵之下，输出显示一个表格（具有各自阈值的最大指标），为用户提供成本敏感的指标，如准确性、精确度和召回率。这些估计值还可以支持我们选择最佳性能的模型。例如，最大 F1 指标通常用于二元分类器，它测量精度和召回率的加权平均值。其值越接近 1 模型的准确性就越好。

前面组合输出的各个部分也可以通过单独的函数输出，例如，h2o.auc()方法将返回 AUC 指标的值，而 h2o.performance()将显示模型的所有性能相关的估计量。

```
> h2o.auc(model1)
[1] 0.8301207


> h2o.performance(model1)
H2OBinomialMetrics: naivebayes
** Reported on training data. **
MSE:  0.1472508
R^2:  0.395579
LogLoss:  0.4545171
AUC:  0.8301207
Gini:  0.6602414
Confusion Matrix for F1-optimal threshold:
               0         1    Error            Rate
0        2825098   467549 0.141998    =467549/3292647
1         678530  1707201 0.284412    =678530/2385731
Totals   3503628  2174750 0.201832    =1146079/5678378
...#output truncated
```

实现的模型性能只是针对训练集测量的。我们现在将对 2015 年 1 月的所有航班新数据应用相同的模型。下面，我们将读取 flights_jan_2015.csv 文件到 H2O 云中，并按照与训练数据集相同的方式处理所得到的 H2OFrame。因此，我们将跳过这些功能的解释，只介绍最重要的数据操作。如果你不确定具体方法的使用方法，请务必返回前几页，以便阅读对训练数据主要操作的说明。

```
> path2 <- "/home/swalko/data/flights_jan_2015.csv"
> flightsJan15 <- h2o.uploadFile(path = path2,
+                                 destination_frame = "flightsJan15",
+                                 parse = TRUE, header = TRUE,
+                                 sep = ",")
|=============================================| 100%


> flightsJan15 <- flightsJan15[flightsJan15$CANCELLED==0 &
flightsJan15$DIVERTED==0, ]
> flightsJan15 <- flightsJan15[, -6:-7]


> flightsJan15$DAY_OF_WEEK <- as.factor(flightsJan15$DAY_OF_WEEK)
> flightsJan15$DEP_PART <- h2o.cut(flightsJan15$DEP_TIME,
+                                 c(1, 459, 1159, 1659, 2059, 2400),
+                                 labels = c("night", "morning",
+                                            "afternoon", "evening",
```

```
                                                     "night"))
> flightsJan15$DEP_TIME <- flightsJan15$ARR_TIME <- NULL
> flightsJan15$ARR_DEL <- as.factor(h2o.ifelse(flightsJan15$ARR_DELAY > 0,
1, 0))
> flightsJan15$ARR_DELAY <- NULL
> prop.table(h2o.table(flightsJan15$ARR_DEL)) #40% of delayed flights
   ARR_DEL     Count
1      NaN 0.5993317
2      NaN 0.4006661
[2 rows x 2 columns]
> flightsJan15$DEP_DELAY <- h2o.cut(flightsJan15$DEP_DELAY,
+                                   c(-48, -15, -1, 1, 16, 1988),
+                                   labels = c("very early",
+                                              "somewhat early",
+                                              "on time",
+                                              "somewhat delayed",
+                                              "very delayed"))
> h2o.table(flightsJan15$DEP_DELAY)
          DEP_DELAY  Count
1        very early   2898
2    somewhat early 253970
3           on time  36608
4  somewhat delayed  79365
5      very delayed  84171

[5 rows x 2 columns]
> flightsJan15$DISTANCE <- h2o.cut(flightsJan15$DISTANCE,
+                        c(31, 1000, 2000, 4983),
+                        labels = c("short",
+                                   "medium",
+                                   "long"))

> h2o.table(flightsJan15$DISTANCE)
  DISTANCE  Count
1    short 330417
2   medium  99576
3     long  26960

[3 rows x 2 columns]

> flightsJan15$AIR_TIME <- h2o.cut(flightsJan15$AIR_TIME,
+                        c(8, 150, 300, 676),
+                        labels = c("short",
+                                   "medium",
+                                   "long"))
```

```
> h2o.table(flightsJan15$AIR_TIME)
  AIR_TIME  Count
1    short 354738
2   medium  89290
3     long  12982

[3 rows x 2 columns]
> str(flightsJan15)
Class 'H2OFrame' <environment: 0x7e89228>
 - attr(*, "op")= chr ":="
 - attr(*, "eval")= logi TRUE
 - attr(*, "id")= chr "RTMP_sid_ab22_84"
 - attr(*, "nrow")= int 457013
 - attr(*, "ncol")= int 6
 - attr(*, "types")=List of 6
  ..$ : chr "enum"
  ..$ : chr "enum"
  ..$ : chr "enum"
  ..$ : chr "enum"
  ..$ : chr "enum"
  ..$ : chr "enum"
 - attr(*, "data")='data.frame': 10 obs. of  6 variables:
  ..$ DAY_OF_WEEK: Factor w/ 7 levels "1","2","3","4",..: 4 5 6 7 1 2 3 4 5
6
  ..$ DEP_DELAY  : Factor w/ 5 levels "very early","somewhat early",..: 2 2
2 2 2 2 2 2 3 4
  ..$ AIR_TIME : Factor w/ 3 levels "short","medium",..: 3 3 3 3 3 3 3 3
3 3
  ..$ DISTANCE : Factor w/ 3 levels "short","medium",..: 3 3 3 3 3 3 3 3
3 3
  ..$ DEP_PART : Factor w/ 5 levels "night","morning",..: 2 2 2 2 2 2 2 2
2 2
  ..$ ARR_DEL : Factor w/ 2 levels "0","1": 2 1 1 1 1 2 1 2 1 1
```

新的数据被正确处理，并且所有的连续变量都转换成适当的类型变量后，我们现在可以应用先前计算的朴素贝叶斯模型来测试其 2015 年 1 月航班的准确性。这可以通过 h2o.predict() 函数来实现，在其中我们将模型名称指定为对象参数，并将保存测试数据的 H2OFrame 作为 newdata 参数：

```
> fit1 < - h2o.predict(object = model1, newdata = flightsJan15)
  | ========================================= 100%
```

几秒之后，我们能够提取每个类别的响应变量的概率，并测试数据集中每个观察值的预测值类别。

```
> fit1
  predict       p0        p1
1       0 0.8541997 0.1458003
2       0 0.8586930 0.1413070
3       0 0.8912964 0.1087036
4       0 0.8775638 0.1224362
5       0 0.8670818 0.1329182
6       0 0.8738735 0.1261265

[457013 rows x 3 columns]
```

然后，我们可以通过在 flightsJan15 H2OFrame 上运行 h2o.performance()函数来测量测试集上的模型性能。

```
> h2o.performance(model1, newdata = flightsJan15)
H2OBinomialMetrics: naivebayes

MSE:  0.1510212
R^2:  0.3710932
LogLoss:  0.4675854
AUC:  0.8137276
Gini:  0.6274553


Confusion Matrix for F1-optimal threshold:
            0      1    Error            Rate
0      235400  38503 0.140572   =38503/273903
1       56263 126847 0.307263   =56263/183110
Totals 291663 165350 0.207360   =94766/457013
Maximum Metrics: Maximum metrics at their respective thresholds
                  metric threshold    value idx
1                 max f1  0.429318 0.728043 180
2                 max f2  0.101568 0.770639 373
3             max f0point5  0.958268 0.785523  47
4           max accuracy  0.431442 0.792717 179
5          max precision  0.988750 0.982967   3
6             max recall  0.035771 1.000000 399
7        max specificity  0.990409 0.999916   0
8       max absolute_MCC  0.431442 0.563203 179
9 max min_per_class_accuracy  0.253972 0.745006 265


Gains/Lift Table: Extract with 'h2o.gainsLift(<model>, <data>)' or
'h2o.gainsLift(<model>, valid=<T/F>, xval=<T/F>)'
```

如预期的那样，在新数据上实现的模型的精度指标略低于在训练集上执行模型时的精度指标。注意，预测类别的总体准确性仍然接近 80%，但预测真阳性的准确性降低到 69%的水平（因为真阳性的误差等于 0.31）。然而，通过运行朴素贝叶斯算法，与 SparkR 软件包中运行的逻辑回归的性能相比，我们能够提高模型的预测能力。你可能还记得，正确预测延迟航班的逻辑回归的准确性为 67%，因此朴素贝叶斯算法的模型性能提高了 2 点是可以接受的。

在下一节中，我们将进一步通过执行新一代非常强大的机器学习方法——神经网络来改进模型。

8.4　R 中基于 Hadoop H2O 的神经网络

在本节中，我们将简要介绍一个非常广泛的人工神经网络（ANN）课题，及其在 R 中用于分布式机器学习的 H2O 软件包中的实现。由于对神经网络相关概念的精确解释超出本书的范围，我们将理论限制在最低限度，并引导你完成对飞行数据的简单神经网络模型的实际应用。

8.4.1　神经网络的工作原理

在数据分析的学习实践过程中，你很可能以某种方式接触到了神经网络的概念。即使你不知道它们的数学基础和理论假设，你也可能已经听到了许多关于人工智能和神经网络系统的进展，及其多层次版本的深度学习算法的新闻报道。

顾名思义，人工神经网络的理念来自于我们对哺乳动物生物体大脑如何工作的理解，因此与神经科学、认知科学、医学和生物科学等其他领域有关，而且与计算机科学、统计学和数据挖掘有关。简单来说，神经网络模拟在动物神经细胞中发生的过程，其中电信号沿着神经元行进到其轴突末端，然后穿过突触到其他相邻神经元的树突。使电信号沿着神经元通过的是，当电流内电流的刺激强度达到临界触发阈值，并激发轴突小丘，将信号推下轴突时产生的动作电位。信号穿过突触（两个相邻神经元的连接点）是由于复杂化学反应，其中包括神经递质和突触后受体的结果，这些受体负责将信号进一步传递给另一个神经元的体内。这些反应和过程仍然在很大程度上是未知的，并且有关于神经元如何相互通信的许多理论是矛盾的。

为了将神经元活动的简化概述转化为数据分析，我们可以说人工神经网络在动物神经细胞的结构和作用上都是相似的，然而它们并不像生物神经系统那么复杂。至少目前还没有可比性。就像生物神经网络一样，它们组织成很多层，互相连接的节点代表神经元。节点之间的连接可以被加权。输入数据的传播和学习机制取决于激活函数，可以认为是之前描述的控制动作电位阈值的人造数学等价物。人工神经网络的网络拓扑架构可以设置参数，来控制神经元、层和连接的数量，还有应该使用什么类型的激活函数，以及调整反向传播网络的节点之间的权重，从而加强了模型中的连接，就像人类的经验学习加强了生物神经元之间的连接一样。

　　描述简单神经网络的拓扑图如图 8-2 所示。

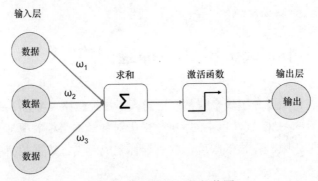

图 8-2　单层神经网络拓扑图

　　一些神经网络可能包含许多层次的大量节点，这些节点在复杂网络中互连，用于预测或学习抽象概念和计算成本高的模式。这种多层算法称为多层感知器（MLP），并广泛用于深度学习方法。从分析的角度来看，主要问题是一些深度学习算法及其机制变得如此费解，以至于人类分析师难以理解其结果的意义。这使我们面临另一个论理问题，据一些科学家和人工智能研究员所说，这些复杂的自学习结构有朝一日甚至可能超越人类的学习和分析能力。这种理论预测最近激发了许多好莱坞电影导演、创新者和哲学家的思考，激发了基于人工神经网络的强大机器学习方法的科学热情和普通民众的兴趣。

　　如果你对人工神经网络和深度学习算法如何工作的细节感兴趣，请让我们参考一个非常好的入门级图书，题目为 *Neural Networks and Deep Learning*，本书由 Michael Nielsen 编写。

　　希望通过阅读这篇对神经网络的简介，你现在已经有动力在实践中探索这种数据建模技术。在下一节中，我们将把两种不同结构的神经网络应用到数据中，以预测哪些航班将延迟到目的地机场。

8.4.2　在 H2O 上运行神经网络模型

　　在神经网络的简短介绍之后，我们将继续使用相同的 H2O 集群，在上一个关于朴素贝叶斯的讲解中，在 Hadoop 的 HDInsight 集群中配置并启动了 R 的 h2o 包。如果你已经终止了与正在运行的 H2O 集群的连接，请确保重新启动它，如前面的小节所讲。我们建议那些保持 R 会话和 H2O 群组的人，在继续之前，先从 R 工作区中删除所有旧对象。

```
> rm(list=ls())
```

由于神经网络对于预测模型中使用的变量的类型并不那么挑剔，我们将尽量避免不需要的数据处理。首先，我们将再次将数据上传到一个新的 H2OFrame 中，清理它以删除所有取消和转移的航班，并将连续的 ARR_DELAY 变量转换为与之前相同的二元 ARR_DEL 响应变量：0（不延迟）和 1（延迟）。

```
> path1 <- "/home/swalko/data/flights_2014.csv"
> flights14 <- h2o.uploadFile(path = path1,
+                             destination_frame = "flights14",
+                             parse = TRUE, header = TRUE,
+                             sep = ",")
  |=========================================| 100%
> flights14 <- flights14[flights14$CANCELLED==0 & flights14$DIVERTED==0, ]
> flights14 <- flights14[, -6:-7]
> flights14$DAY_OF_WEEK <- as.factor(flights14$DAY_OF_WEEK)
> flights14$ARR_DEL <- as.factor(h2o.ifelse(flights14$ARR_DELAY > 0, 1, 0))
> flights14$ARR_DELAY <- flights14$ARR_TIME <- NULL

> str(flights14)
Class 'H2OFrame' <environment: 0x6740d68>
...#output truncated
 - attr(*, "data")='data.frame': 10 obs. of  6 variables:
  ..$ DAY_OF_WEEK: Factor w/ 7 levels "1","2","3","4",..: 2 3 4 5 6 7 1
2 3 4
  ..$ DEP_TIME   : num  854 853 856 857 854 855 851 855 857 852
  ..$ DEP_DELAY  : num  -6 -7 -4 -3 -6 -5 -9 -5 -3 -8
  ..$ AIR_TIME   : num  355 357 336 344 338 334 330 332 330 338
  ..$ DISTANCE   : num  2475 2475 2475 2475 2475 ...
  ..$ ARR_DEL    : Factor w/ 2 levels "0","1": 2 2 1 2 2 1 1 2 1 1
```

处理完训练集后，我们可以继续对测试集执行相同的数据操作。这是可行的，因为 h2o 包中的神经网络算法的实现允许用户在同一命令中指定训练和验证的数据帧。

```
> path2 <- "/home/swalko/data/flights_jan_2015.csv"
> flightsJan15 <- h2o.uploadFile(path = path2,
+                                destination_frame = "flightsJan15",
+                                parse = TRUE, header = TRUE,
+                                sep = ",")
```

```
 |===============================================| 100%

> flightsJan15 <- flightsJan15[flightsJan15$CANCELLED==0 &
flightsJan15$DIVERTED==0, ]
> flightsJan15 <- flightsJan15[, -6:-7]
> flightsJan15$DAY_OF_WEEK <- as.factor(flightsJan15$DAY_OF_WEEK)
> flightsJan15$ARR_DEL <- as.factor(h2o.ifelse(flightsJan15$ARR_DELAY > 0,
1, 0))
> flightsJan15$ARR_DELAY <- flightsJan15$ARR_TIME <- NULL

> str(flightsJan15)
Class 'H2OFrame' <environment: 0x62423c0>
...#output truncated
 - attr(*, "data")='data.frame': 10 obs. of  6 variables:
  ..$ DAY_OF_WEEK: Factor w/ 7 levels "1","2","3","4",..: 4 5 6 7 1 2 3
4 5 6
  ..$ DEP_TIME   : num  855 850 853 853 853 856 859 856 901 903
  ..$ DEP_DELAY  : num  -5 -10 -7 -7 -7 -4 -1 -4 1 3
  ..$ AIR_TIME   : num  378 357 330 352 338 335 341 333 353 345
  ..$ DISTANCE   : num  2475 2475 2475 2475 2475 ...
  ..$ ARR_DEL    : Factor w/ 2 levels "0","1": 2 1 1 1 1 2 1 1 2 1
```

现在准备好对数据应用我们的第一个神经网络模型。事实上，它甚至是一个深度学习算法，因为我们将要创建一个具有 3 个隐层的多层结构，它们将分别包含 10 个、5 个和 3 个神经元。实现人工神经网络的 h2o.deeplearning()函数允许用户定义很多的参数。我们不仅自定义网络拓扑（hidden）的数量和大小，还可以指定激活函数（activation）、数据集迭代次数（epoch）、每次迭代的训练样本大小的大小（train_samples_per_iteration）、自适应学习率（adaptive_rate）、其时间衰减因子（rho）和 epsilon（epsilon）、动量和学习率设置（rate，rate_annealing，rate_decay，momentum_start，momentum_ramp）、l1 和 l2 正则化系数（l1 和 l2 ），还有更多的选项可以控制要生成模型的几乎每个方面。

不过，好消息是，大多数 h2o.deeplearning()方法的默认设置和参数大部分都是针对大多数问题进行了优化的，因此一般日常使用都不需要定制。在我们的模型中，将迭代次数（历元）设置为 5，希望算法在训练数据集上的额外 4 遍将导致改进的整体模型。然而，这可能会减慢其计算速度。h2o.deeplearning()的 x 和 y 参数传统上分别与预测变量集和响应变量相关。如前所述，我们还将在同一功能中提供 training_frame 和 validation_frame。

```
> model2 <- h2o.deeplearning(x = 1:5, y = 6,
+                            training_frame = flights14,
+                            validation_frame = flightsJan15,
+                            hidden = c(10, 5, 3),
```

```
+                                          epochs = 5)
  |==============================================| 100%
```

计算可能需要一分钟的时间才能跑完。完成后，我们可以用 summary() 来探索实现模型的性能。由于输出相当长，我们将从模型结构的基本信息开始逐段解释。

```
> summary(model2)
Model Details:
==============

H2OBinomialModel: deeplearning
Model Key:  DeepLearning_model_R_1464255351942_18
Status of Neuron Layers: predicting ARR_DEL, 2-class classification,
bernoulli distribution, CrossEntropy loss, 211 weights/biases, 7.2 KB,
30,826,016 training samples, mini-batch size 1
  layer units        type dropout         l1           l2 mean_rate
1     1    12       Input  0.00 %
2     2    10   Rectifier  0.00 %  0.000000   0.000000   0.084909
3     3     5   Rectifier  0.00 %  0.000000   0.000000   0.004641
4     4     3   Rectifier  0.00 %  0.000000   0.000000   0.002806
5     5     2     Softmax          0.000000   0.000000   0.001516
  rate_RMS momentum mean_weight weight_RMS mean_bias bias_RMS
1
2 0.271416 0.000000   -0.039507   0.764668   0.061024 0.471607
3 0.004645 0.000000    0.033570   1.061414  -0.414059 1.171412
4 0.003273 0.000000   -0.057985   0.719442   0.066185 0.387324
5 0.000251 0.000000   -0.519681   2.445112   0.169129 0.227075
...#output truncated
```

输出结果的第一部分显示了该模型的主要特征。它证实了我们过去用伯努利分布预测二元 ARR_DEL 变量的类别，并估计训练样本的最终数量。然后，输出显示关于每个层的诊断统计信息，其中包含模型中使用的激活函数的信息。层列标识层索引（我们共有 5 层：1 个输入层、3 个隐层和 1 个输出层），而单位列给出每层中的神经元总数。类型字段提供每个层使用的激活函数的名称，并且 dropout 定义了训练数据（对于输入层）的每一行的丢弃特征的比例，以及每个特定层（对于隐层）的训练数据丢弃输入权重的比例。其他列例如 L1 和 L2 显示每层的正则化惩罚值，其余列提供特定层的学习统计。

在接下来的部分，我们将介绍模型性能指标，正如之前在讨论朴素贝叶斯算法的输出时详细描述的那样，以及同样著名的混淆矩阵，以预测每一类结果的模型误差变量。

```
H2OBinomialMetrics: deeplearning
** Reported on training data. **
```

```
Description: Metrics reported on temporary training frame with 9970 samples
MSE:   0.1284521
R^2:   0.4714688
LogLoss:  0.4014959
AUC:   0.8838756
Gini:  0.7677511


Confusion Matrix for F1-optimal threshold:
          0    1    Error        Rate
0      4937  880 0.151281    =880/5817
1       970 3183 0.233566    =970/4153
Totals 5907 4063 0.185557   =1850/9970


Maximum Metrics: Maximum metrics at their respective thresholds
                   metric threshold    value idx
1                  max f1 0.278908 0.774830 230
2                  max f2 0.121966 0.823053 317
3             max f0point5 0.571107 0.841214 132
4             max accuracy 0.436460 0.825075 173
5            max precision 0.999970 1.000000   0
6               max recall 0.006239 1.000000 398
7          max specificity 0.999970 1.000000   0
8         max absolute_MCC 0.487465 0.643084 157
9 max min_per_class_accuracy 0.225812 0.797318 254
Gains/Lift Table: Extract with 'h2o.gainsLift(<model>, <data>)' or
'h2o.gainsLift(<model>, valid=<T/F>, xval=<T/F>)'
```

从输出中，我们可以清楚地看到，在训练集上执行的模型的指标通常要比对朴素贝叶斯相同训练数据的估计要好。均方误差和对数损失的值更接近 0，R 平方、AUC 和 Gini 估计值高得多。此外，模型的整体精度也提高了，现在正确地预测了所有航班几乎 81.5%的类别，预测真阳性的准确性（只有实际延误的航班）达到 77%的水平。这是非常令人放心的，但不要忘记，这些值仅仅是在训练集上获得的，确切地说，该模型是从原始训练框架的 9970 次观察结果的样本中得到的。

输出的下一部分提供了相同的模型性能指标，但这是模型在测试数据上运行的结果。

```
H2OBinomialMetrics: deeplearning
** Reported on validation data. **
Description: Metrics reported on full validation frame


MSE:   0.1357101
R^2:   0.4348545
LogLoss:  0.4255887
```

```
AUC:  0.861461
Gini:  0.7229219


Confusion Matrix for F1-optimal threshold:
                0       1     Error           Rate
0         236311   37592  0.137246  =37592/273903
1          52450  130660  0.286440  =52450/183110
Totals    288761  168252  0.197023  =90042/457013


Maximum Metrics: Maximum metrics at their respective thresholds
                    metric  threshold     value  idx
1                   max f1   0.379067  0.743734  195
2                   max f2   0.098955  0.796159  333
3               max f0point5  0.693367  0.823799   96
4             max accuracy   0.515402  0.814732  148
5            max precision   0.999963  0.999231    0
6               max recall   0.003078  1.000000  399
7          max specificity   0.999963  0.999843    0
8         max absolute_MCC   0.575156  0.617500  130
9  max min_per_class_accuracy   0.247664  0.773427  247
Gains/Lift Table: Extract with 'h2o.gainsLift(<model>, <data>)' or
'h2o.gainsLift(<model>, valid=<T/F>, xval=<T/F>)'
```

　　结果看起来非常乐观。尽管完整验证框架的指标略低于训练样本报告的指标，但它们仍然优于前面教程中的朴素贝叶斯模型中的测试数据。事实上，我们将正确预测延迟航班的准确性提高了两个百分点，达到 71%（相比之下，Spark 的逻辑回归达到 67%，而在 Naive Bayes 在 H2O 中返回的是 69%）。

　　输出的最后一部分包括评分历史表，其中统计了算法的进度、持续时间、速度、数据迭代次数、样本大小以及性能指标的逐渐优化的统计数据。在本书中我们将跳过这部分输出，因为它大致总结了前面提出的结果。

　　通过运行一个深度学习算法就观察到模型精度的改进，为什么不再试一次并执行另一个简单的神经网络呢？这次将遍历数据两次（epochs = 2），因为我们将使用 h2o.deeplearning() 函数的所有其他参数设置为其默认值，它还包括两个隐层，每个具有 200 个神经元。

```
> model3 < - h2o.deeplearning (x = 1: 5, y = 6,
+                             training_frame = flights14,
+                             validation_frame = flightsJan15,
+                             epochs = 2)
  | ========================================== 100%
```

model3 模型的最终输出如下。

```
> summary(model3)
Model Details:
==============
H2OBinomialModel: deeplearning
Model Key:  DeepLearning_model_R_1464255351942_23
Status of Neuron Layers: predicting ARR_DEL, 2-class classification,
bernoulli distribution, CrossEntropy loss, 43,202 weights/biases, 514.9 KB,
11,599,632 training samples, mini-batch size 1
  layer units       type dropout       l1        l2 mean_rate
1     1    12      Input 0.00 %
2     2   200  Rectifier 0.00 % 0.000000 0.000000  0.128657
3     3   200  Rectifier 0.00 % 0.000000 0.000000  0.444878
4     4     2    Softmax         0.000000 0.000000  0.021306
  rate_RMS momentum mean_weight weight_RMS mean_bias bias_RMS
1
2 0.326028 0.000000   -0.009169   0.223656 -0.152386 0.184606
3 0.310810 0.000000   -0.026128   0.144947 -0.402533 0.690801
4 0.051171 0.000000   -0.012173   0.301910  0.302851 0.121955
H2OBinomialMetrics: deeplearning
** Reported on training data. **
Description: Metrics reported on temporary training frame with 9970 samples
MSE:  0.1261093
R^2:  0.4811087
LogLoss:  0.3944227
AUC:  0.8848212
Gini:  0.7696425


Confusion Matrix for F1-optimal threshold:
          0    1    Error         Rate
0      4871  946 0.162627    =946/5817
1       927 3226 0.223212    =927/4153
Totals 5798 4172 0.187864   =1873/9970
Maximum Metrics: Maximum metrics at their respective thresholds
                        metric threshold     value idx
1                       max f1 0.293545 0.775015 230
2                       max f2 0.146018 0.823183 308
3                  max f0point5 0.642361 0.843293 109
4                 max accuracy 0.509799 0.825677 151
5                max precision 0.999979 1.000000   0
6                   max recall 0.004105 1.000000 398
7              max specificity 0.999979 1.000000   0
8             max absolute_MCC 0.538712 0.644073 143
9 max min_per_class_accuracy 0.262271 0.800626 245
```

```
Gains/Lift Table: Extract with 'h2o.gainsLift(<model>, <data>)' or
'h2o.gainsLift(<model>, valid=<T/F>, xval=<T/F>)'
H2OBinomialMetrics: deeplearning
** Reported on validation data. **
Description: Metrics reported on full validation frame
MSE:  0.1334476
R^2:  0.4442761
LogLoss:  0.4178745
AUC:  0.866789
Gini:  0.733578


Confusion Matrix for F1-optimal threshold:
               0       1     Error            Rate
0         240116   33787 0.123354 =33787/273903
1          53189  129921 0.290476 =53189/183110
Totals 293305  163708 0.190314 =86976/457013
Maximum Metrics: Maximum metrics at their respective thresholds
                     metric threshold     value idx
1                    max f1  0.406905 0.749217 191
2                    max f2  0.114253 0.801369 328
3               max f0point5  0.744956 0.823677  83
4               max accuracy  0.553407 0.817200 143
5              max precision  0.999959 0.998330   0
6                 max recall  0.002322 1.000000 399
7            max specificity  0.999959 0.999631   0
8           max absolute_MCC  0.604300 0.618785 127
9 max min_per_class_accuracy  0.280785 0.778559 239
...#output truncated
```

对于在训练集样本中运行的 model3 的性能指标的值略好于先前尝试实现的 model2，其中 R 平方、AUC 和 Gini 系数达到稍高的值，LogLoss 和 MSE 指标略有下降，低于 model2 中观察到的值。在模型的总体预测精度方面，发现 model3 正确地预测了训练和验证数据中 81%以上的响应变量。对于正确预测延迟航班的准确性，model3 在训练数据上实现了 78% 的精度，而在测试数据集上达到了 71%。这两个模型都实现了非常相似的精度估计，model3 在整体模型性能指标方面略微突出。

在所有操作之后，你可以使用以下代码行关闭连接，并关闭正在运行的 H2O 集群。输入 Y 以确认你要停用 H2O 云。

```
> h2o.shutdown()
Are you sure you want to shutdown the H2O instance running at
http://10.2.0.10:54321/ (Y/N)? Y
```

　　我们希望前面的例子能够启发你探索本章介绍的机器学习和大数据预测分析这一激动人心的领域。你可能已经意识到，这个领域是非常广泛的，包括各种各样的技术。其中许多实际中可以应用于类似或甚至相同的分类和聚类问题。幸运的是，R 语言由几个尖端的初创公司和 Apache Spark 或 H2O 等开源项目支持，这使得 R 用户能够实现大量高性能、分布式的机器学习算法，他们可以用自己喜欢的编程语言编写的代码，运行在高度可扩展的商业架构上。

8.5　小结

　　本章介绍了大量、丰富的机器学习算法和开放源代码工具，并且应用到大数据集上。

　　然后，我们转到实际应用，在此期间，我们介绍了在安装了 Hadoop、Spark 和 RStudio Server 的多节点 Microsoft Azure HDInsight 集群上运行 3 种不同的机器学习方法。在第一个例子中，你学习了如何通过 Spark MLlib 模块执行逻辑回归，该模块使用了 R 的 SparkR 包，并且用 HDFS 作为数据源。

　　另外，我们通过运行 h2o 软件包探讨了 H2O 的强大功能，这是一个开源的、高度优化的大数据机器学习模型的平台。我们应用朴素贝叶斯算法来预测结果变量的类别，然后将实现的性能和精度指标与神经网络和深度学习技术生成的两个模型相比较。

　　在第 9 章中，我们将总结前几章中介绍的材料，并讨论 R 语言的潜在发展领域，包括支持实时、快速流式数据处理和进一步优化大数据处理工作流。

第9章
R 语言的未来——大数据、快数据、
智能数据

恭喜你到达最后一章。在本书的最后部分，我们将回顾前面提到的大数据技术，并将讨论使用 R 进行大数据分析的未来。我们尽可能为你提供相关主题的参考资源，你可以进一步拓展自己的大数据与 R 的技能。阅读本章后，你将能够：

- 总结市面上主流的大数据技术，并说明如何与 R 语言集成；
- 指出 R 及其在大数据分析统计工具领域的现状；
- 认识 R 语言未来发展的潜在机会，以及如何成为大数据工作流程不可或缺的一部分。

9.1 R 大数据分析的现状

本部分主要是对 R 语言在大数据处理方面，以及与各种现有大数据平台和工具的集成能力的关键评价和总结。

9.1.1 超过单机内存的数据

本书从回顾 R 语言数据分析最常用的技术（即第 2 章）开始，指导你从导入数据，到数据的管理和处理方法、交叉表、聚合、假设测试、可视化。然后，我们解释了 R 语言对数据存储在内存资源及其处理速度的要求方面的主要限制。如果你只使用单个机器进行 R 语言的数据处理，则数据必须符合计算机的内存要求。然而，由于系统与 R 环境同时运行其他进程和应用程序，实际上数据的大小不能超过内存资源的 50%。事实上，这个上限不仅取决于原始数据的大小，还取决于计划的数据处理策略，以及研究人员要进行的转换和数据分析技术的类型。

　　至少有两种常见的情况，即使在 R 中处理大约 100MB 的小数据集，也可能会导致整个操作系统在 4GB 内存的机器上显著变慢。首先，一些用户喜欢将中间处理步骤的所有结果存储在单独的对象中。这种方法允许他们返回到前一阶段或进行转换，而不重复所有中间步骤，以防上次转换未能返回所请求的输出。在概念上，这种方法可能没有错，但是在内存资源利用方面效率不高。想象一下，15～20 个这样的变换，可以返回 15～20 个额外的差不多约 100MB 大小的对象，R 都是把它们存在机器的内存中的。此外，由于每个转换都会消耗一些内存资源，所以使用这种方法的分析人员将很快体验到该方法引起的内存问题。更好的方法是用大数据集的小样本测试 R 代码，并在不使用 R 环境时立即从 R 环境中删除冗余对象。其次，如果分析涉及多次迭代、计算成本高的算法，例如具有许多隐藏层的神经网络，即使是大约 100MB 的小数据集也是有问题的。这些处理过程可能导致大量的内存开销，并且可能会消耗比源数据本身多很多的内存。

　　在第 3 章中，我们介绍了许多 R 软件包，让用户处理和分析数据，这些数据可能不适合单机的可用内存资源。这一章的大部分专用于 ff 软件包，它将数据集成块存储在硬盘驱动器上的分区中，并在 R 环境中创建一个仅包含有关这些分区的映射信息的小型 ffdf 对象。

　　ffbase 软件包扩展了这种方法的实际应用，使得可以在不需要集群计算的情况下，对内存不足的大数据进行必要的数据管理任务和更复杂的交叉表或聚合。由于 ffbase 包与其他用于 ffdf 对象的分析和统计建模（例如 biglm，biglars 或 bigrf）的 R 库可以很好地集成，所以 ff 方法可以解决在单机上使用 R 处理大数据集经常遇到的许多问题。然而，这种方法是对处理速度的折中。由于数据分块、分区存储在硬盘驱动器而不是内存中，从而影响 R 函数的执行时间。

　　处理内存不足的大数据集的类似方法是使用 bigmemory，这是我们在第 3 章中介绍的一个 R 软件包。它将硬盘驱动器上的数据文件的副本创建为备份文件，并把映射信息和元数据存储在单独的文件描述符中。由于文件描述符非常小，只需消耗最少的内存就可以轻松地导入 R。运行描述性统计信息、交叉表、聚合和更复杂的分析，包括广义线性模型和聚类算法等在 bigmemory 缓存的数据，可以通过大量第三方 R 包（例如 biglm 或 bigpca）和其他 bigmemory 库内置的库（如 biganalytics、bigtabulate、bigalgebra、synchronicity）来实现。大量的可用于 bigmemory 对象的聚合和统计技术，让用户可以选择各种方法和分析手段。这种灵活性和处理速度是 bigmemory 及其支持库日益普及的主要原因，这些库的 R 受众用户，可以在有限的内存资源的单机上分析内存不足的大数据集。

9.1.2　更快的 R 数据处理

R 的第二个主要的局限是速度比 C 语言和 Python 语言慢。在第 3 章开始时，我们给出了 R 通常落后的 3 个主要原因。

（1）R 是一种解释型语言，尽管其代码中有近 40%是用 C 语言编写的，但主要是由于内存管理效率低下，它仍然较慢。

（2）R 的基本函数是作为单线程进程执行的，即 R 语言只能被一个活跃的 CPU 逐行解释执行。

（3）R 语言没有正式定义，这使得 R 只能把优化放到具体的实现中实现。

在这一部分，我们提到了一些可以部分缓解处理速度常见问题的软件包和方法。首先，用户可以通过 parallel 和 foreach 包从多线程中受益，从而显式地优化代码。我们还简要提到了 R 对 GPU 处理的支持，但是这种方法仅适用于可以访问实现 GPU 的特定基础架构的用户和分析师，例如通过 Amazon EC2 等云计算解决方案，用户可以部署配备 GPU 的计算集群。然后，我们介绍了最初由 Revolution R Analytics 开发的新的 R 发行版，但去年，被微软收购并重新命名为 Microsoft R Open。默认情况下，它包括对多线程的支持，并且在配备有多核处理器的单机上的 R 代码执行速度相当快速。

当进行计算成本高的统计建模和预测分析时，处理速度特别重要。当在单个机器上工作时，许多迭代算法和更复杂的机器学习方法（例如神经网络）可能运行很长时间，直到它们收敛并返回令人满意的输出。在第 3 章中，我们向你介绍了一种新的并行机器学习工具——H2O，它利用计算机的多核架构，并且可以以单节点模式在单个机器上运行显著加速算法执行速度。我们在相对较大的多节点集群上执行了一些分类算法，并在第 8 章中进一步探讨了这种方法。

只要数据符合计算机可用的内存资源，通过使用非常通用且功能强大的 data.table 软件包，就可以大大提高速度。它为用户提供了快速的数据导入、取子集、转换和聚合方法。其功能通常比 R 相应的基本方法返回速度快 3～20 倍。即使你的数据超过了可用的内存，数据表也可以用于基于云的虚拟机，从而降低数据处理和管理活动的总体成本。在第 3 章中，使用 data.table 包和其他工具在"提升 R 性能"一节中，我们提供了一个实用的教程，说明了 data.table 包的最基本的功能和操作。

9.1.3　Hadoop 与 R

本书进一步向你展示了如何设置、配置和部署廉价的基于云的虚拟，可以根据你的具体需求和要求，很容易地扩展，增加存储空间、内存和处理资源，轻松扩大规模。我们还解释了如何在云中安装和运行 R 及其实现——RStudio Server，并将前面各节所述的技术扩展到更大的数据集和更苛刻的处理任务。

在第 4 章中，我们通过将多个云计算虚拟机组合成多节点集群中，向前迈进了一大步，并将资源扩大了，这使我们能够直接从 RStudio 服务器控制台使用 Apache Hadoop 生态系统。由于 Hadoop 及其 HDFS 和 MapReduce 框架具有高度的可扩展性，R 用户可以通过 rhadoop 系列的软件包 rhdfs、rmr2 和 plyrmr，将工作流程导入 Hadoop，从而轻松地操纵和分析大量的数据。使用这种方法可以处理的数据的大小只受限于基础设施的规格，并且可以灵活地增加（或减少）来适应当前数据处理需求和预算限制。原始数据可以从各种数据源（例如使用 rhbase 包处理 HBase 数据库）导入，并作为 HDFS 块存储，以供以后通过 Mapper 和 Reducer 功能处理。

Hadoop 生态系统彻底改变了处理和分析大量信息的方式。与 R 语言和广泛可用的云计算解决方案的连接，使得原先预算和处理资源非常有限的独立数据分析师和数据科学家小团队，无须投资大量本地服务器机房或数据中心，就可以轻松地从桌面执行高效的高负载数据任务。虽然这种方法似乎非常全面，但在生产实施层面，仍然有几个问题需要考虑。

其中一个问题就是，在基于云的模型中使用 Hadoop 分析时，数据安全性和隐私性的不确定。谁拥有数据？谁可以访问数据？我们如何确保数据在此过程中保持安全、不被修改？这些只是数据分析人员在部署 Hadoop 操作的工作流程之前自问的几个例行问题。其次，Hadoop 不是最快的工具，并没有针对迭代算法进行优化。mapper 函数通常会产生大量的数据，这些数据必须通过网络发送，以便在 reducers 发生之前进行排序。尽管 combiners 的应用可能减少网络上的信息传输量，但是对于大量的迭代，这种方法可能不起作用。

最后，Hadoop 是一个复杂的系统，它需要广泛的技能，包括网络知识、Java 语言以及其他技术或工程能力，这样才能成功地管理节点之间的数据流并配置集群的硬件。这些要求往往超出了统计数据分析师或 R 用户的传统技术，因此需要与其他专家合作，才能在 Hadoop 中进行高度优化的数据处理。

9.1.4 Spark 与 R

另一个大数据工具 Apache Spark 至少可以部分解决一个 Hadoop 的局限（即处理速度），Apache Spark 可以构建在现有 Hadoop 基础架构之上，并使用 HDFS 作为其数据源之一。Spark 是针对海量数据集的快速数据处理而优化的相对较新的框架，它正慢慢成为行业首选的大数据平台。如第 7 章所述，Spark 通过 SparkR 包可以与 R 语言很好地集成。分析师可以使用许多数据源，从 CSV 或 TXT 格式的单个数据文件，到存储在数据库或 HDFS 中的数据，都可以直接从 R 创建 Spark RDD。

由于 SparkR 软件包预装了 Spark 发行版，所以 R 用户可以快速将数据处理任务转移到 Spark，而无须任何其他配置步骤。该软件包本身提供了大量的功能和数据操作技术：描述性统计信息、变量重新编码、简单的时间戳格式化和日期提取、数据合并、取子集、过滤、交叉列表、聚合、SQL 查询支持，还可以定制函数。由于所有转换都被延迟执行，所以中间输出被快速执行并返回，并且它们也可以被显式导入为本地 R 数据帧。这种灵活性和处理速度使 Spark 成为准实时数据处理和分析的理想平台。然而，由于 SparkR 软件包还正在开发中，因此仍然不支持 R 中的流数据的收集和分析。根据 SparkR 软件包的作者和维护者，这个问题将在可预见的未来得到解决，那时就可以直接从 R 连接到 Spark 并部署实时数据应用程序。

9.1.5　R 与数据库

R 的最大卖点之一是，与其他统计软件包不同，它可以从多个来源导入数据，几乎没有数据格式限制。由于大数据经常以 RDBMS 表格的形式存储，而不是单独的文件，R 可以容易地连接到各种传统数据库，并通过 SQL 查询在服务器上远程执行基本数据处理操作，而无须大量导入数据到 R 环境。

在第 5 章中，我们提供了 3 个这样连接的应用程序，分别是在单机本地运行的 SQLite 数据库、部署在虚拟机上的 MariaDB 数据库，最后通过 Amazon 托管的 PostgreSQL 数据库关系数据库服务（RDS）用于关系数据库的高度可扩展的 Amazon Web Services 解决方案。这些例子提供了使用 R 语言对 SQL 数据库进行大数据分析的实证。通过 R 语言，SQL 数据库在数据处理工作流程中可以很容易地变成数据存储容器，或者用于在数据产品周期的早期阶段进行必要的数据清理和操作。这是由于维护良好并广泛使用的第三方软件包（如 dplyr、DBI、RPostgres、RMySQL 和 RSQLite），可以支持 R 与大量开源 SQL 数据库的连接。

此外，R 用户最近发现了一片非常肥沃的土壤——更灵活的非关系数据库。与许多 NoSQL 数据库一样，例如 MongoDB、Cassandra、CouchDB 和许多其他数据库都是开放源码的社区项目，它们迅速获得了 R 程序员的喜爱。在第 6 章中，我们提供了两个实际的大数据应用示例，其中 NoSQL 数据库 MongoDB 和 HBase 与 R 一起使用来处理和分析大型数据集。大多数 NoSQL 数据库都具有高度可扩展性，可用于（近）实时分析或流数据处理。它们在数据类型的多样性以及管理和分析非结构化数据方面的能力也非常灵活。而且，支持 R 与具体 NoSQL 数据库集成的 R 包通常也维护良好，且对用户友好。第 6 章提到的 3

个库（即 mongolite、Mongo 和 rmongodb），都提供了与流行数据库 MongoDB 的连接。此外，我们介绍了 rhadoop 系列之一的 rhbase 包中的功能和方法，可用于操作和转换存储在 HBase 数据库（Hadoop 生态系统的组件）中的数据。

9.1.6　机器学习与 R

正如我们之前解释的那样，由于内存资源的限制，并且许多 R 函数是单线程的，R 不适合在单机上处理计算代价昂贵的迭代算法。之前我们曾经说过一个叫作 H2O 的平台，让 R 用户可以充分利用多线程，因此可以通过利用机器的全部计算能力来提高统计建模的速度。如果在商业硬件集群中的多个节点上扩展，则 H2O 平台可以以高效的内存方式轻松地将强大的预测分析和机器学习技术应用于海量数据集。h2o 包让 R 用户可以体验到 H2O 的高可扩展性和分布式处理的优点，从而提供 R 和 H2O 之间的用户良好的接口。由于所有繁重的数据处理都在 H2O 集群中运行，所以 R 不消耗大量内存。它还让你充分利用集群中的所有可用内核，从而大大提高了算法的性能。在第 8 章中，我们引导你完成了一个使用 R 的 H2O 实用技巧，该教程实现了朴素贝叶斯分类算法和多层神经网络的变体，来预测真实的未标记的大数据集的值。

此外，在第 8 章中，我们还向你介绍了使用 Spark MLlib 执行大数据机器学习任务的替代方法，Spark MLlib 是 Spark 的原生库，专门通过 Spark 平台执行聚类、回归和分类算法。与之前一样，SparkR 软件包可以让 Spark 与 R 的集成，虽然该软件包仍然在开发中，目前只提供有限的内置机器学习算法，但我们可以在大数据集上很容易地执行广义线性模型。因此，可以在大得多的数据上运行类似的算法，而无须将数据导入到 R 中来。

9.2　R 的未来

下面，我们将尝试展望 R 在未来几年内如何发展，以促进更大、更快和更智能的数据处理。

9.2.1　大数据

通过阅读本书，我们希望你可以了解 R 语言，以及将其与当前主流和大数据工具集成在一起可能会实现的功能。最近几年出现了许多新的大数据技术，不得不说，R 与这些新框架的完全集成可能需要一些时间。由于 R 语言本身的传统限制，利用 R 在单个机器上处理大数据集的方法的可用性仍然非常有限。这个问题的最终解决方案只能通过从头开始定义语言来实现，但这显然是一个极端而且很不切实际的想法。微软 R Open 有很大的希望，但是由于这些新的发行版仍然很早，因此我们需要等待和测试其在大型数据场景中的功能，然后才能评估其大数据分析的可用性。然而，很容易预见的是，各种 R 的分支将很快被优化，默认支持多线程，并允许用户通过利用所有可用内核并行运行更为苛刻的计算，而不需要分析人员显式地调整代码。

在内存需求方面，关键是通过优化垃圾收集方法，并且如果可能，将一些计算转移到磁盘上，有效地减少了 R 语言对内存资源的依赖。尽管这可能会减慢处理速度，但希望在大多数 R 基本函数中实现多线程可以补偿在硬盘上以执行代码所引起的任何潜在的妥协。对于大多数数据管理和转换函数的延迟计算，也将大大加快代码的执行速度，并且只有当用户对最终输出满意时才将数据导入 R。由于已经有支持这种方法的软件包，如前所述，例如 ff、ffbase 和 bigmemory，R 社区的主要任务是进一步探索这些软件包创造的可能性，并开发它们以推广到更多的可扩展数据转换函数和统计以及建模算法。

在许多大数据工具的庞大且仍在持续增长的环境中，将我们的精力投入到尽可能多的渠道整合 R 是至关重要的。但是，关注这些整合连接软件包的质量也很重要。目前，一些非常有用的软件包，由于缺乏详细的文档来解释功能的详细信息、稀缺的例子和包的实际应用，或者过时和用户不友好的语法实现的功能要求用户知道其他编程语言的功能，这些编程语言对于受过传统教育的数据科学家和研究人员来说并不常见，所以这些包对于普通的 R 用户或数据分析师来说太复杂了，这是非常常见的问题。这也是一个非常实际的问题，应该及时解决，让对大数据方法感兴趣的 R 用户能够通过良好的文档记录找到并应用适当的方法。否则，R 语言及其对大数据分析的具体应用将仍然是由几位专家或学者主导的领域，绝对不会惠及对工业界或产品层面的解决方案感兴趣的用户。

因此，我们希望未来几年能够鼓励大数据领导者将其产品与 R 语言进行整合，从而产生全面的 R 软件包，并提供各种内置、高度优化的数据操作和分析功能，以及维护良好的文档，来用易于掌握和易于使用的语言探索和展现它们的用法。

9.2.2 快数据

快数据（快速数据分析）是许多实时消费和处理信息的数据应用的核心。特别是在物联网时代，快速的数据处理通常可以决定产品或服务的未来，并可能直接决定市场成功或失败。虽然 R 语言可以处理流媒体或准实时数据，但这些例子非常少见，并且在很大程度上取决于各种因素：采用的架构、基础设施和当地的电信解决方案，单位时间内采集的数据量，以及满足一定需求的分析和数据处理的复杂性。R 中的流媒体或实时数据处理的主题涉及许多独立的组件，并且非常新颖，因此所有过程和操作的详细描述就足够写另外一本书了。这也是 R 在未来几年可能会发展的领域之一。

R 语言的快速数据分析的当前状态，让用户处理可以导入不同格式的单个文件处理少量数据，或通过抓取动态更新的 REST API 线上数据源。一些第三方软件包（例如 twitteR）使 R 用户能够实时挖掘完善的基于 Web API 的内容，但是它们的可用性通常受到数据所有者及其应用服务器强制的限制。即使实时资源允许大量的数据挖掘，通过 R 进行数据处理的延迟也是一个问题。减轻延迟问题的一个方法是使用优化的 NoSQL 快速数据库实时数据处理，例如 MongoDB，和/或使用 Spark 的功能来对流媒体信息进行分析。不幸的是，Spark 目前在 SparkR 软件包中并没有集成流分析，但是根据 Spark 开发人员的说法，这个功能即将推出，到时 R 用户将能够实时地使用和处理 Spark RDD。

9.2.3　智能数据

智能数据封装了对数据分析师和研究人员可用的、统计方法和机器学习技术的预测性或甚至规范性的能力。目前，由于包含的算法和统计模型的多样性，R 是市场领先的主要工具之一。它最近与大数据机器学习平台（如 H2O 和 Spark MLlib）的集成，以及与 Microsoft Azure ML 服务的连接，让 R 语言处于大数据预测分析工具生态系统的前沿。特别地，R 与 h2o 包提供的 H2O 的接口已经为分布式和高度可扩展的分类、聚类和神经网络算法提供了非常强大的引擎，在用户需要的最低配置下性能表现依然非常良好。大多数内置的 h2o 功能都是快速、优化的，并且无须设置任何其他参数即可产生令人满意的结果。很可能 H2O 将很快实现更多可用的算法，并将进一步扩展功能和方法，这些功能和方法可以让用户在 H2O 集群内操纵和转换数据，而不需要在其他工具、数据库或大型虚拟机中进行数据预处理。

在未来几年内，我们可能会创建许多新的机器学习创业企业，能够与 R 和其他开源分析和大数据工具建立强大的连接。这是一个令人激动的研究领域，希望未来几年能够塑造和巩固 R 语言在这一领域的地位。

9.3　如何提升

阅读完本书并完成所有案例之后，你应该有足够的技能使用 R 语言对非常大的数据集执行可扩展和分布式的分析。本书中包含的材料的可能性大大取决于你当前的大数据处理技术栈包含的其他工具。尽管我们向你呈现了大量应用程序和框架，这些应用程序和框架是大数据工作流程的常见组件，例如 Hadoop、Spark、SQL 和 NoSQL 数据库，但每个人需求和业务需求可能会有所不同，你可以根据自己的需求决定。

为了解决你的特定数据相关问题，并完成大数据任务，其中可能包括无数数据分析平台、其他编程语言、各种统计方法或机器学习算法，你可能需要开发自己的技术栈，并确保在这个动态发展的领域不断增长你的专业知识。本书中包括大量额外的在线或书籍资源，可以帮助你填补可能遇到的大数据技能的空白，并帮助你实现数据分析师和 R 用户的个人发展目标或探索其他途径。请务必重新阅读任意感兴趣的章节的参考资源，但最重要的是，请记住，成功来自实践，请不要再等待，选择你喜欢的 R 发行版，动手解决现实世界的大数据问题。

9.4　小结

在本书的最后一章中，我们总结了 R 语言在大数据工具和框架的不同场景中的现状。我们还通过解决一些最常遇到的限制和障碍，确定了 R 语言发展成为一个领先的大数据统计环境的潜力。最后，我们探讨并阐述了 R 语言在未来几年内将最有可能满足的需求，为用户友好、大型、快速和智能的数据分析提供更强大的支持。